Imp Lemercier & Cie Paris

DU TAILLEUR DE PARIS

OU

ART D'APPRENDRE A COUPER

ET CONFECTIONNER LES HABITS

D'APRÈS LE SYSTÈME ACTUEL DE MESURAGE

PAR

F. LADEVÈZE

TAILLEUR, PROFESSEUR DE COUPE

Fondateur, Directeur-Propriétaire du Journal *le Musée des Tailleurs illustré* et du Journal *le Tailleur de Paris*

Et CLAIR LADEVÈZE fils, dessinateur

COURS DE COUPE tous les jours, de 8 à 10 heures du soir

Prix à forfait : 50 francs

Cours privé. Prix à forfait : 100 francs

PRIX DE LA MÉTHODE LADEVÈZE (4ᵉ ÉDITION)

15 francs, brochée, prise au bureau, et 16 francs, franco, pour toute la France

Pour les pays hors de la France les frais de poste sont de 3 francs

PARIS

AU BUREAU DU JOURNAL *LE MUSÉE DES TAILLEURS ILLUSTRÉ*

56, RUE JEAN-JACQUES-ROUSSEAU, 56 (EN FACE LA POSTE)

TABLE MÉTHODIQUE

Tous les articles du Cours de coupe et les patrons, intercalés dans le texte avec les Explications pour les reproduire de grandeur naturelle, sont indiqués dans les pages suivantes.

Les gravures pour illustrer la méthode se trouvent placées dans les pages des patrons, pour la désignation de chaque costume.

PRÉFACE

I

Le succès croissant que ma méthode (aujourd'hui connue partout sous le nom de méthode Ladevèze) a obtenu, dans un court espace d'années, devait naturellement m'inspirer l'idée d'être encore plus utile à l'immense corporation des tailleurs qui m'ont honoré de leur confiance, en reconnaissant avec tant de générosité les bienfaits dont j'ai le droit aujourd'hui d'être fier, puisqu'ils ont reçu la consécration des tailleurs émérites, non-seulement de notre belle France civilisée, mais encore de tous les autres pays. *Succès oblige* est une devise moderne que nous avons comprise, aussi bien que l'ancienne noblesse comprenait la sienne, avec cette différence que notre mérite, à nous, ne vient pas du *hasard de la naissance*, selon l'expression de *Beaumarchais*, ni d'un vieux parchemin trouvé dans un bahut héréditaire et traditionnel. Je suis le fils de mes propres œuvres et de mon savoir, acquis par de longues années de travail, voilà tout.

Avant de parler de cette nouvelle édition de ma méthode, il n'est pas sans intérêt de faire connaître sommairement l'origine historique de l'art professionnel des tailleurs et de montrer le haut degré de développement auquel il est arrivé. C'est encore indiquer l'un des côtés les plus importants de notre civilisation, car le vêtement, quoi qu'on dise, est et sera toujours, chez tous les peuples, une des plus sensibles expressions du progrès accompli. L'habit ne fait pas un peuple, il est vrai, mais il montre, du moins, sous l'apparence extérieure, une preuve de son développement moral. C'est le signe auquel on peut le reconnaître et le caractériser.

II

Pour bien établir les différentes transformations que le vêtement a subies, à travers les siècles jusqu'à nos jours, il faut remonter à l'enfance des sociétés. L'art du tailleur, à son origine, consista seulement à bien assembler soi-même des peaux. Les tissus ne vinrent qu'un peu plus tard, en se hasardant avec timidité. Mais déjà, dans les premières sociétés humaines, on voit la femme esclave tisser le vêtement de son maître absolu. Quand les hommes se rapprochèrent un peu plus, quand les premières demeures se groupèrent instinctivement pour former les cités naissantes, on vit aussitôt l'habillement devenir une industrie qui se développait parallèlement aux progrès des peuples réunis. À la splendeur des cités nouvelles et florissantes correspondit l'élégance de l'habillement.

L'art de s'habiller florissait déjà sous les deux empires rivaux de Ninive et de Babylone. Il s'étendit bientôt des rives de l'Euphrate aux bords civilisés du Nil, sous les dynasties successives des Pharaons. On sait de quel luxe et de quel éclat le costume brilla sous le siècle illustre d'Aspasie et de Périclès. Les annalistes romains ont redit la splendeur des costumes qui se déploya, sous les premiers âges historiques de la ville éternelle, et les dépenses fastueuses qui se faisaient pour l'habillement des deux sexes. Il est vrai que cette industrie, c'est-à-dire l'art de se vêtir le mieux possible, ne tarda pas à disparaître avec les institutions mêmes qui l'avaient produite et développée. Les premiers siècles de l'ère chrétienne accusent une éclipse regrettable de l'art de se vêtir. L'habillement ne reparaît qu'aux temps de la féodalité, quand le haut baron ou le brave chevalier ceignait l'écharpe sur son pourpoint pour plaire à la dame de ses pensées. Encore devons-nous dire que l'industrie des tailleurs fut paralysée par les nombreux et bizarres priviléges des époques féodales. On vit alors les corporations rivales et jalouses monopoliser chaque partie du vêtement, en se nuisant mutuellement dans des luttes incessantes et toujours préjudiciables à chacune d'elles. Les tailleurs, en ce temps, à la fois de barbarie et de civilisation, se catégorisaient de la manière suivante : on citait :

> Les chaussetiers ;
> Les houppelandiers ;
> Les brauliers ;
> Les chambrelands.

Ces derniers travaillaient sans droit de privilége, ou, selon l'expression du temps, sans maîtrise.

Il y avait aussi :

> Les manteliers ;
> Les tailleurs de robes ordinaires ;
> Les tailleurs de robes fourrées ;
> Les tailleurs d'église ;
> Les tailleurs d'habits ;
> Les fripiers.

Jusqu'au quatorzième siècle, l'art de l'habillement est encore à l'état confus et sans description technique. On nous dispensera de rappeler ces progrès aussi ruineux qu'interminables qui se caractérisèrent par l'injustice, la ruse et la violence et qui donnèrent sujet à tant de règlements.

Depuis le commencement jusqu'au quinzième siècle, la corporation des tailleurs offre le spectacle le plus triste et le plus curieux. Ce ne sont que des lettres patentes, sans parler des lettres royales, des édits locaux et des statuts particuliers, dont les dispositions étaient toujours les plus ridicules et les plus vexatoires.

Parmi les plus importants édits, on a distingué ceux qui abolirent, au dire des chroniqueurs, les anciennes jurandes. Il ne resta que deux véritables corporations :

Celle des tailleurs d'habits,

Et celle des pourpointiers-chaussetiers qui conservèrent leurs maîtrises.

Les couturières ne firent concurrence aux tailleurs pour les vêtements de femme que vers la fin du dix-septième siècle.

Mais toutes les ordonnances royales qui réglementèrent la corporation collective des tailleurs sont empreintes d'une curiosité qui ne devait pas échapper au burin des chroniqueurs et des historiens. C'est ainsi qu'une ordonnance, par exemple, interdisait aux tailleurs de *couper ou de dresser autrement que sur un établi, en vue du peuple.* Un autre défendait aux tailleurs d'*avoir chez eux plus de cinq aunes d'étoffe de la même nature en un ou plusieurs coupons.* Quant à la façon, les tailleurs ne pouvaient *faire payer plus de soixante sous pour la façon d'un habit d'homme ou de femme, et plus de vingt sous pour un habit de laquais.* Le roi ne vous force pas, disaient d'autres ordonnances, *de payer la façon d'un habit mal coupé ; il force, au contraire, le tailleur à vous payer le prix d'une étoffe.*

Enfin, l'heure de l'émancipation devait sonner aussi pour l'art des tailleurs. Voici le millésime lumineux de 89 : Avec cette année apparaissent la libre concurrence et l'abolition de tous les privilèges. Alors l'art des tailleurs, affranchi de toute entrave, se développe hardiment sous l'influence des institutions nouvelles. Il y eut sans doute une funèbre intermittence à subir ; mais l'ordre se rétablit ; sous le Directoire et sous le Consulat, les costumes prennent leur essor arrêté ; c'est le retour de l'élégance et du bon goût. C'est sous le premier Empire surtout que l'habillement acquiert son plus grand développement. Alors paraissent de célèbres tailleurs, tels que Legeys, Staub et Héling, magasins, qui firent leur fortune et leur gloire.

Un tel état de choses, si favorable à l'art professionnel des tailleurs, ne devait pas cependant durer longtemps, une stagnation marqua les deux époques nouvelles de la Restauration et du gouvernement de Juillet. Cette conséquence était inévitable : à l'enthousiasme industriel qui venait de se produire succéda comme une sorte d'atonie générale. La cause de réaction est facile à deviner. Ce n'était pas assez, en effet, d'avoir aboli les priviléges, il restait encore un obstacle invincible à franchir, c'est notre ancien régime commercial. Il faut arriver jusqu'au second Empire, en 1860, pour assister à un renouvellement industriel. Le libre échange, les traités douaniers et internationaux ont montré quel essor a pris notre industrie française et celle des tailleurs en particulier.

Aujourd'hui les produits français et étrangers ont augmenté dans une proportion étonnante, comparativement aux époques antérieures. La France surtout a su s'ouvrir des débouchés importants soit sur le continent, soit dans les colonies. Il est fâcheux que la guerre de 1870 ait mis la France dans une alternative aussi déplorable; espérons tous que, par le travail plus ardent que jamais, nous aiderons notre pays à sortir de l'abîme d'où nous le reverrons devenir toujours plus florissant.

Maintenant que nous avons fait hâtivement l'historique général de l'art professionnel des tailleurs, nous revenons à la nouvelle édition de notre méthode que nous devons expliquer au public pour faire connaître toutes les améliorations que nous avons dû y apporter, et pour répondre aux désirs comme aux besoins qu'on n'a pas cessé de nous exprimer, soit par des visites, soit par des correspondances de tous les départements français et des pays étrangers, où la première édition de notre méthode a mérité, comme en France, un succès légitime et consacré.

CONCLUSION

Plaise aux lecteurs, sur les explications du cours de coupe, qui sont données dans cette Méthode, d'en tirer le meilleur parti, attendu que j'ai fait de mon mieux pour ne rien négliger de ce qui a un rapport à l'art de l'habillement.

Chaque patron et chaque gravure, qui sont dans cet ouvrage, ne sont que des actualités, c'est-à-dire tout ce qu'il y a de plus nouveau et d'usuel.

Il en résulte donc de ces explications que les planches des patrons et des gravures que j'ai dessiné moi-même sont au grand complet dans cette Méthode.

Les tailleurs qui auront besoin de confectionner n'importe quel genre de vêtement n'auront qu'à chercher, dans la Table *des matières, le modèle qu'ils veulent, soit habit, redingote, paletot, jaquette, pantalon, culotte et gilets; soit des modèles pour les costumes de dames et enfants, ainsi que pour les uniformes de tout genre; en un mot, tous les patrons désirables sont réunis dans cette Méthode.*

A l'aide de ce livre et des principes qui y sont démontrés, un tailleur le moins expérimenté pourra entreprendre n'importe quelle spécialité pour l'habillement. Pour faire un bon usage de cette Méthode, il faut avant tout apprendre par cœur les mesures, telles qu'elles sont indiquées dans les tableaux, qui donnent l'explication de chaque vêtement.

Ensuite, il faut surtout apprendre les explications qui sont faites pour couper tel ou tel genre de vêtement; de cette façon, le tailleur ne se trouvera jamais embarrassé pour faire les changements des modes qui peuvent survenir d'une saison à l'autre, parce que les premiers principes étant toujours les mêmes, le goût des tailleurs ou bien celui des clients qui veulent toujours du nouveau, contribuent beaucoup à faire opérer de petits changements et à produire une nouvelle mode. Ce livre contient 150 pages où sont dessinés, à peu de chose près, tous les patrons pour confectionner les vêtements de la mode de ce jour, ainsi que ceux qui se sont confectionnés déjà depuis longtemps, et, pour la mode à venir, on trouvera dans ma Méthode une grande variété de patrons et de gravures, pour qu'un tailleur ne se trouve nullement embarrassé devant les commandes d'une nombreuse clientèle et devant les nouveautés qui se présentent.

Voilà, en peu de mots, les conclusions que j'ai cru de mon devoir de donner au sujet de la Méthode que je publie, et en recommandant aux lecteurs de ne point négliger ces explications. En procédant ainsi, on finit par faire de bons coupeurs et de bons ouvriers. C'est pour être utile aux uns et aux autres que j'ai cru nécessaire de donner ces conclusions, pour engager de les mettre bien en pratique.

F. Ladevèze.

TABLEAU DES MESURES PRISES A DES CONFORMATIONS POUR TOUTES LES GROSSEURS QUI SONT SUR CE TABLEAU

Pouvant servir aussi pour couper une collection de Patrons pour la conformation droite sans le secours d'autres mesures.

COURS DE COUPE D'APRÈS LE SYSTÈME DES MESURES.	GROSSEUR de 30	GROSSEUR de 33	GROSSEUR de 36	GROSSEUR de 39	GROSSEUR de 42	GROSSEUR de 45	GROSSEUR de 48	GROSSEUR de 51	GROSSEUR de 54	GROSSEUR de 57	GROSSEUR de 60	GROSSEUR de 64
1. Partant de la nuque à la profondeur d'emmanchure. Ligne C.	20	22	24	26	28	30	32	34	36	37	39	40
2. Sans quitter la mesure, longueur du buste. Ligne D.	34	37	41	45	50	52	55	57	59	60	62	63
3. De la hanche à terre.	80	84	86	90	100	103	108	106	109	104	107	102
3 *bis*. De terre au niveau des hanches. Sur D.	80	84	86	90	100	103	108	106	109	104	107	102
4. Partant de ce point à la nuque. (Cette mesure assure si l'homme est droit ou renversé.) Ligne E.	26	29	31	35	39	41	44	45	46	47	48	49
5. Longueur de la taille. Ligne F.	29	31	34	37	42	44	46	47	49	51	51	53
6. Longueur totale.	70	72	75	78	99	95	100	100	105	105	106	102
7. Partant de la nuque à la cambrure. Sur D et A.	41	45	50	54	60	63	67	70	74	76	79	81
8. Partant de la nuque à la pointe du petit côté, au bas de l'écarrure. Sur la ligne G.	16	17	18	20	21	23	24	25	26	27	28	28
9. Partant du milieu du dos à l'avancement d'emmanchure. Ligne K.	20	22	24	26	28	30	32	34	35	36	37	38
10. Sans quitter la mesure, passant sur le bras, allant à la pointe de l'épaulette. Sur la ligne N.	32	34	37	41	44	47	50	53	57	59	62	62
11. Largeur de carrure. Ligne G.	13 1/2	14	15 1/2	17	18	19	20	20 1/2	21	22	23	23
12. De la carrure au coude.	33	36	39	44	47	52	54	54	53	52	54	54
13. Longueur de la manche.	55	56	58	74	75	80	84	84	85	83	84	80
14. Grosseur d'emmanchure.	15	16	18	19	20	22	22	23	24	25	26	26
15. Largeur du coude (moitié).	14	13	16	17	17	18	18	19	19	20	20	20
16. Largeur au poignet (moitié).	11	11	12	13	15	16	16	16	16	17	17	17
17. Grosseur de poitrine (moitié). Ligne L.	30	33	36	39	42	45	48	51	54	57	60	64
18. Grosseur de ceinture (moitié).	30	32	34	36	38	40	43	48	54	58	64	70
19. Et tour d'encolure (moitié). De B sur N.	14	16	17	18	21	22	23	23 1/2	24	25	25	26
DIVISION DES MESURES.												
Le tiers de la grosseur.	10	11	12	13	14	15	16	17	18	19	20	21.3
Le sixième de la grosseur.	5	5 1/2	6	6 1/2	7	7 1/2	8	8 1/2	9	9 1/2	10	10.4
Le quart de la grosseur.	7 1/2	8	9	9 1/2	10 1/2	11.2	12	12 1/2	13 1/2	14 1/2	15	16
Le huitième de la grosseur.	3.7	4.1	4 1/2	4.8	5.8	5.6	6	6.3	6.7	7.1	7.5	8
Le douzième de la grosseur.	2.5	2.7	3	3.2	3.5	3.7	4	4.2	4.5	4.7	5	5.3
La moitié de la grosseur.	15	16.5	18	19.5	21	22.5	24	25.5	27	23.5	30	32

OBSERVATION. — Ce tableau représente 19 mesures pour chaque grosseur différente, pouvant servir aussi bien pour les gilets que pour les habits. Par ces mesures, on peut, si l'on veut, supprimer les mesures suivantes, savoir : les numéros 8, 14, 15, 16 et 19; et si l'on veut, on n'a pas besoin d'inscrire les mesures 3 et 3 *bis*. Chaque colonne de chiffres indique les numéros de chaque mesure, comme on peut le voir en haut des colonnes.

Pour reproduire les modèles d'après ces mesures, on laisse dépasser le sixième moins 1 centimètre pour le haut du dos, pour la taille moyenne, soit 45, 48 et 51, et pour les grosseurs depuis 30 jusqu'à 42, on ne laisse dépasser qu'un 1/2 centimètre, et depuis les grosseurs de 54 à 64, on doit en laisser dépasser un et demi de moins que le sixième pour la largeur du haut du dos à la nuque.

F. LADEVÈZE.

MÉTHODE

OU

ART D'APPRENDRE A COUPER ET CONFECTIONNER

LES HABITS

D'après le système actuel de mesurage

PAR

F. LADEVÈZE

Tailleur, Professeur de coupe, Directeur du MUSÉE DES TAILLEURS ILLUSTRÉ

AVANT-PROPOS

On appelle méthode un groupe de règles découlant d'un principe unique reconnu par tout le monde et servant invariablement, soit à la confection d'un même objet, soit à l'explication d'une même chose.

Dire ceci de la méthode en général, c'est établir que la méthode pour apprendre à couper et confectionner les habits est purement et simplement une réunion de règles, partant toutes d'une même base ou principe et concourant au même but.

Pénétré de cette idée, sûr de ces immenses résultats, j'ai écrit cet ouvrage et j'en soumets aujourd'hui la première livraison au public.

Ce travail n'est pas de ceux que l'on rêve en une heure et que l'on fait en un jour. Les lecteurs de mon journal le savent, et je le répète ici pour ceux qui l'ignorent : mon livre est le fruit de bien des années de travail, d'expériences et d'études comparatives, minutieusement faites, aussi minutieusement appliquées.

Je ne viens donc pas en imposer au public !

Sous prétexte de méthode, je ne présente pas une compilation faite avec plus ou moins d'intelligence de tout ce qui a été écrit sur l'art de couper et confectionner les habits.

Ce que je donne ici est le fruit de ma seule pratique qui, bien des fois, a été mise à de rudes épreuves dans le but de rendre, à l'aide de ce livre, la tâche plus facile aux autres.

Je n'ai rien négligé pour faire de l'étude de ma méthode un objet agréable.

Je me suis attaché à me rendre clair, et la seule façon, à mon avis, était de savoir parler, dans certaines circonstances, le langage de l'atelier : je l'ai fait.

En écrivant mon ouvrage, je ne me suis jamais regardé comme un auteur, mais bien comme un professeur de coupe mettant toujours ses explications à la portée du moins expérimenté de ses élèves.

Mes figures, tracées au dixième, sont immédiatement suivies du texte explicatif; de sorte qu'il n'est pas nécessaire, comme dans beaucoup d'ouvrages de cette nature, d'aller des feuillets porteurs de la planche au texte, et réciproquement.

Peu chargés de lignes, parce que j'ai préféré multiplier mes figures, l'explication de chacune d'elles est faite avec le plus grand soin et de la manière la plus détaillée.

Le texte, sur du beau papier, est très-facile à lire.

Et quant à la méthode en général, outre qu'elle apprend à couper et à confectionner sans aucun défaut toute sorte de vêtements, elle apprend encore à bien préparer, coudre, presser et unir, mais surtout, — et c'est sur ce point que j'appelle l'attention de tous mes lecteurs, — elle enseigne la manière d'opérer pour couper le drap avec la plus stricte économie et de faire très-bien les vêtements sans essayer.

En un mot, c'est un guide que l'ouvrier consultera toujours avec fruit; c'est un professeur de coupe pour l'apprenti.

Je n'oserais pas dire qu'il n'y aura plus d'ouvriers médiocres, même dans la plus petite localité, mon ouvrage ne donnant pas de l'intelligence à ceux qui n'en ont pas, mais je puis affirmer qu'aidés par ma méthode et un peu de bonne volonté, les tailleurs les plus infimes, s'ils ont le moindre goût, arriveront à être des ouvriers bien au-dessus de l'ordinaire, grâce aux minutieuses explications dont toutes les pièces possibles sont l'objet ; et grâce ensuite au concours que m'ont prêté, dans les circonstances difficiles, les meilleurs ouvriers des ateliers en renom de Paris.

Rien n'a été négligé pour rendre ce livre complet, tout y est : l'habit, la redingote, le paletot, la jaquette, la twine, le pantalon, le gilet, costume de dames, d'enfants et de fantaisie. De plus, chaque pièce de chacun de ces vêtements a son tracé expliquant sa reproduction en grandeur naturelle et la manière de la bien confectionner.

Mais qu'on ne s'en rapporte pas à mes paroles, je le demande avec instance. Que chacun de mes lecteurs veuille essayer par lui-même si je dis vrai ou si je mens impunément. — Pour parodier un proverbe bien connu, c'est au travail qu'on connaît le tailleur ; voilà le mien ; qu'on me juge.

Et attachez-vous principalement à tout le contenu de la méthode. Ne cherchez pas à faire des corrections ni à rien changer aux explications, afin de ne pas faire d'erreurs.

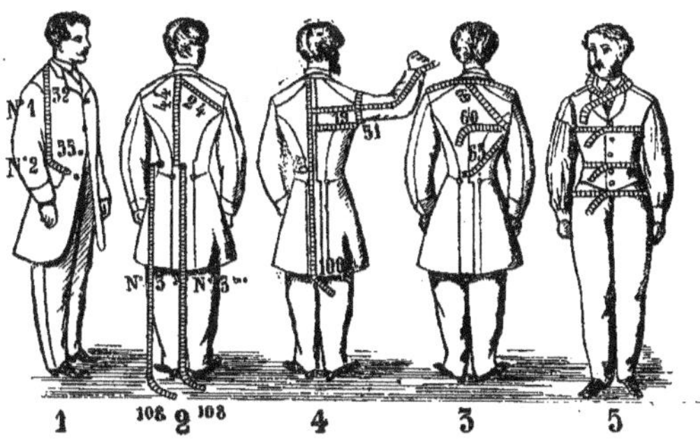

Manière de prendre les mesures.

COURS DE COUPE

—

Manière de prendre les mesures.

Pour obtenir exactement les mesures d'un habit, d'une redingote ou d'une jaquette, on les prend sur le gilet du client, que l'on a prié d'ôter son habillement de dessus. Cette précaution est de rigueur quand le vêtement dont il s'agit doit être porté seul. Est-il au contraire question d'un pardessus, on prend les mesures sur l'habit que doit recouvrir ce pardessus. Ceci fait, on suit la marche ci-après :

1° On marque légèrement avec de la craie les points sur lesquels on doit appuyer la mesure, soit à la nuque, soit sur les hanches et sur le haut de la carrure, qui doit toujours être fixée à l'articulation du bras. Pour trouver l'articulation de ce dernier, il faut appuyer le pouce de la main gauche sur l'épaule droite du client, puis avec la main droite on fait relever le bras, en lui faisant faire un petit mouvement ; c'est alors qu'il est facile de reconnaître où se trouve l'articulation du bras, et c'est là que l'on doit fixer le haut et la largeur de l'écarrure. De ce point, à 3 centimètres plus bas, on fixe la pointe du petit côté et le bas de la carrure.

2° Afin de bien fixer la profondeur et l'avancement d'emmanchure, on pose une petite règle sous le bras du client, bien d'équerre ; on fait une marque sur la chemise ou sur le gilet, touchant le nerf de l'avant-bras. Cette marque doit être faite en long et formant la croix pour bien indiquer la profondeur et l'avancement de l'emmanchure. A défaut d'une règle, on peut se servir d'un crayon avec lequel on a l'habitude d'inscrire les mesures. Ensuite on tâte les hanches bien à leur place, et l'on fait avec la craie une troisième marque, qui soit de niveau avec celle de la profondeur de l'emmanchure. Ce point fixe la longueur du buste.

Après avoir fixé tous ces points, on commence à prendre la première mesure indiquée par le n° 1, qui part de la nuque à la profondeur d'emmanchure, qui donne 32. Ces mesures sont représentées sur le tableau suivant, qui indique la prise de 19 mesures. Cependant on peut, si l'on veut, en supprimer quelques-unes, telles que les numéros 5, 15, 16 et 19, sans qu'il en résulte aucun inconvénient. (Voir le tableau.)

TABLEAU DES MESURES

Les principales mesures d'anatomie superficielle du corps humain sont les nᵒˢ 1, 2, 3, 4, 5, 6, 7, 8, 9, 10 et 11.
Ces numéros, figurés ci-dessous, sont reproduits sur le modèle nᵒ 1 ci-après.

① ② ③ ④ ⑤ ⑥ ⑦ ⑧ ⑨ ⑩ ⑪

Nᵒ I. PARTANT DE LA NUQUE.	GROSSEUR 48	GROSSEUR 51
1. Profondeur le l'emmanchure. Lig. C	32	34
2. Longueur du buste. Ligne D. . . .	55	57
3. De la hanche à terre.	108	106
3 *bis*. De terre au niveau des hanches. Sur D..	108	106
4. Partant de ce point à la nuque. (Cette mesure assure si l'homme est droit ou renversé.) Ligne E.	46	47
5. Longueur de la taille. Ligne F. . .	50	49
6. Longueur totale.	90	100
7. Partant de la nuque à la cambrure. Sur D et A.	67	70
8. Partant de la nuque à la pointe de petit côté, au bas de l'écarrure. Sur la ligne G.	24	25
9. Partant du milieu du dos à l'avancement d'emmanchure. Ligne K.	31	32
10. Sans quitter la mesure, passant sur le bras allant à la pointe de l'épaulette. Sur la ligne N.	50	53

Nᵒ II. PARTANT DE LA NUQUE.	GROSSEUR 48	GROSSEUR 51
11. Largeur de carrure. Ligne G. . . .	20	20 1/2
12. De la carrure au coude.	54	54
13. Longueur de la manche.	84	84
14. Grosseur d'emmanchure.	22	23
15. Largeur du coude (moitié).	18	19
16. Largeur au poignet (moitié). . . .	16	16
17. Grosseur de poitrine (moitié). Ligne L.	48	51
18. Grosseur de ceinture (moitié). . .	43	48
19. Et tour d'encolure (moitié). De B sur N.	23	23,5
Division des Mesures.		
Le tiers de la grosseur.	16	17
Le sixième de la grosseur.	8	8,5
Le quart de la grosseur.	12	12,5
Le huitième de la grosseur.	6	6,3
Le douzième de la grosseur. . . .	4	4,2
La moitié de la grosseur.	24	25,5

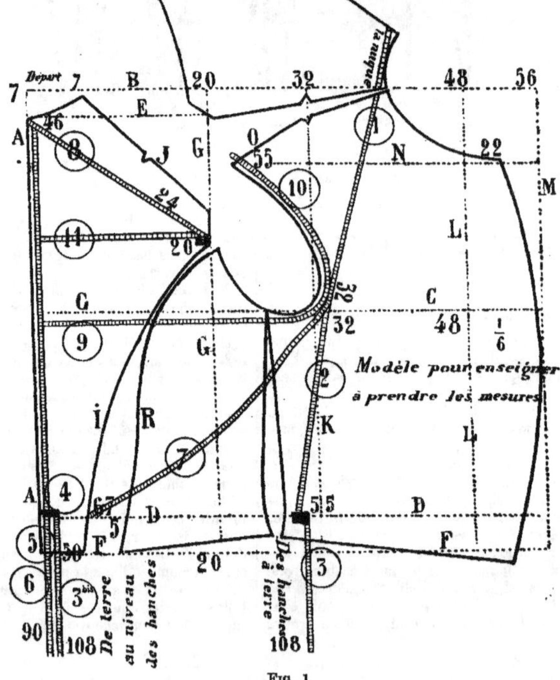

Fɪɢ. 1.

Pour reproduire par la prise des mesures les modèles ci-après, pouvant servir indifféremment à couper un habit, une redingote, une jaquette ou tout autre vêtement dans la proportion de 48 ou de 45 cent. de demi-grosseur de poitrine et 43 cent. de ceinture, on commence par tracer avec l'équerre les lignes A et B.

L'explication est la même pour n'importe quelle grosseur ; le tout est de bien comprendre les mesures.

Au point de l'équerre formé par ces deux lignes, on laisse dépasser le sixième de la grosseur de poitrine moins 1 cent., dont le sixième est de 8 pour 48, 1 de moins reste 7 pour la largeur du haut du dos à l'encolure ; cette opération doit s'appliquer pour les grosseurs de 45, 48 et 51 ; mais quand il s'agit de tracer les modèles des grosseurs, soit 54, 57, 60 et 64, alors on doit laisser dépasser 1 cent. 1/2 de moins que le sixième ; pour la grosseur de 30 jusqu'à 42 il suffit de laisser dépasser 1/2 cent. de moins que le sixième ; de cette façon le haut du dos à l'encolure sera toujours proportionné suivant la grosseur de poitrine.

Revenons au carré formé par les lignes A et B, où on laisse 7 pour la largeur du haut du dos à la nuque.

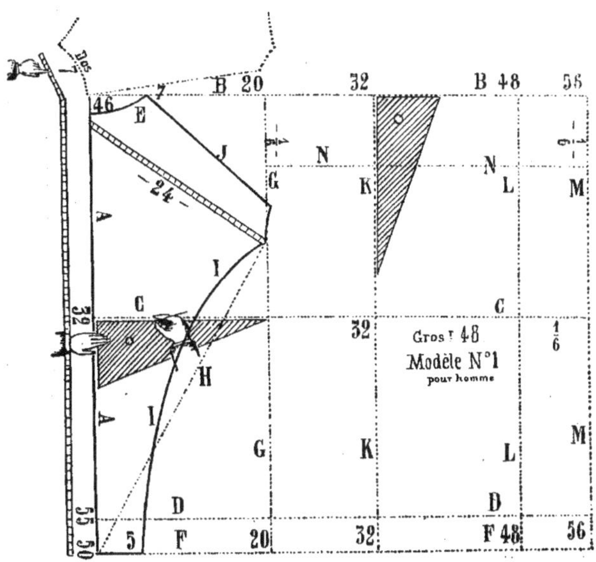

Fig. 2.

Alors on pose le long de la ligne A ; la mesure de la profondeur d'emmanchure, qui est de 32 cent., indiquée par la ligne C. Sans quitter la mesure, on pose la longueur du buste qui part de la nuque, passant devant le bras pour aller jusqu'à la hanche, qui est de 55 cent., point où l'on trace la ligne D.

De ce point, en remontant la ligne A, on pose la quatrième mesure qui va jusqu'à la nuque, et qui est de 44 cent. On ajoute le 24e de 48 pour le développement, soit 46 cent. ; nous devons vous observer que l'on doit poser la longueur de la taille avant d'ajouter le 24e. A ce point on trace la ligne E, qui fixe le montant du dos, et qui assure bien si l'homme est droit, voûté ou renversé.

Nous ferons remarquer que la ligne E peut se trouver au-dessus de la ligne B (voir le modèle fig. 10), lorsqu'il s'agit d'habiller un homme plus ou moins voûté ; le tout dépend de la mesure.

De ce point, en descendant la ligne A, on pose la longueur de la taille, qui est de 50 cent., et l'on trace la ligne F, qui dépasse la ligne D de 3 à 4 cent. ou, suivant la mode ; puis on pose la longueur totale, qui est de 90 cent.

Il faut faire bien attention de reconnaître les lignes A, B, C, D, E, F. C'est le vrai moyen de faire facilement le tracé, quand on veut s'en donner la peine. On continue à tracer les lignes par ordre alphabétique.

Partant de la ligne A, en suivant la ligne B, on pose la mesure de la largeur de l'écarrure, qui est de 20 c., où l'on trace la ligne G, qui va de haut en bas du tracé. Puis on pose la huitième mesure, qui part des lignes A et E, allant sur la ligne G, dont la mesure est de 24 centim. ; elle fixe le bas de l'écarrure et le haut du petit côté. De ce point au bas de la taille, on trace la ligne H, qui va joindre les lignes A et F à la longueur de la taille ; on partage cette ligne H en trois parties afin de faciliter le tracé de la ligne I, qui forme le tracé du dos.

Pour bien tracer la ligne I, on fixe le bas de la taille par 5 cent., et de là on trace ladite ligne qui passe sur les points marqués sur la ligne H, tout en creusant le dos de 2 cent. sur la ligne C, allant joindre la ligne G au point qui fixe le bas de l'écarrure et le haut du petit côté.

On fixe le haut de l'écarrure par 3 ou 4 cent., et

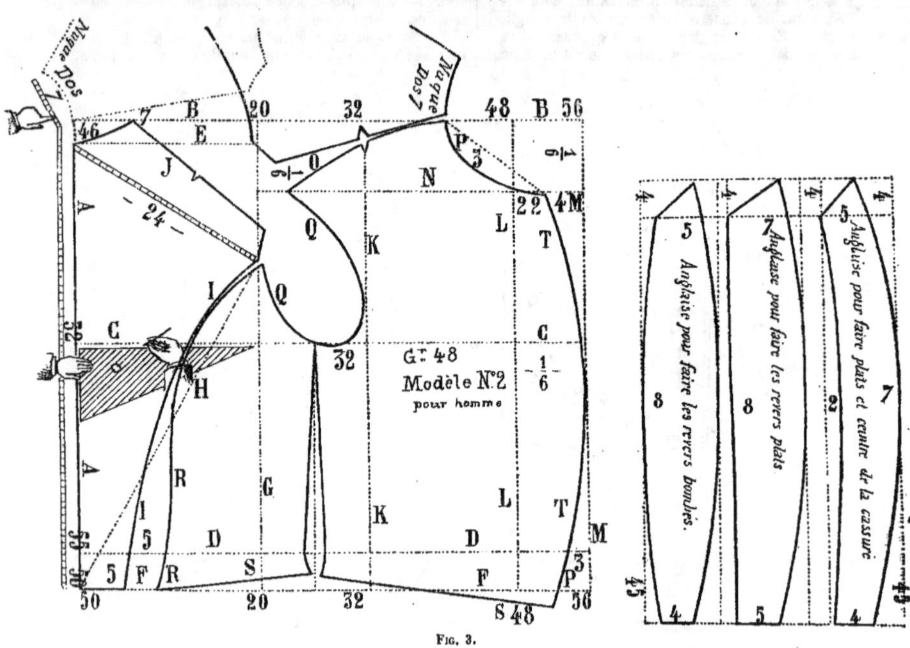

Fig. 3.

La même explication ci-dessus s'applique à ce modèle, avec lequel on peut faire une redingote ou une jaquette sans couper les anglaises.

l'on trace la ligne J, qui est l'épaulette du dos, qui va rejoindre la largeur du haut du dos, en dépassant la ligne E de 2 centimètres, allant au point fixé par 7 cent., soit qu'elle arrive à la ligne B ou de la dépasser suivant la mesure.

Partant de la ligne A, en suivant la ligne C, on pose la mesure de l'avancement d'emmanchure, qui est de 32 centimètres, là on trace la ligne K, puis la mesure de la demi-grosseur de poitrine, 48 centim., où l'on trace la ligne L ; et, pour donner du développement à la poitrine, on ajoute un sixième de 48, qui est 8, indiqué 1/6, et l'on trace la ligne M.

Si l'on désire faire le vêtement plus ajusté, il ne faut ajouté que le 1/8° au lieu du 1/6°.

Avec cette indication, on peut faire un tracé plus grand ou plus petit, suivant les mesures.

Partant de la ligne B, en descendant les lignes M et G, on descend d'un sixième de 48, et on trace la ligne N, qui va jusqu'à la ligne G. Cette ligne N sert à faire ou à fixer l'abaissement de l'encolure et la pointe de l'épaulette par l'emmanchure ; sauf, en y comparant la dixième mesure, que l'on est obligé de raccourcir ou d'allonger l'épaulette, suivant la conformation des épaules hautes ou basses.

Pour tracer l'épaulette du devant (modèle fig. 3),

on mesure celle du dos, qui a 18 cent. ; on fait une coche sur le milieu, et on trace l'épaulette du devant, en appuyant le haut du dos sur la ligne B et le haut de l'écarrure sur la ligne N, de façon que le milieu de l'épaulette du dos soit juste en face de la ligne K, qui fixe l'avancement de l'emmanchure lorsque les coutures du montage des manches sont faites. Puis on trace la ligne O, qui indique l'épaulette du devant.

Ensuite on trace l'encolure, dont la mesure est de 22 cent., y compris le dos allant sur la ligne N. L'encolure est désignée par P, en la creusant de 2 centimètres.

Pour tracer l'emmanchure indiquée par la ligne Q, qui part de la ligne N et O, passant sur le milieu de la ligne K, en arrondissant sur la ligne C et allant joindre le bas de l'écarrure et le haut du petit côté.

De ce point on trace la ligne R, qui joint les lignes D et F, à 4 ou 5 cent. du dos ; mais on ne doit faire cette ligne que d'après la septième mesure, qui part de la nuque allant à la cambrure ; cette mesure indique au juste de combien il faut couper entre le dos et le petit côté ; cette mesure peut varier de 4 à 8 cent., car cela dépend de la conformation plus ou moins cambrée.

Ensuite, on fixe la largeur du petit côté en face du milieu de l'emmanchure et, par conséquent, en face des hanches ; puis on trace la ligne S, qui part de la pointe du petit côté, passe entre les lignes D et F, en face des hanches, et va rejoindre la ligne M à 2 cent. en dessous de la ligne F.

Ensuite, on trace la ligne T, qui part de la ligne N au point qui fixe l'encolure, passant sur les lignes C et M et allant rejoindre les lignes D et F à 3 centim. derrière la ligne M.

Il faut observer que la ligne T peut se trouver de 2 à 4 cent. devant la ligne M lorsque la grosseur de la ceinture est pareille à celle de la poitrine ; il est facile de comprendre que la ligne T est changée suivant la mesure de ceinture ou pour les hommes qui sont voûtés.

Après avoir tracé le modèle d'après ces mesures, il est facile d'ajouter la largeur de l'anglaise, suivant la forme de revers que l'on désire faire, soit droit soit croisé. Chaque tailleur doit avoir ce qui ne s'apprend pas, c'est-à-dire plus ou moins de goût.

Remarque. — Quand on a coupé un patron d'après les mesures, soit un habit, une redingote ou une jaquette, on doit conserver le patron sans le détacher le petit côté ; puis on coupe le drap sur le patron tout en ayant soin de laisser des crochets, soit en haut du petit côté à l'épaulette par l'emmanchure ; puis on laisse l'encolure plus haute ainsi que l'épaulette.

Si l'ouvrier dérange la pièce en faisant les suçons qui sont sur les devants, en attachant les anglaises ou en refoulant le rond, ou bien en faisant le doublage, il est difficile de laisser la pièce telle qu'on l'a coupée. Mais, si l'on veut reconnaître ce que l'ouvrier aura pu déranger, il faut avoir le soin, avant d'assembler le

dos avec les devants, c'est-à-dire que, avant de faire le montage, il faudra comparer le patron sur les devants de l'habit, et il sera facile de voir qu'il n'est pas conforme au modèle. Dans ce cas, on est obligé de recouper par le haut du petit côté à l'épaulette, l'encolure ; refaire l'emmanchure pareille au modèle ; par ce moyen, on est sûr de pouvoir faire un vêtement sans l'essayer sur le client auquel on aura pris les mesures. Voir pour cela le n° 7 *bis*, dans lequel on peut remarquer le dérangement que l'ouvrier fait produire en doublant la pièce ; la coupe de patron d'après les mesures est indiquée par le n° 1 à chaque ligne, et le changement que l'ouvrier a fait produire par les suçons et le doublage sont indiqués par le n° 2, dont le chagement paraît très-sensible.

Pour corriger ce défaut opéré par le doublage, il faut procéder ainsi : Lorsque l'ouvrier aura doublé n'importe quel genre de vêtement, prêt à assembler, il faudra y comparer le patron afin de faire l'emmanchure, le haut du petit côté, l'épaulette, l'encolure semblables à ceux du patron, tel que l'on aura coupé d'après les mesures du client, de la sorte on ne rétrécira pas l'emmanchure, et l'on obtiendra un habit, une regingote, une jaquette ou un pardessus sans défaut. Voilà le seul moyen pour éviter les *poignards*, qui sont le ver rongeur de bien des tailleurs, trop souvent au désespoir de ne pas réussir à bien habiller sans avoir recours à de *grands poignards*, faute de précautions.

Figure 4.

Tracé de la basque de l'habit.

Pour en faire la reproduction de grandeur naturelle, on trace avec l'équerre les lignes A et B. Au point de l'équerre formé par ces deux lignes indiqué *départ*, on pose, en descendant la ligne A, le sixième de 48 qui est de 8 centim. ; puis on partage les 8 par moitié, soit 4 ; l'on partage encore les 4, ce qui donne 2 centim., et l'on trace les lignes C, D et E.

Ensuite, sur la ligne A et C, on laisse dépasser la longueur de la taille qui est de 46, et l'on pose, en descendant la ligne A, la longueur totale de l'habit, qui est de 80 centim., ou suivant la mode et le goût de celui à qui on doit faire l'habit ; à ce point on trace la ligne F. Ensuite on fixe la largeur de la basque comme il suit : partant de la ligne A sur celle de C, on rentre de 2 centim., qui servent à indiquer le rond de la basque ; de ce point, en allant sur la ligne D, on fixe la largeur du haut de la basque par la moitié de la grosseur de poitrine, plus 3 cent. pour les suçons, qui servent de développement aux hanches, soit 27 centim.

On peut encore employer la mesure de la grosseur des hanches, mais comme la mesure des hanches est presque toujours pareille à celle de la grosseur de poitrine, il est inutile de prendre celle des hanches, à moins que l'on ne s'aperçoive qu'elle deviendrait utile.

Puis on continue à fixer la pointe de la basque sur

le devant, allant sur la ligne E, suivant le corsage de l'habit ; mais, en général, pour une conformation bien proportionnée, c'est le tiers de la grosseur de poitrine divisé par moitié, soit de 16 à 17 centim.

Partant de la ligne A, sur la ligne F, on fixe la largeur du bas de la basque par le tiers de la demi-grosseur de poitrine qui est de 16, plus 1 centim., soit 17 ; de ce point on trace la ligne G qui va joindre la ligne D, au point indiqué par 27 centim. ; puis on trace le rond du haut de la basque qui part de la ligne C, passant sur celle de B, puis sur C, en retournant sur la ligne D et sur celle de E, au point fixé par 17 et 3 cent. (Voir le tracé.)

Il ne faut pas s'imaginer que les suçons qui sont en haut des basques soient utiles pour toutes les conformations, nous connaissons un grand nombre de tailleurs qui n'en font jamais aucun ; mais alors on refoule le rond qui est en haut de manière que la basque devienne droite, puis on tend le bas du corsage de l'habit, et l'on réussit aussi bien qu'en faisant des suçons.

Il faut dire aussi que ce travail n'est fait que par de bons ouvriers.

La ligne I indique la manière de faire la basque pour les jaquettes. (Voir les modèles ci-dessous.)

Ensuite il faut observer de ne jamais couper les

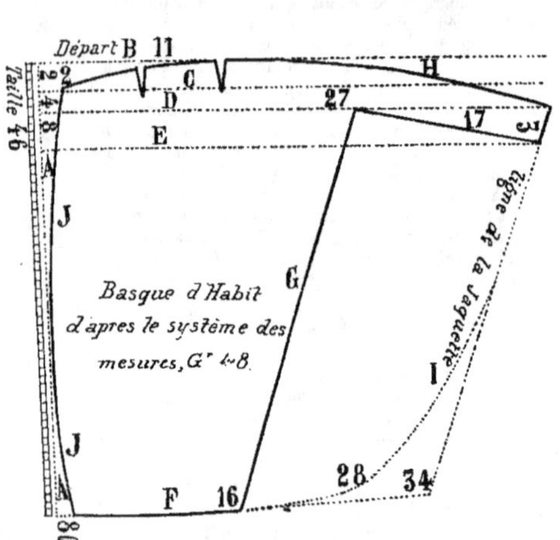

Fig. 4. — Basque d'habit.

Fig. 5. — Basque de la jaquette pour la grosseur de 48.

basques d'un habit ou d'une jaquette sans comparer le pli de la basque avec la courbe du petit côté ; c'est alors qu'il est facile de reconnaître s'il faut abattre le rond de 2 centim. ou plus, ou moins ; c'est le corsage qui doit régler les basques, soit au bas du petit côté, et au bas du devant avec les anglaises ; il faut que la basque se raccorde avec le corsage, comme s'ils étaient d'une seule et même pièce ; cette opération doit aussi se faire pour les jupes des redingotes ainsi qu'aux jupes des tuniques d'uniforme.

Les tracés des anglaises qui sont page 5 peuvent servir aussi bien pour l'habit que pour la redingote, et chacun doit la faire suivant la mode du jour, soit droite, soit ronde des deux côtés, suivant que l'on désire faire le genre des revers.

Fig. 6.

Tracé de la jupe de la redingote.

Le patron est tracé au cinquième pour la grosseur de 48 cent. de demi-grosseur de poitrine. Mais avec cette explication on peut le reproduire pour toutes les grosseurs possibles.

Pour faire la reproduction de grandeur naturelle, on trace avec l'équerre les lignes A et B.

Partant ensuite de l'équerre formée par ces deux lignes, on pose, en descendant la ligne A, le huitième de la demi-grosseur de poitrine, soit 6 pour 48, et l'on trace la ligne C ; à ce point on laisse dépasser la longueur de la taille, soit 46, et l'on pose, en descendant la ligne A, la longueur totale de la redingote, qui est de 85 ; à ce point on trace la ligne D.

De ce point, on remonte de 10 centimètres pour

indiquer la courbe du bas de la jupe, et on trace la ligne E.

Ensuite, sur la ligne C, on pose la mesure de la demi-grosseur de poitrine, ou bien la mesure prise sur les hanches qui est presque toujours pareille à celle de la poitrine, soit 48 centim., où l'on trace la ligne F; de la ligne F, l'on trace la ligne G, qui part de la ligne B, en allant droit au point marqué par 6 centim. sur la ligne C, puis on trace la ligne H qui part de la ligne B, passe par celle de C, à 3 centimètres de la ligne F, allant en ligne droite jusque sur la ligne E, au point marqué par 67 centimètres. On continue en traçant les lignes I et J, qui partent des lignes A et H allant joindre les lignes B et A.

On trace le bas de la jupe qui est indiqué par la ligne J, qui doit être d'une égale longueur; et l'on ajoute 3 centimètres en plus le long de la ligne H, qui sert à faire le pli, et, si l'on doit faire des plis roulants, il faudra 6 centimètres pour les rendre plus faciles à rouler.

Une observation qui est bien juste :

Pour qu'une jupe de redingote aille bien, c'est-à-dire pour qu'elle ne s'ouvre pas sur le derrière, ni qu'elle ne chasse pas, il faut avoir le soin de bien comparer la jupe avec le bas du petit côté ou le soin de laisser du rond à la jupe suivant la conformation de celui que l'on doit habiller.

Si l'on désire faire des jupes qui soient amples, il faudra tracer la ligne H à 4 ou 6 centimètres loin du carré, et la ligne G devra être creusée de 3 centim.

Si, au contraire, on désire les jupes plates, il faudra tracer la ligne G droite et même un peu ronde; le tout dépend du goût de chacun.

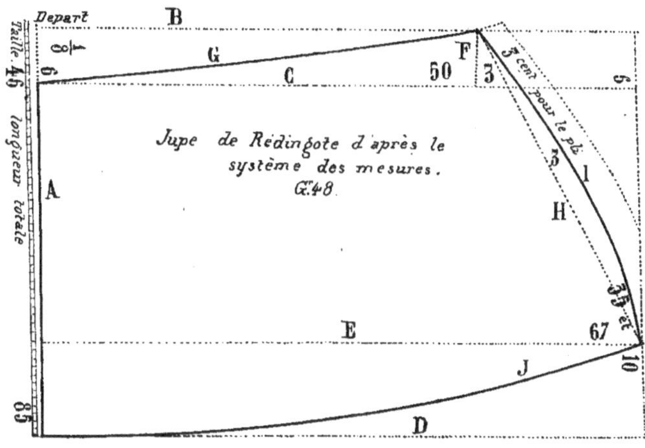

Fig. 6.

Fig. 7.

Tracé de la manche pouvant servir pour habit ou redingote.

Pour reproduire la manche, on trace avec l'équerre les lignes A et B.

Partant de l'équerre formée par ces deux lignes, on pose, en descendant la ligne A, la moitié de la mesure du tour de baut de bras qui est de 11 centim., où l'on trace la ligne C, puis le seizième de 48 en dessous de la ligne B qui est 3, qui fixe le rond de dessus le bras, où l'on trace la ligne C bis.

Pour bien placer les mesures de la manche, on pose le mètre sur la ligne C bis et A, en laissant dépasser la mesure de la largeur de l'écarrure qui est de 20 centim., et en descendant la ligne A on pose la mesure qui va jusqu'au coude, qui est de 53 centim., où l'on trace la ligne D, sans quitter la mesure. On pose la mesure de la longueur de la manche qui est de 81 centim. L'on remonte de 3 centim., ce qui est indiqué par 78, point qui indique la longueur de la manche de l'avant-bras; et l'on marque les lignes E et F.

Ensuite, sur les lignes B et F, on pose la mesure de la grosseur d'emmanchure qui est de 22 centim., et l'on trace la ligne G. Puis on trace la ligne H qui indique le rond de dessus le bras de la manche; et l'on tire la ligne I, qui part de la ligne C, en suivant la ligne G, en la creusant de 1 centim. allant sur la ligne E.

De ce point, on fixe la largeur du bas de la manche par 15 centim., allant sur la ligne F; de là on trace la ligne K en ressortant de 3 centim. en face le coude; puis on joint les lignes A et C *bis*. Le dessous de la manche a 3 centim. plus étroit que le dessus. Si, à cette manche, on doit mettre des parements, le goût du tailleur suffira pour en faire le changement à volonté.

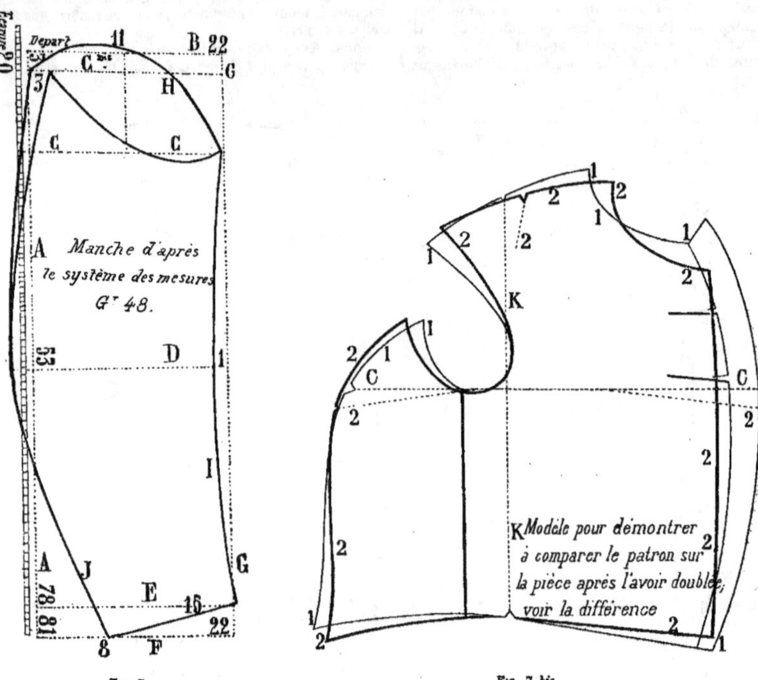

Fig. 7. Fig. 7 bis.

Fig. 7 bis.

Ce tracé est pour enseigner la manière de comparer le patron sur la pièce, lorsqu'elle est doublée à bon point prête à assembler, dont il est expliqué page 6.

Fig. 8.

Cette figure représente le modèle pour homme droit ; il est tracé de la manière dont il faut faire la comparaison du patron avant de le couper, c'est-à-dire que, lorsqu'on a tracé un modèle d'après les mesures d'une conformation quelconque, et que l'on a bien comparer les mesures dont elles sont indiquées sur le tracé, figure n° 1, on commence par couper le dos ; ensuite on l'applique sur le devant, le long de la ligne L, qui est la grosseur de la poitrine, en mettant la ligne C du dos sur la ligne C du devant ; puis on fixe l'épaulette du devant afin qu'elle puisse toucher en haut du dos, en ayant soin de mettre le milieu de l'épaulette du devant, qui est la ligne K, soit juste en face du milieu de l'épaulette du dos, de manière à ce que les coches se raccordent ensemble. En opérant de cette façon, on est sûr de bien réussir. (Voir le modèle ci-contre, dont la comparaison est faite pour que l'on puisse mieux la comprendre.)

Cette opération doit se faire pour toute espèce de vêtement, sans en excepter aucun ; seulement on verra plus loin la différence existants pour les hommes voûtés ou renversés.

Fig. 9.

Cette figure représente la manière de s'y prendre pour couper un collet conforme à l'encolure ; pour le bien réussir on commence par fixer le pied du collet, soit 2 ou 3 centimètres en face le creux de l'encolure ; puis on fixe les revers aussi bas qu'on le désire, soit à 2 ou 3 boutonnières sur les revers, et de ce point, au bas des revers, on tire une ligne droite en passant sur le point qui fixe le pied du collet. Cette ligne est désignée par AA. (Voir le tracé.)

Ensuite on fixe le collet en dessous de la ligne A, soit 2 centimètre pour le pied et 4 centimères peur le tombant ; puis on trace le pied du collet qui suit la courbe de l'encolure tout en lui faisant former le suçon en arrivant au cran du revers ; pour la largeur du cran du collet, on le fixe suivant la mode.

Lorsque le collet est coupé, on le pique à petits points, et, après l'avoir piqué, on le presse à sec ; ensuite on tend la partie du pied du collet qui doit se trouver attaché au dos, de la valeur de 2 centimètres sur chaque épaulette, en ayant le soin de faire rentrer la cassure.

Pour qu'un collet aille bien, il faut le bâtir à l'encolure un peu aisé de partout, afin qu'une fois la couture faite le collet soit juste à l'encolure. Du reste, chaque tailleur doit compreudre qu'en bâtis·sant un collet juste à l'encolure, lorsque la couture sera faite, le collet sera trop court, parce que l'encolure s'agrandit et que le collet se rétrécit en faisant la couture, chose qu'il est facile de comprendre pour un tailleur qui connaît son métier.

La planche de comparaison, qui se trouve plus loln, enseigne la manière de couper les différentes formes de collets, soit pour habit, redingote, paletot et gilet.

Fig. 12.

Cette figure est le modèle d'une jaquette pouvant servir aussi pour la redingote droite sans anglaises.

Ce modèle est tracé pour la proportion de 48 cent. de demi-grosseur de poitrine et de 44 de ceinture. Pour en faire la reproduction, on peut suivre l'explication des figures 1 et 2.

Fig. 13.

Cette figure est le modèle de jaquette ou de redingote pour la proportion de 45 cent. de demi-grosseur ae poitrine ct 40 de ceinture.

Fig. 14.

Cette figure est le modèle tracé au cinquième pour la proportion de 51 cent. de demi-grosseur de poitrine et de 48 de ceinture, pour faire le pardessus paletot-redingote. (Modèle page 13.)

Pour en faire la reproduction de grandeur natu-

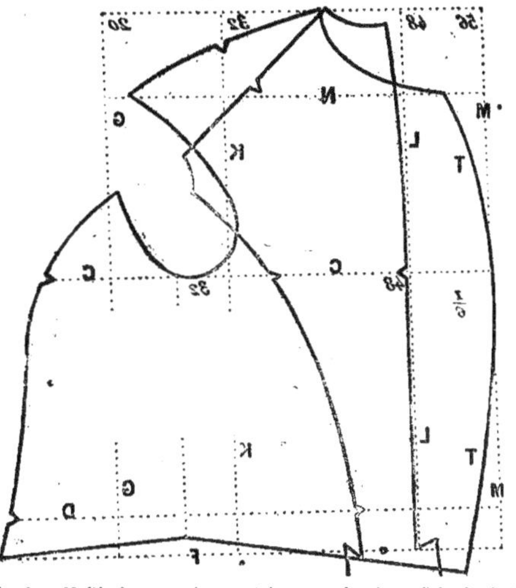

FIG. 8. — Modèle de comparaison avant de couper, de même qu'à la planche 1.

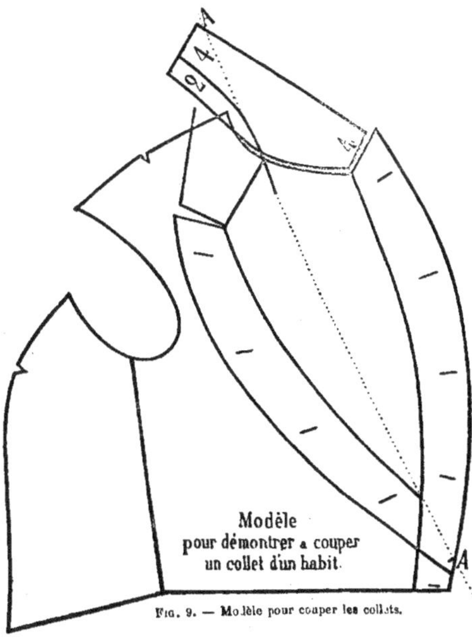

FIG. 9. — Modèle pour couper les collets.

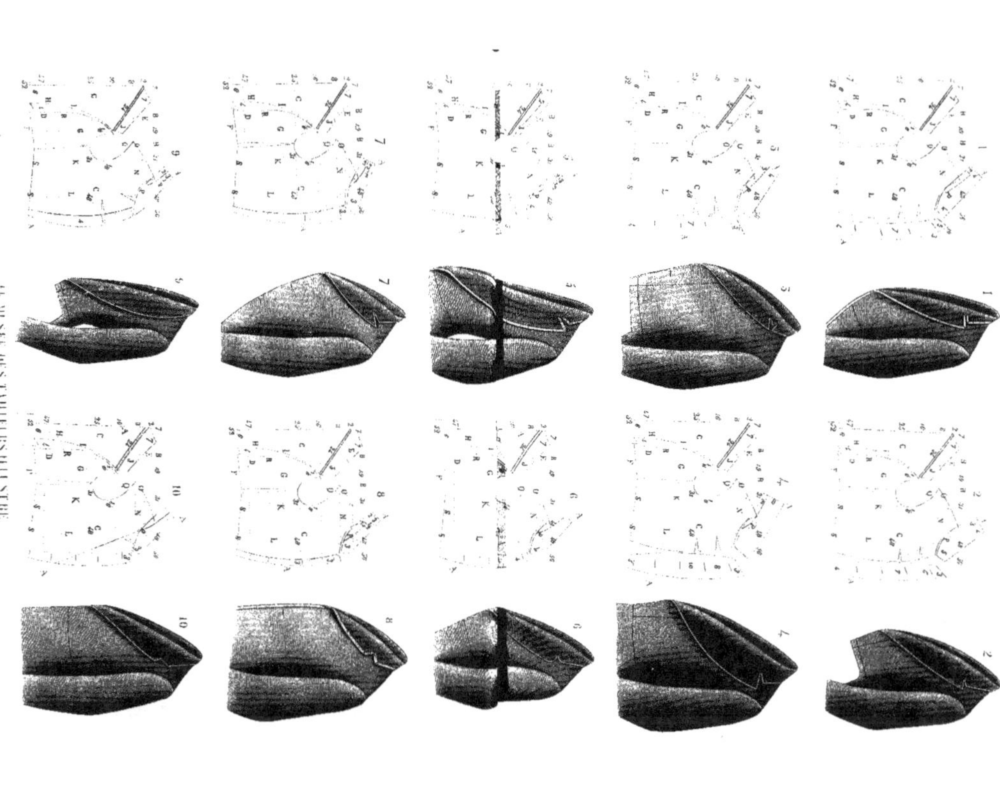

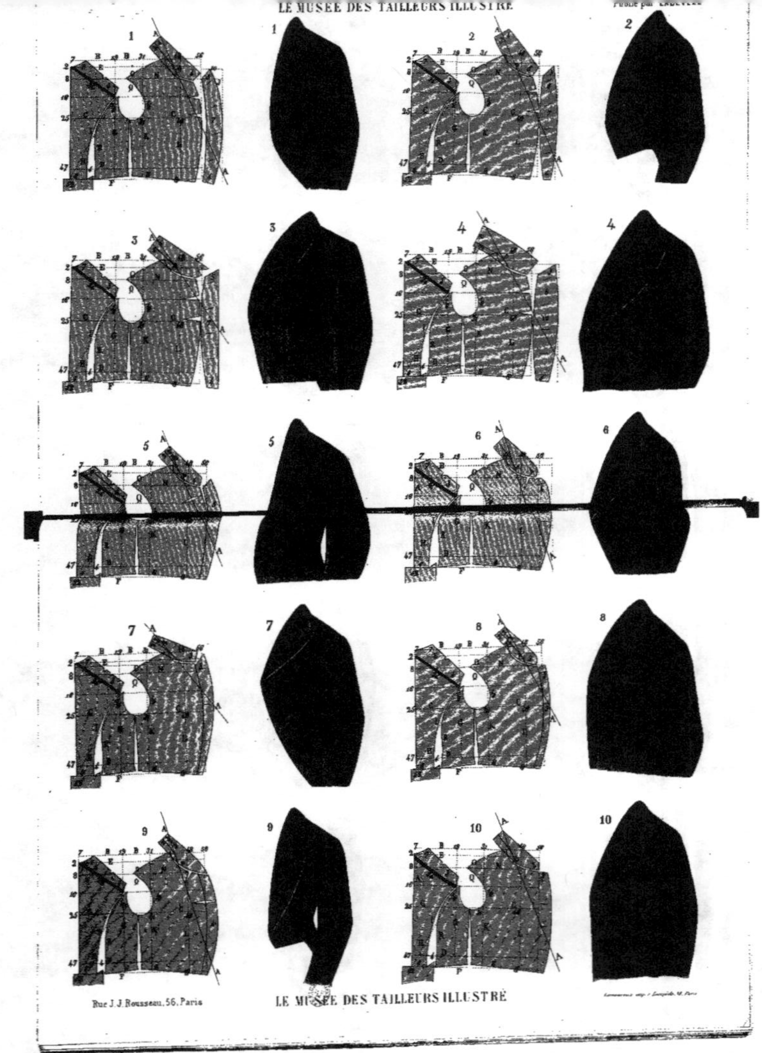

Rue J. J. Rousseau, 56, Paris

LE MUSÉE DES TAILLEURS ILLUSTRÉ

relle on commence par tracer d'équerre les lignes A et B, du point de l'équerre formée par ces deux lignes, on pose en descendant la ligne A, 8 1/2, 11, 16, 26, 49, 52 et 105, puis on trace les lignes par ordre alphabétique qui sont en face de chaque chiffre, soit C, D, E, F, G et H.

Ensuite partant de la ligne A et Q en suivant la ligne B, on pose les chiffres suivants: 21, 34, 44, 51, 59, 70, puis on trace les lignes qui sont en face de chaque chiffre; I qui fixe la largeur de la carrure, J et K qui indiquent le tracé du dos; la ligne L fixe l'avancement de l'emmanchure, la ligne M indique la grosseur de poitrine, la ligne N est pour indiquer le développement qu'il faut un sixième en sus de la grosseur de poitrine.

Pour terminer le tracé, on continue par tracer

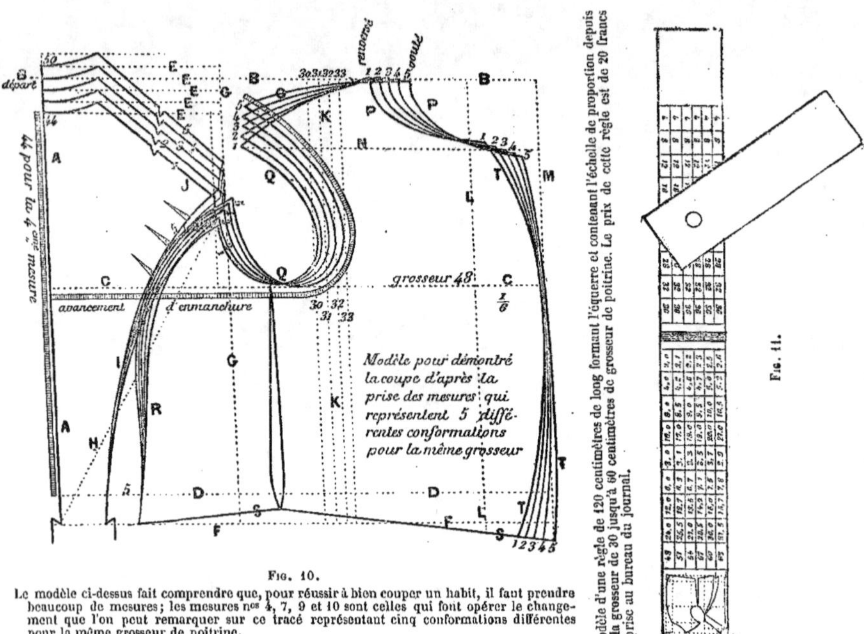

Fɪɢ. 10.

Le modèle ci-dessus fait comprendre que, pour réussir à bien couper un habit, il faut prendre beaucoup de mesures; les mesures nᵒˢ 4, 7, 9 et 10 sont celles qui font opérer le changement que l'on peut remarquer sur ce tracé représentant cinq conformations différentes pour la même grosseur de poitrine.

Fɪɢ. 11.

l'épaulette indiquée par la ligne O, l'encolure par la ligne P, l'emmanchure par la ligne Q, le petit côté par la ligne R, le bas du corsage par la ligne S, et la ligne T qui va joindre l'encolure.

Ensuite on fixe la largeur de l'anglaise par 8 cent. en haut et 6 en bas. Le modèle de l'anglaise est tracé au bas du corsage.

Fig. 15.

Ce tracé est le modèle de la jupe du pardessus. Cette jupe est tracée de la même façon que pour les jaquettes, sauf que, pour le pardessus, on la laisse droite sur le devant, tandis que pour les jaquettes on la coupe évasée. Nous devons faire observer que l'on peut couper cette forme de jupe sans crainte de la faire trop étroite: M. Ladevèze a fait des pardessus de ce même genre, et il a parfaitement réussi.

Pour reproduire ce modèle de grandeur naturelle, on trace avec l'équerre les lignes A et B, puis on continue par ordre alphabétique: C, D, E, F, G, et H qui termine le tracé.

La forme des pardessus à taille doit être faite avec des plis roulants, et le modèle ci-contre démontre très-bien qu'il y a assez d'ampleur pour ce genre. Si l'on désire faire des jupes très-amples, il faudra les couper pareilles à la figure 6.

Fig. 16 et 17. (Page 14.)

Ces deux figures sont le dos et le devant du pardes-

3

Départ
7
20
32
42
B 48
56
B
K
I
O
O
P
N
7
C
3
D
9
D
A
E
24
4
Q
L
M
T
5
U
17
Q
1/6
6
25
F
F
48
Grosseur
32
Jaquette.
A
K
J
R
I
L
M
N
46
5
G
H
T
U
5
S
G
49
H
20
32
S
48
56

Fig. 12.

Départ
7
B
19
30
39
45
B 52
A
K
I
O
C
P
N
C
Q
L
M
2
D
T
10
E
U
13
Q
F
K
F
23
I
30
Gr. 45.
4/6
4
R
N
I
L
M
A
J
K
N
45
G
G
5
5
S
H
47
H
19
30
S
45
3

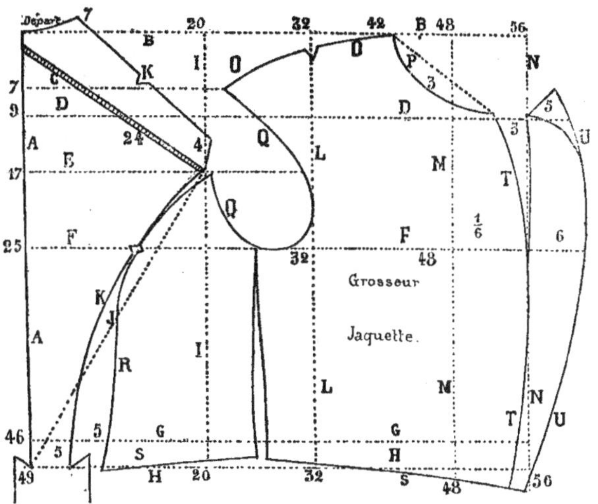

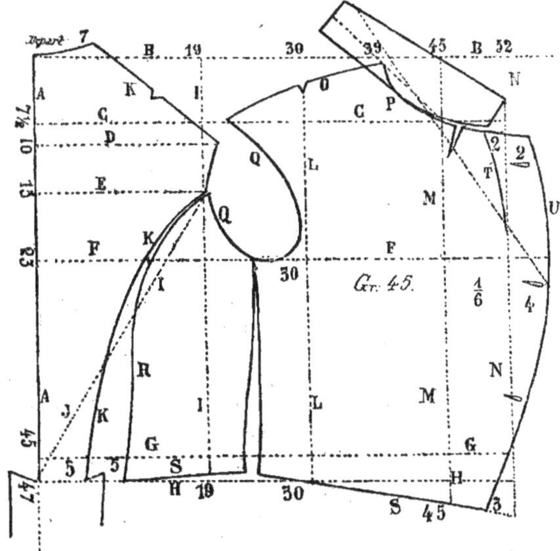

Fig. 13.

Départ
8
B 21 34 44 51 59 B 70
K I O P 3 N
A
C C 3
D T 8
E M
Q L
Q M
F F 1/6 9
34
Paletot redingote
Gr. 51.
K
J
A J R 1 L M
K G M
6 5 S G U
H 21 34 H N
S 2 6
49 52 105
4 8 10 6
Anglaise de Paletot Redingote.
longueur 50.

Fig. 14.

Départ B G 25 B 59
G G
B D D
A
Jupe plate pour paletot Redingote
croisée sans être serrée. Gr. 51.
P
H
A
8 57 E E 59

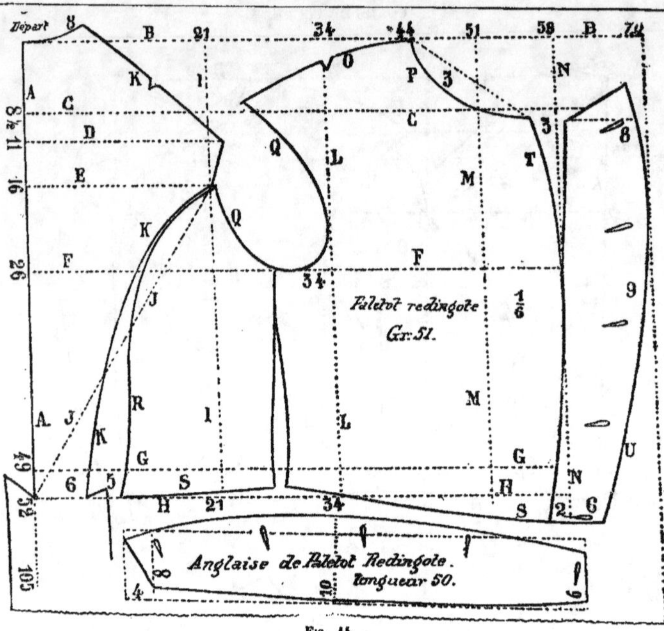

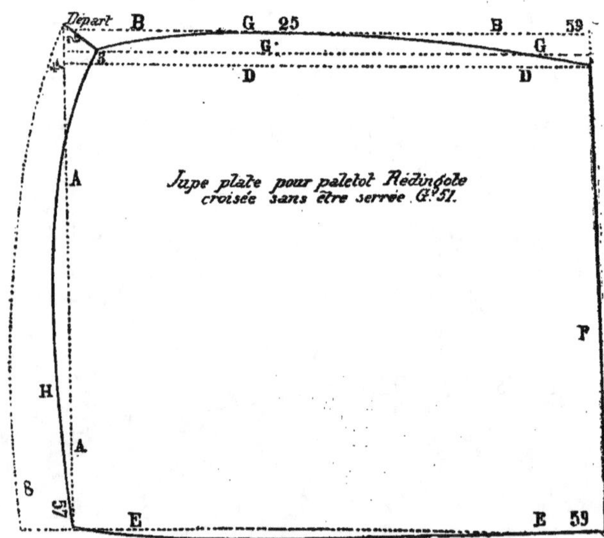

Fig. 15.

sus de forme sac ou genre twine, tracé au cinquième
pour la mesure de 48 centimètres de demi-grosseur
de poitrine. Pour la facilité de reproduire ce modèle,
le dos est représenté semblable au dos d'un habit ou

d'une redingote ; pour faire le dos de pardessus
twine, on sort de 3 centimètres sur la ligne F, et l'on
rentre de 3 sur la ligne H en face de la taille, puis on
trace la ligne M, qui indique le tracé du dos pour

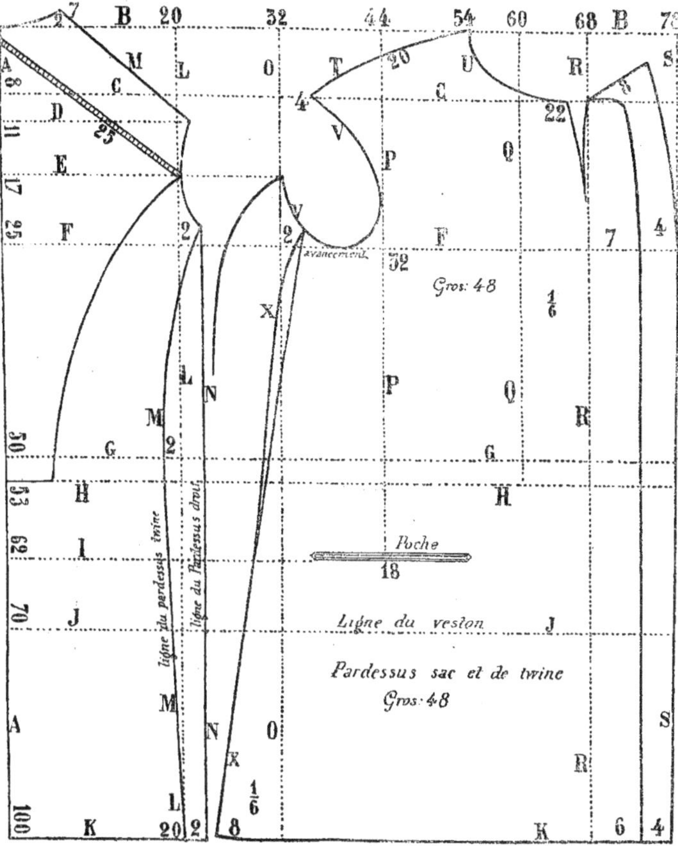

Fig. 16 et 17.

twine. Pour faire le paletot de forme sac, on trace la
ligne droite N en partant de la ligne F, allant jusqu'au
point qui fixe la longueur du dos à 2 centimètres.

Pour tracer le devant du pardessus, on peut se servir d'un corsage d'habit ou de redingote, et la ligne
O, qui est le long du petit côté, représente la largeur

de la carrure, puis on rentre de 2 sur la ligne F, et l'on
sort de 2 sur la ligne H. Ensuite on trace les lignes
par ordre alphabétique, tout en ayant le soin de faire le
devant croisé ou droit pour être boutonné avec une
sous-patte. Les poches doivent être placées de 10 à
12 centimètres en dessous du niveau des hanches.

Fig. 18.

Le tracé au cinquième ci-après est pour faire la jaquette *dorsay;* cette jaquette est tracée pour la proportion de 45 centim. demi-grosseur de poitrine et 42 de ceinture. Nous avons établi ce tracé d'après le ssytème des mesures.

Pour en faire la reproduction, on trace avec l'équerre les lignes A et B, et lorsque le tracé a été fait, après avoir tracé les lignes A, B, C, D, E, F, G, H, I, J, K, L, M, N, O, P, Q, R, S, T, U, au lieu de poser les chiffres que la mesure a produits, on mesure la distance qu'il y a d'une ligne à l'autre et l'on pose les.chiffres comme il suit.

Partant de l'équerre formée par les lignes A et B, en descendant la ligne A, on pose 2 cent. qui fixe le point de la nuque, puis le sixième de 45 qui est 7 1/2 ; cette ligne fixe la pointe de l'épaulette et le niveau de l'encolure. Puis on pose le tiers de 45 qui est 15, plus 1 cent., soit 16. Ce point indique le bas de l'écarrure et le haut du petit côté.

Ensuite on pose la moitié de 45, plus 1/2 centim., soit 23 ; ce point fixe la profondeur de l'emmanchure. Puis on pose la mesure de la grosseur de poitrine, qui est 45, qui fixe le niveau des hanches, et on fixe ensuite la longueur de la taille par 4 cent. en-dessous de la ligne D, soit 49; enfin on fixe la longueur totale de la jaquette à 90 centim.

Partant ensuite de la ligne A, en suivant la ligne B, on fixe la largeur du dos à la nuque, qui est le sixième moins 1 cent., soit 6 cent; puis on fixe la largeur de la carrure par le tiers, plus 4 cent., soit 19; ensuite on fixe l'avancement de l'emmanchure par les deux tiers de la grosseur de poitrine, soit 30 pour 45; mais on pose 1 cent. de moins, ce qui fait 29, parce que, en arrondissant l'emmanchure, on arrive aux deux tiers; puis on pose 37, qui fixe la pointe de l'épaulette à l'encolure. Ce point ne peut se trouver qu'en reculant de la ligne L; en y plaçant la largeur du haut du dos, ou en plaçant le milieu de l'épaulette du dos en face de la ligne qui fixe l'avancement de l'emmanchure.

Ensuite, toujours sur la ligne B, on pose la grosseur de poitrine qui est 45, puis on ajoute un sixième de 45 pour donner du développement à la poitrine, soit 52 cent. 1/2.

Après avoir posé les chiffres désignés ci-dessus, on trace les lignes comme il suit : A, B, C, D, E, F, G, H, I, J, K, L, M, N, O, P, Q, R, S, T.

Si l'on fait bien attention de la manière que les lignes sont tracées, il sera facile de reproduire ce même modèle sans la moindre difficulté.

Pour fixer la largeur des revers, on pose 3 centim. en sus de la ligne M et T; et si l'on désire faire les revers aigus, le goût d'un chacun terminera le genre à sa volonté. (Voir le tracé fig. 3.)

Pour couper un corsage de jaquette avec les basques attenantes au-devant, c'est-à-dire le tout d'une seule pièce, il faut tirer une ligne qui parte de la pointe de l'épaulette à l'encolure, passant sur la ligne D, à 2 cent. de la ligne G, qui fixe l'écarrure, et allant en ligne droite au bas, qui fixe la longueur de la jaquette; cette ligne fixe l'ampleur qu'il faut donner à la basque, sauf à tirer la ligne des plis qui suivent la courbe du petit côté, et d'avoir le soin de mettre le rond suivant la conformation de celui qui doit porter la jaquette.

Pour fixer le devant de la basque, on prolonge la ligne L jusqu'à la longueur de la basque, et c'est sur cette même ligne que l'on arrondit suivant le goût.

Quoique les pattes des poches soient dessinées sur les basques, il y a des tailleurs qui n'en mettent pas.

———

Observations. — Plusieurs de nos lecteurs nous ont fait le reproche de ce que nous mettons des lettres sur les tracés de nos patrons.

Renouvelons pour ceux qui les conservent religieusement, les explications préliminaires, qui doivent servir à faire comprendre les premiers principes de la méthode de M. Ladevèze même aux plus humbles personnes d'entre toutes celles dont on parle si avantageusement.

M. Ladevèze commence par tracer et enseigner de tracer, à l'équerre, les lignes A et B, puis il mesure la profondeur de l'emmanchure indiquée par la ligne C, la mesure de la longueur de buste par la ligne D, la mesure du montant du dos par la lettre E, la mesure et la largeur de l'écarrure indiquée par la lettre G et enfin les lignes H, I et J indiquent la manière de tracer le dos.

Ensuite la mesure d'avancement d'emmanchure est indiquée par la ligne K, la mesure de la grosseur de poitrine par la ligne L, ajouter un sixième à cette mesure pour le développement qu'il faut en plus que la grosseur où l'on trace la ligne M.

Après qu'un élève a tracé les lignes A, B, C, D, E, F, G, H, I, J, K, L et M, on l'oblige à les apprendre par cœur afin de les bien reconnaître, et quand il s'agit de terminer le tracé, on dit, partant de la ligne B en descendant la ligne M et C, on pose le sixième de la demi-grosseur qui indique la ligne N ; cette ligne fixe l'encolure et la pointe de l'épaulette par l'emmanchure.

Ensuite sur la ligne B, devant la ligne K, on pose le sixième plus un centimètre ; c'est ce point qui fixe la pointe de l'encolure et de ce même point, on pose la longueur de l'épaulette qui va sur la ligne N, qui indique la ligne O, puis on trace les lignes P, Q, R, S et T qui terminent le tracé.

On demande aux lecteurs qui trouvent des difficultés à tracer les patrons à cause des lettres, comment ils feraient s'ils étaient obligés d'enseigner sans cela ; de quelle manière, sans cela encore, s'y prendraient-ils pour commander à un élève de poser l'avancement d'emmanchure, de fixer l'épaulette par l'encolure et la pointe de petit côté, et l'avancement d'emmanchure et sur quel point il faudrait se fixer, sans avoir un point d'appui.

Enfin, pour en terminer avec toutes ces explications et ces démonstrations qui sont faciles pour les unes et peut-être difficiles pour les autres, nous dirons que c'est grâce à cette désignation des lignes par des lettres, que nous apprenons notre méthode à des tailleurs étrangers qui ne comprennent pas un mot de français, soit par les signes et les lignes marquées par des lettres alphabétiques que nous sommes parvenu à nous faire bien comprendre. Nous pourrions citer un muet qui a compris notre méthode par la désignation des lettres.

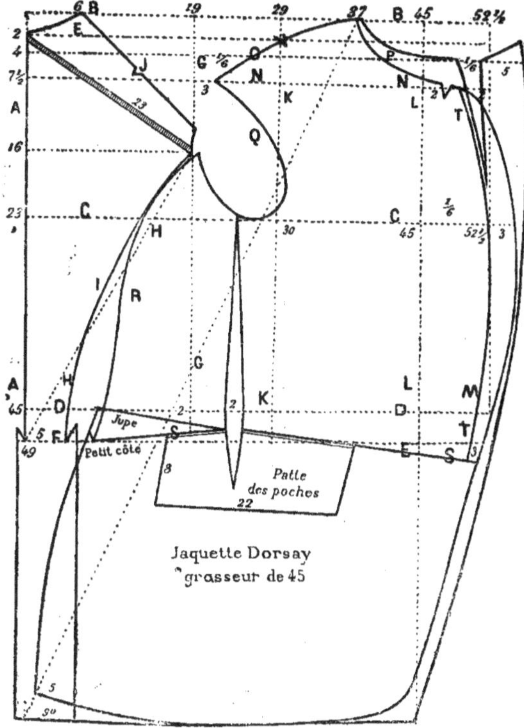

Fig. 18.

Fig. 19 et 20 bis.

Cette figure est le modèle de pardessus formant la taille sur le derrière; les devants sont coupés d'une seule pièce, sauf un suçon qui est pratiqué en face des hanches; la coupe est pareille à celle de la jaquette Dorsay.

Fig. 21. (Page 18.)

Cette figure est le modèle du dos du mac-farlan; nous devons faire observer que, pour donner plus de facilité à reproduire ce modèle, nous l'avons représenté avec le dos d'un habit et du pardessus-twine, pour la grosseur de 48, demi-grosseur de poitrine.

La ligne qui indique le dos du mac-farlan part du haut de la carrure, ligne C et J, passant sur la ligne E, au milieu de l'emmanchure, en tirant la ligne droite jusqu'à la longueur du dos, qui se trouve fixée à 55 cent. loin de la ligne A, sur la ligne 1 bis; puis on trace une ligne qui part du haut de la ligne A et B, allant droit jusqu'au bas.

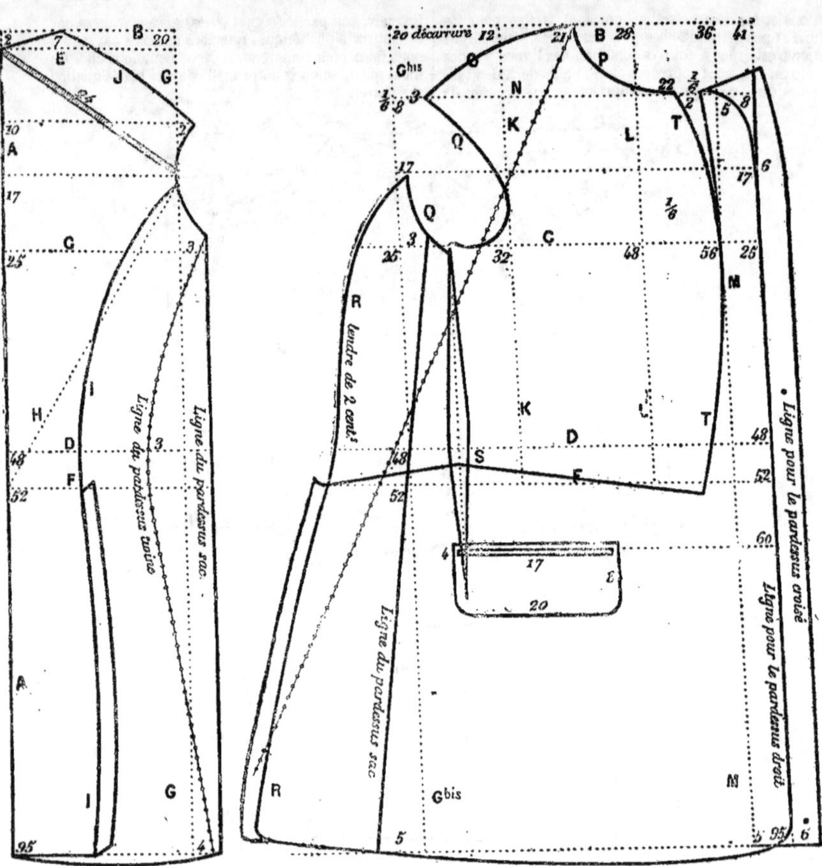

Fig. 19 et 20.

Cette ligne se trouve écartée de la ligne A de 6 cent. et de 3 en face de la taille.

Pour en faire la reproduction d'après la prise des mesures, on commence par tracer d'équerre les lignes A et B.

Partant ensuite de la ligne B, en descendant la ligne A, on pose le 1/4 de 48, plus 1 cent., soit 13, où l'on trace la ligne C, qui fixe le haut de la carrure.

Puis on pose le 1/3 de 48, plus 1 cent., soit 17, où l'on trace la ligne D, qui fixe le bas de la carrure; ce point a été produit par la mesure n° 8.

Ensuite, on pose la moitié de 48, plus 3 cent., soit 27, où l'on trace la ligne E, qui fixe la profondeur de l'emmanchure qui a été produite par la mesure n° 1; le chiffre 38 et la ligne F fixent l'ouverture de l'emmanchure du mac-farlan.

Ensuite, on pose la demi-grosseur de poitrine, plus 1 cent., soit 49, où l'on trace la ligne G; cette ligne

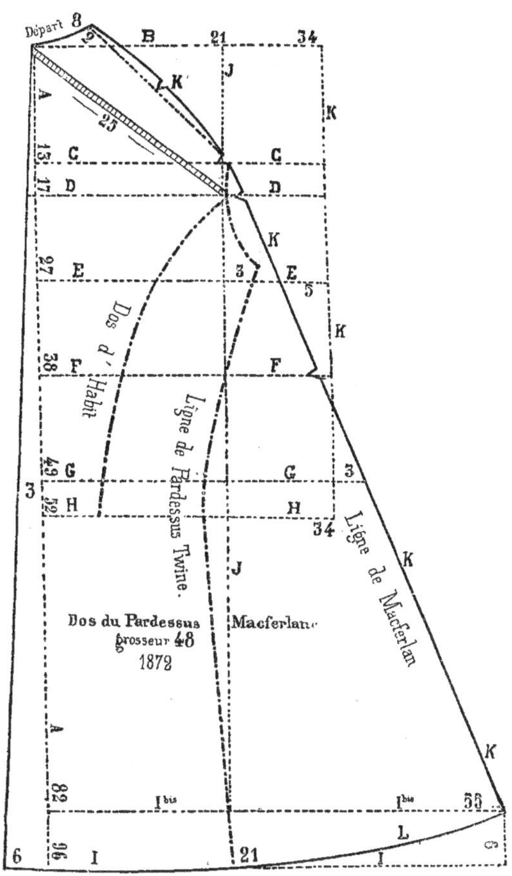

Fig. 21.

a été produite par la mesure n° 2 ; le chiffre 52 et la ligne H indiquent la longueur de la taille ; les chiffres 82 et 96 fixent la longueur du pardessus, où l'on trace les lignes I et I *bis*.

La ligne J indique la largeur de la carrure, et la ligne K le dos du mac-farlan ; elle doit être assemblée au-devant avec la ligne Q.

La ligne L fixe le bas du dos du mac-farlan.

Fig 22.

Ce tracé est le modèle du devant du mac-farlan, tracé au cinquième pour la grosseur de 48 de demi-grosseur de poitrine.

Pour la facilité de couper ce genre de pardessus,

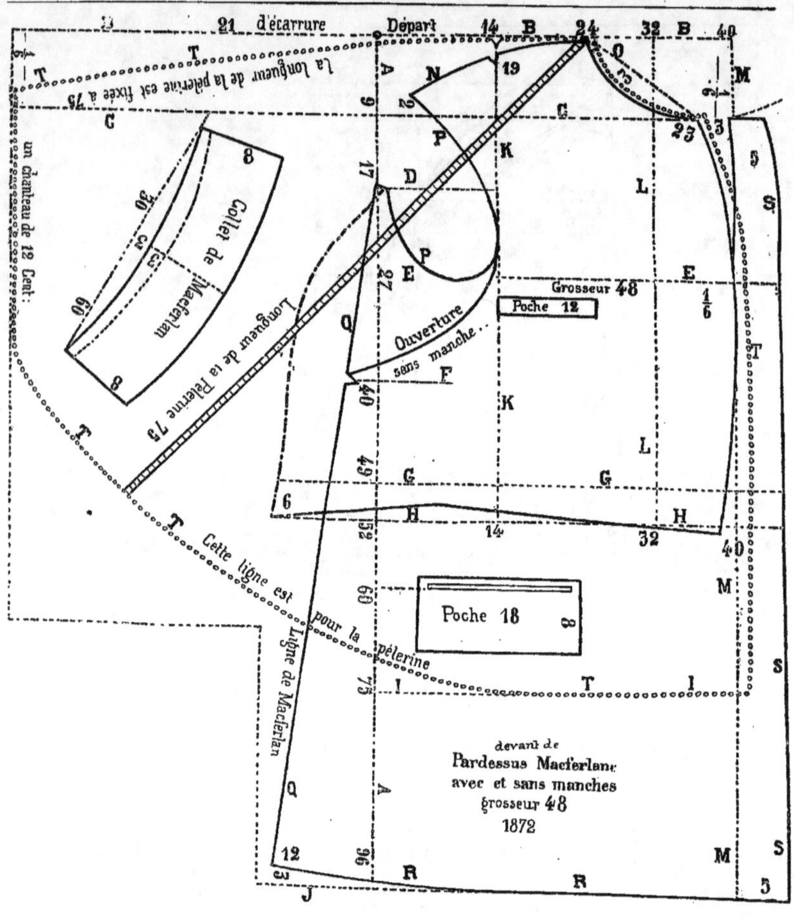

Fic. 22.

nous l'avons représenté sur le corsage d'un habit ; seulement, la ligne qui se marque A représente la ligne de la largeur de la carrure, et c'est sur cette ligne qu'il faut opérer pour tracer le mac-farlan.

Afin d'en faire la reproduction, on trace avec l'é-querre les lignes A et B.

Partant ensuite de la ligne B, en descendant la ligne A, on pose le 1/6 de 48, plus 1 cent., soit 9, où l'on trace la ligne C, qui fixe le niveau de l'encolure, et la pointe de l'épaulette qui se trouve à 2 cent. plus haut.

Ensuite, on pose le 1/3 de 48, plus 1 cent., soit 17, où l'on trace la ligne D, qui fixe le haut du petit côté.

Ensuite, on pose la moitié de 48, plus 3 cent., soit 27, où l'on trace la ligne E.

Ce point a été trouvé par la mesure n° 1 : le chiffre 40 indique la ligne F et l'ouverture de l'emmanchure sans manche.

Toujours suivant la ligne A, on pose la mesure de 48, plus 1 cent., soit 49, où l'on trace la ligne G ; le chiffre 52 et la ligne H fixent la longueur de la taille ; le chiffre 60 indique le niveau de la poche : le chiffre 75 fixe la longueur de la pèlerine, qui se trouve sur le tracé indiqué par une ligne formant des petits ronds, et par la ligne I.

Puis on pose la longueur du pardessus, qui est de 96 cent., où l'on trace la ligne J.

Partant ensuite de la ligne A, en suivant la ligne B, on pose 14, et l'on trace la ligne K, qui fixe l'avancement de l'emmanchure.

Cette ligne a été produite par la mesure n° 9, en laissant dépasser la largeur de la carrure.

Puis on pose 24, qui fixe la pointe de l'épaulette à l'encolure.

Ce point a été fixé en mettant le milieu de l'épaulette du dos en face de la ligne K, qui fixe l'avancement de l'emmanchure.

Ensuite, on pose 32, où l'on trace la ligne L.

Cette ligne a été produite par la demi-grosseur de poitrine, qui est de 48 ; et, pour donner du développement à la poitrine, on ajoute le 1/6 de 48, soit 40, où l'on trace la ligne M.

Puis on trace l'épaulette indiquée par la ligne N, l'encolure par la ligne O, l'emmanchure par la ligne P, qui part des lignes C et N, passe sur la ligne K, en arrondissant sur la ligne E, allant joindre les lignes A et D.

De ce point, on trace la ligne Q, qui va joindre la ligne J à 12 cent. derrière la ligne A, ce qui fait 1/4 de 48, puis on trace la ligne R, qui est le bas du pardessus.

Ensuite, on fixe la largeur du cran de l'anglaise, par 5 cent., pour être boutonné droit, et l'on trace la ligne S, qui va droit jusqu'au bas.

Pour tracer la pèlerine, qui est indiquée sur le devant par la ligne T, cette ligne est représentée par des points ronds.

Pour tracer la longueur de la pèlerine, on appuie la mesure sur la pointe de l'épaulette à l'encolure, et de là on pivote comme avec un compas, de façon à faire la pèlerine ronde, en partant en ligne droite sur le devant, entre les lignes K et M, allant jusqu'à la ligne C, qui fixe le niveau de l'encolure.

On remarquera qu'à ce modèle il faut un *chanteau* de 12 cent. pour compléter la longueur de la pèlerine sur la partie du derrière.

Le collet est tracé sur la pèlerine.

Pour le faire de grandeur naturelle, on doit poser les mêmes chiffres qui sont sur le tracé.

Lorsque l'on désire faire le mac-farlan avec des manches, on doit couper l'emmanchure ronde semblable à tout autre vêtement ; mais, si l'on désire le contraire, on doit évider l'emmanchure jusque sur la ligne F, où est indiquée l'ouverture sans manche.

Fig. 23 et 24.

Ces tracés sont les modèles du veston tracé au cinquième pour la grosseur de 45 de demi-grosseur de poitrine.

Pour les reproduire de grandeur naturelle, on commence par le tracé du dos, et l'on tire les lignes A et B.

Partant de la ligne B, en descendant la ligne A, on pose 2, qui fixe la ligne C, et l'abaissement du dos à la nuque.

Puis on pose le 1/6 de 45, plus 1 cent. 1/2, 9, soit où l'on trace la ligne D.

Puis on pose le 1/3 de 45, soit 15, où l'on tire la ligne E.

Cette ligne fixe le bas de la carrure, point qui a été produit par la mesure n° 8.

Ensuite, on pose la moitié de la demi-grosseur de poitrine, plus un 1/2 cent., soit 23, où l'on trace la ligne F.

Cette ligne fixe la profondeur de l'emmanchure qui a été produite par la mesure n° 1.

Puis on pose la demi-grosseur de poitrine 45, où l'on trace la ligne G, qui fixe le niveau des hanches.

Cette ligne a été produite par la mesure n° 2 ; le chiffre 48, où l'on trace la ligne H, qui fixe la longueur de la taille, puis on pose la longueur totale, qui est de 68.

Ensuite, sur la ligne B, on pose la mesure de la largeur de la carrure, qui est de 19 cent., où l'on trace la ligne J, puis la ligne K et L, qui terminent le tracé du dos.

Fig. 25 et 26.

Ces deux tracés sont les modèles pour 48 centimètres de demi-grosseur de poitrine, pouvant servir pour faire la jaquette-veston-pelisse, telle qu'elle est représentée sur la gravure de ce mois. Pour en faire la reproduction de grandeur naturelle, on commence par tracer le dos, et l'on trace avec l'équerre les lignes A et B. Partant de l'équerre formée par ces deux lignes, on pose, en descendant la ligne A, les chiffres suivants : soit 2, 9, 16, 25, 48, 52 et 70 ; puis on trace les lignes C, D, E, F, G, H et I.

Partant de la ligne A, en suivant la ligne B, on fixe le haut du dos à la nuque par le 1/6 de 48, moins 1 centimètre, reste 7 ; puis on pose la mesure de la largeur de la carrure qui est de 20 centimètres, où l'on trace la ligne J, qui va du haut en bas.

Ensuite, on trace la ligne K, qui part à 2 centimètres devant la ligne J, passant sur les lignes G et H, à 3 centimètres de distance, allant rejoindre la ligne J, au point qui fixe la longueur du dos sur la ligne I.

Pour tracer la figure 25, qui est le tracé de devant de la pelisse-veston, on doit supposer que la première ligne, par la ligne J *bis*, représente celle qui fixe la largeur de la carrure.

Partant de la ligne B, en descendant la ligne J *bis*,

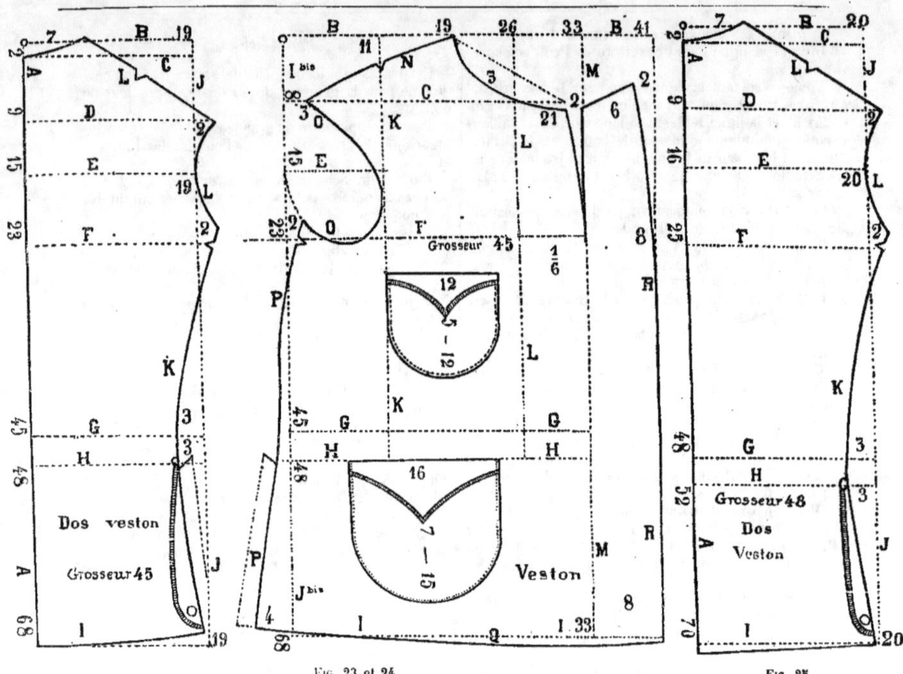

Fig. 23 et 24.

Fig. 25.

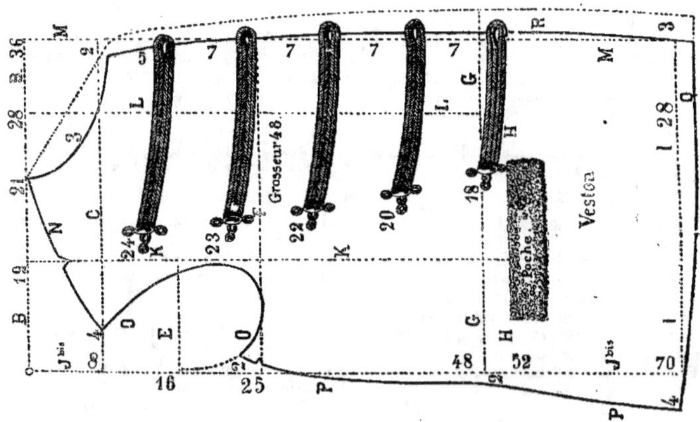

Fig. 26.

on pose les chiffres suivants 8, qui est le 1/6 de 48, qui fixe le niveau de l'encolure ; ensuite, de 16, 25, 48, 52 et 70.

Partant de la ligne J *bis*, en suivant la ligne B, on pose 12, 21, 28 et 36, puis on trace les lignes K, L, M, N, O, P, Q et R, qui termine le tracé. Pour la

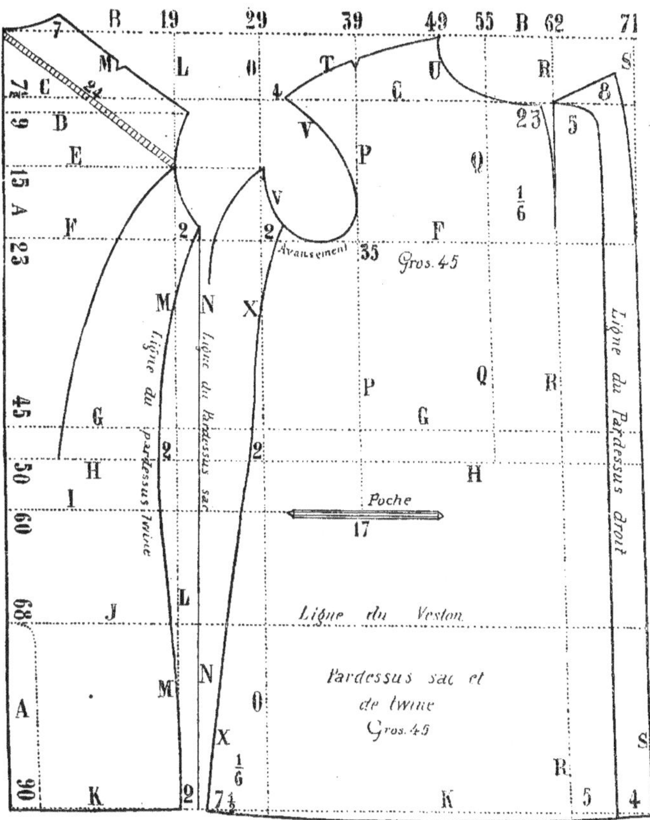

Fig. 27 et 28.

pose des brandebourgs, on doit se fixer suivant le modèle ci-contre.

Fig. 27 et 28.

Ces deux figures sont le modèle du dos et du devant

du pardessus-sac et du twine, pour la grosseur de 45 cent. de demi-grosseur de poitrine et 40, de ceinture. Pour en faire la reproduction, on trace d'équerre les lignes A et B, puis on pose régulièrement les mêmes chiffres ; et l'on trace les même lignes qui sont sur le tracé en suivant par ordre alphabétique.

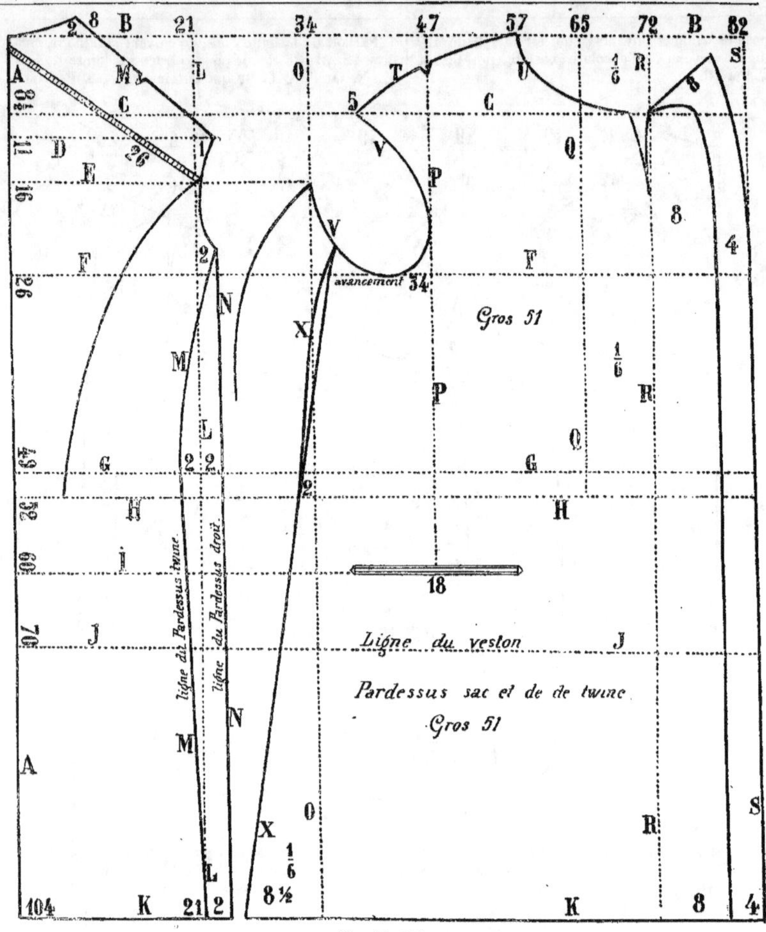

FIG. 29 et 30.

Fig. 29 et 30.

Ces deux figures sont le modèle du dos et du devant du pardessus de forme sac et du twine, pour la grosseur de 51 centimètres de demi-grosseur de poitrine et 46 de ceinture. Pour en faire la reproduction de grandeur naturelle on trace d'équerre les lignes A et B. Partant de l'équerre formé par ces deux lignes, on pose en descendant la ligne A les chiffres suivants : 8 1/2, 11, 16, 26, 49, 52, 60, 70 et 104 qui fixe la longueur. Ensuite on trace les lignes par ordre alphabétique, soit : C, D, E, F, G, H, I, J, K, L, M, N, O, P, Q, R, S, T, U, V et X, qui termine le tracé. La ligne X est pour être assemblée avec N ou M.

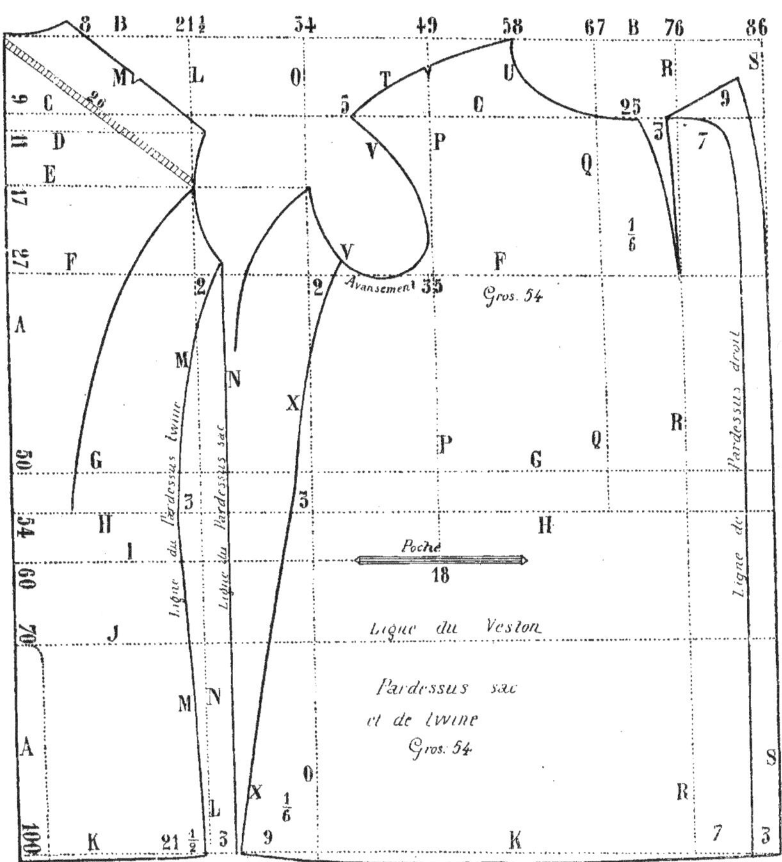

Fig. 31 et 32.

***Fig.* 31 *et* 32.**

Ces deux figures sont le modèle du dos et du devant pour le pardessus de forme sac et du twine, pour la grosseur de 54 centimètres de demi-grosseur de poitrine, et 54 centimètres de ceinture. Pour la reproduire de grandeur naturelle on trace d'équerre les lignes A et B ; puis on pose régulièrement les mêmes chiffres qui sont le long des lignes A et B. Ensuite on trace les lignes par ordre alphabétique, soit : C, D, E, E, G, H, I, J, K, L. M, N, O, P, Q, R, S, T, U, V et X, qui termine le tracé.

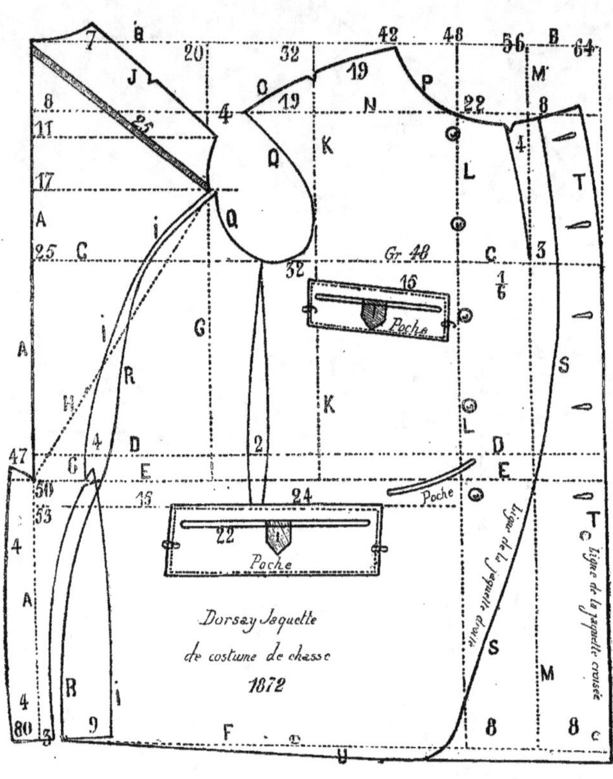

Fɪɢ. 33.

Fig. 33.

Cette figure est le modèle de la jaquette Dorsay, avec le petit côté attenant à la jupe, ce genre de vête- ment peut servir aussi pour faire les pardessus tel qu'il sont figurés 19 et 20, page 17. Pour en faire la repro- duction, il faut suivre la même explication que celle qui est faite pour la jaquette Dorsay, fig. 18 ; seulement, ce modèle peut servir pour faire les vêtements des costumes pour la chasse, tels qu'étoffe de velours ou de toile ; ce genre de vêtements doit se faire avec le moins de coutures qu'il sera possible.

On remarquera également qu'à ce vêtement il y a de grandes poches, soit sur les hanches, ainsi que celle de la poitrine. Ce genre se fait croisé ou droit, boutonnant par quatre ou cinq boutons ; le tout dépend du goût de chacun.

MANIÈRE

DE

CONFECTIONNER L'HABIT

Comme l'habit est la pièce la plus difficile à faire, j'ai pensé qu'il serait utile à nos lecteurs de leur donner quelques explications à ce sujet.

La même explication servira pour la redingote.

En ce moment il est rare de trouver un bon ouvrier, surtout pour bien faire l'habit. Assurément il y a des ouvriers capables ; mais, pour donner une tournure gracieuse au col et au revers, c'est difficile. Quand un coupeur a coupé un habit ou une redingote d'après de bonnes mesures, bien entendu, il doit expliquer à l'ouvrier comment il faut faire pour le genre de collet et de revers qu'il désire, tout en faisant remarquer à l'ouvrier les observations que le coupeur désire pour que l'habit aille bien, et si l'ouvrier peut saisir les explications qui lui sont faites par un bon coupeur, on est sûr d'avoir un habit bien fait.

Lorsque l'ouvrier a reçu les explications nécessaires, il prend l'habit et il doit commencer ainsi :

D'abord la toile qui doit servir pour l'habit doit être trempée dans l'eau et on la presse avec un carreau bien chaud.

Ensuite, on marquera les crochets par des points de bâti qui sont indiqués aux devants, puis on fait les suçons qui sont coupés pour exécuter le genre des revers que l'on veut obtenir ; soit pour les faire avec la cassure bombée ou cintrée.

Ensuite on presse les suçons en refoulant le rond des bords sur le milieu de l'endroit où doit se trouver le fort de la poitrine, en face du suçon qui est au bas du devant ; il faut que cette opération se fasse sans déranger la forme des devants, c'est-à-dire qu'il faut conserver la ligne K toujours droite. Par ce moyen, ni l'emmanchure ni l'épaulette ne se dérangeront, puisqu'il est de rigueur de les laisser telles que le coupeur les a coupées, d'après les mesures de son client.

Ensuite on recoupe les bords des devants et l'on attache les anglaises tout en ayant le soin de mettre un peu d'ambu à l'anglaise, dans la partie de la cassure, pour qu'elle ne soit pas raide dans le bas des revers.

Puis on presse la couture des anglaises en refoulant la partie du devant en face du suçon qui est au bas du corsage lorsqu'il y en a.

Après ce travail fait, on pose les devants sur les toiles, et l'on fait en sorte de mettre les toiles en travers, de manière que la cassure des revers soit sur le droit fil de la toile pour faire la cassure cintrée. Si l'on désire que la cassure soit bombée, il faut que la toile soit en biais le long de la cassure.

On fait des suçons à ces dernières, semblables à ceux qui ont formé les anglaises ; puis, il faut avoir le soin de repousser l'ampleur des devants du corsage sur le milieu sans faire déranger les épaulettes, ni faire ouvrir les emmanchures. On bâtit les devants sur les toiles à petits points pour que le rond, qui a été refoulé, ne se jette pas sur les anglaises, puis on passe deux piqûres à l'endroit où les boutons doivent être attachés ; par ce moyen, les devants resteront tels, pourvu que l'on ne les déforme pas en les pressant avec le carreau ; on pique les revers bien à petits points, on les presse à sec en leur faisant tenir la forme que l'on désire faire.

On prépare les doublures que l'on appelle *estomacs*, on les suçonne dans le bas, en face de celui qui se trouve au-devant ; on fait un deuxième suçon à l'encolure dans le creux de l'épaulette ; cela doit se faire aux toiles ou au tricot qui est employé pour faire les plastrons.

Nous connaissons des tailleurs qui, au lieu de faire un suçon à l'encolure, le préfèrent en dessous, à l'emmanchure, de 3 ou 4 cent. au-dessous de la ligne C, en le prolongeant de 8 à 10 centim. vers la ligne L. Nous croyons ce moyen préférable à tout autre, d'ailleurs on peut placer la poche du portefeuille dans ce suçon, au-dessous de l'emmanchure. Ce moyen est préférable pour bien emboîter la poitrine.

Ensuite, on pique les doublures à 5 ou 6 rangs. Si on l'exige, on peut mettre un léger plastron de ouate dessous les bras et au petit côté jusqu'au haut de l'écarrure ; on doit les piquer à petites raies, suivant le goût de chacun, on presse les doublures à sec de façon à les maintenir bombées pour qu'elles puissent bien emboîter la poitrine suivant le rond qui est au-dessus des devants.

Pour faire un bon doublage d'habit, on pose les doublures sur l'établi et l'on applique les devants bien d'aplomb sur les doublures, de façon que la ligne K reste droite, comparée à la règle ; en procédant ainsi, l'épaulette ni l'emmanchure ne se dérangent ; puis on passe un point de bâti tout le long des devants, à 4 centim. de distance de la ligne K. On passe un autre point de bâti le long de la piqûre des boutons pour que le dessus soit bien maintenu avec les doublures, puis on relève les devants sur le genou et on enlève le point de bâti qui est devant l'emmanchure ; on glace les toiles des revers sur celles des *estomacs*, bien à petits points et on les presse à sec.

Cette opération terminée, on pose le devant sur l'établi de façon à ce que la ligne K reste droite, puis on passe un point de bâti du haut en bas du devant, de 4 ou 5 centim. devant l'emmanchure pour qu'elle ne se dérange pas, on passe d'autres points de bâti tout le tour de l'emmanchure, du petit côté, dans le bas des devants et sur le milieu de l'épaulette ; en passer plusieurs pour que cette dernière ne se déforme pas. On n'a pas besoin de dire que les devants doivent être pareils.

Après avoir reconnu le doublage bien fait, on glace les toiles des estomacs sur celles des revers, en y mariant une percaline pour amincir les toiles ; pour faire le glaçage de ces dernières, il faut avoir soin de ne pas les glacer sur la cassure des revers, afin de ne pas gêner le renversement ; certains tailleurs ont le soin de mettre un passement le long de la cassure des revers pour la maintenir toujours cintrée, mais, si l'on désire faire la cassure bombée, il faut que les toiles soient en biais en face de la cassure.

Ensuite, on prépare les basques de l'habit ; s'il y a des suçons on les fait avec une couture rentrée et s'il n'y a pas de suçons, on refoule le rond de manière que les basques deviennent droites dans la partie où elles doivent être attachées avec les devants. On met une toile en percaline dans les basques où l'on fixe également la poche ; on bâtit les basques au corsage, après on les pose à plat sur l'établi, pour reconnaître si elles sont bien d'aplomb, et il faut faire en sorte que la basque soit attachée au-devant comme si c'était d'une seule pièce, sur la partie de devant et au bas du petit côté. (Voir la figure.)

Il est facile de comprendre que les basques ne peuvent pas être à plat en face des hanches ; c'est surtout au bas des petits côtés qu'il faut faire attention qu'elles soient bien d'aplomb, et pour cela on pose une règle en ligne droite avec la courbe du bas du petit côté, de façon que les plis du bas de la basque soient justes à la règle, alors on fait la couture du montage, on les presse, on glace les toiles sur la couture, puis il faut refouler le   plis des basques afin qu'ils se trouvent en face du milieu du petit côté, et on bâtit les plis droits à la règle avec la courbe du petit côté. Tout cet ouvrage ne doit se faire que lorsque l'on a reconnu un bon essayage et qu'on peut être sûr de faire les coutures à bon point pour finir l'habit. Après cela on fixe la largeur des crans des revers, on recoupe les toiles loin des bords, suivant le genre de bordures que l'on doit poser. Pour border avec une ganse, on recoupe les toiles de 2 millimètres et, si c'est remployé, on les recoupe de 5 ou 6 millimètres loin du bord, pour que le bord du soit juste avec le passement.

Puis, on pose le passement qui part de l'encolure où commence le renversement des revers, en suivant les anglaises allant jusqu'au bas des basques ; et surtout le poser bien régulièrement, on coud le passement à petits points, puis on presse les revers afin de pouvoir leur donner la forme que l'on désire ; puis on coupe les boutonnières ; on enlève un fil de toile de chaque côté et l'on pose un droit fil de soie sur chaque boutonnière, pour les rendre plus solides. Ensuite, avant de couvrir les revers, le drap destiné à cet objet doit être fixé de manière à ce que les coutures des anglaises soient justes sur la couture des premières. Pour bâtir l'anglaise des revers, on doit la comparer et voir si cela va bien, et on fait la couture très-petite avec de la soie fine ; il faut presser à sec cette cou-

ture ainsi que tout le drap avant de couvrir les revers, pour que ces derniers ne se déforment pas une fois finis. On fait les boutonnières suivant le goût de chacun ; généralement on les fait à la française pour les habits ainsi que pour les redingotes. Pour faire les boutonnières à la française on prend du cordonnet floche et une passe que l'on appelle milanaise que l'on trouve chez tous les merciers, qui tiennent les fournitures de tailleurs.

Ensuite on prépare les bords des devants suivant que la bordure doit être posée. Si les bords doivent être remployés, alors on prépare les remplis pour les piquer sur le bord ; ou bien si l'on veut faire les piqûres à bords ouverts la préparation des passements est la même que lorsque les bords sont remployés. L'habit dont nous donnons le modèle est bordé d'une petite ganse carrée posée à bords ouverts.

Avant de faire le montage du dos avec les petites côtes, il faut avoir soin de comparer le modèle sur les devants de l'habit, et voir si le travail de l'ouvrier n'a pas dérangé la forme. S'il y a un changement, on doit remettre l'emmanchure, l'épaulette, l'encolure et la pointe du petit côté, conformes au modèle qui a été coupé d'après les mesures du client.

Pour bien assembler le dos avec le petit côté, il faut mettre la coche qui est au dos avec celle qui est au petit côté (le tracé l'indique par la ligne C), et on bâtit le dos aisé de partout sans qu'il soit ambu. Le montage des épaulettes du dos et de celles du devant, doit se faire de manière que le milieu de l'épaulette du dos se trouve juste avec la ligne K qui est au milieu de l'épaulette des devants, en face de l'avancement d'emmanchure. Ensuite on bâtit les plis des basques en droite ligne sur les basques du dos ; les poches doivent se placer en dedans ou en dessus.

Pour presser les coutures du montage, on les presse sur le *siffrant*, on fait en sorte que rien ne se déforme, ni le dos, ni les petites côtes, on bâtit les doublures en se tenant du côté de dessous pour que les doublures se trouvent plutôt longues que courtes ; aux épaulettes il faut que les garnitures aient au moins 2 centimètres de plus que les épaulettes de dessous.

Pour les manches, on les fait avec des parements rapportés, de 7 ou 8 centimètres, le haut du parement est bordé comme les devants de l'habit. Pour la forme des parements on les coupe cintrés par le côté qui doivent être attachés aux manches. Avant de monter les manches, il faut arrondir les emmanchures et mettre un léger passement sur les pointes des épaulettes ainsi qu'aux petits côtés, pour que les emmanchures ne s'étirent pas en pressant les coutures. Ensuite on bâtit les manches et on met la couture du coude en face le milieu de l'écarrure, la couture de l'avant-bras à 2 centimètres au-dessus de la ligne C. Si au-dessus du bras il se trouve qu'il y a trop d'ambu on doit le faire refouler au carreau avant de bâtir les manches ; puis on les bâtit de façon que l'ambu soit bien réparti au-dessus ainsi qu'au-dessous.

Avant de faire les coutures du montage des manches, il faut examiner si elles sont bien d'aplomb ; pour cela il faut qu'elles tombent droit le long de la ligne K; après avoir fait cette comparaison, on fait les coutures et on les presse en les ouvrant tout le tour, et il faut faire attention de ne pas faire tendre les emmanchures avec le carreau.

Avant de glacer les doublures on doit les bâtir près des coutures en se tenant du côté des garnitures s'il faut tendre ces dernières, ou on y met un gousset qu'il faut faire avant de les glacer. Il ne faut pas serrer le point pour que les emmanchures puissent se dilater lorsque l'habit sera sur le client.

On rabat les doublures de façon que les coutures soient en face les unes des autres.

Pour que les manches aillent bien, il ne faut pas oublier de mettre les doublures au moins de 2 cent. plus longues que le dessus   il arrive souvent que les manches ne vont pas bien parce que les doublures sont trop courtes ou mal placées.

Pour faire le collet d'un habit, d'une redingote ou d'une jaquette, il faut couper un patron du collet en papier, de façon qu'il se rapporte bien à l'encolure, en fixant la cassure suivant la forme des revers que l'on désire faire   ensuite on coupe le collet en drap du même sens que le dos de l'habit; on le pique sur toile à petits points pour qu'il soit plus ferme et qu'il ne se déforme pas.

Après avoir piqué le collet, on le presse et on fixe la cassure, puis on le bâtit à l'encolure un peu aisé de partout pour que la couture faite se trouve juste à 'encolure. Par ce moyen on est sûr de bien réussir un collet pour quel genre de revers que ce soit, sans être en peine de le travailler au carreau comme font un grand nombre de tailleurs.

On glace les garnitures sur la couture du collet sans porter obstacle à la cassure du collet ni à celle des revers; puis on règle le collet à la largeur désirable; on presse le collet à sec ainsi que le drap qui servira à le couvrir, puis on fait le doublage bien uni et on le borde comme le revers avec une ganse carrée ou piquée à bords ouverts ou bien à bords remployés.

Après avoir fait tout cet ouvrage on n'a plus qu'à l'unir le mieux possible. Pour unir un habit ou une redingote, c'est encore assez difficile pour les ouvriers qui ne sont pas au courant, et ils peuvent déformer le genre sans connaître toute l'importance.

On doit donc unir un habit sans rien forcer, de manière que toutes les parties fragiles soient posées sur le *siffrant* avec beaucoup d'attention pour ne rien faire tendre dans les parties qui doivent rester telles qu'on les a préparées en confectionnant l'habit; enfin chacun doit comprendre les précautions qu'il faut pour unir l'habit ou la redingote, deux vêtements principaux pour la toilette.

Pour couper ce genre d'habits, voir le *Cours de coupe* et les *patrons* nᵒˢ 2 et 4.

Manière de corriger les poignards.

Nos lecteurs ne le savent que trop, c'est au moment de l'essayage que surgissent les plus grandes difficultés de la pratique. Ainsi, il arrive parfois qu'au lieu de toucher à la taille, l'habit ou toute

autre pièce se détache du torse, et les plis des basques se croisent, ce qui ne doit pas exister, et qui est l'effet ordinaire des méthodes d'essayage auxquelles on a généralement recours.

Lorsque l'on voit un vêtement qui se détache du torse, le défaut peut venir un peu des jupes mal montées; mais, en général, le plus grand défaut provient de ce que la coupe est trop renversée ou que le dos est trop court; pour remédier et reconnaître d'où vient le défaut, voici un moyen qui est bien juste, et si nous en donnons l'explication, ce n'est qu'après avoir reconnu un bon succès dont M. Ladevèze a fait lui-même plusieurs expériences et qu'un grand nombre de tailleurs ont déjà vu. M. Ladevèze, dans ses voyages, l'a démontré à plusieurs, et tous ont été très-heureux d'avoir appris la manière de faire les essayages suivant son système. Voici les moyens qu'il emploie : quand un vêtement ne touche pas à la taille, c'est que le dos est trop court ou qu'il est bâti trop juste avec le petit côté. Voici le procédé que M. Ladevèze emploie et qui sera facilement compris par les lecteurs :

On commence d'abord par faire monter le haut du dos jusqu'à la nuque; on l'attache au collet du gilet ou bien à la cravate, puis on débâtit les plis des jupes ou des basques, ainsi que le montage avec les petits côtés, jusques auprès de l'écarrure.

Ensuite on laisse tomber le dos et les petits côtés naturellement le long du torse. On peut voir alors si le dos a besoin d'être retouché dans le montage des petits côtés ainsi qu'aux épaulettes, et reconnaître en même temps si la pièce est d'aplomb au dos, aux petits côtés, comme aux jupes et aux basques. C'est le moyen le plus sûr et le plus facile, lorsqu'un habit ne touche pas à la taille, d'en découvrir la raison, que le défaut provienne du dos ou des petits côtés. Que nos lecteurs en fassent l'expérience, et ils ne tarderont pas à se convaincre de l'excellence de ce procédé.

Signalons *un autre défaut qui se produit encore dans la coupe*, toujours faute de ne pas prendre assez de mesures. Supposons que l'on coupe n'importe quel vêtement avec des patrons plus grands ou plus petits que les mesures normales, qu'arrivera-t-il? On voit le plus souvent les devants se détacher de l'encolure et former un grand pli devant les emmanchures, de sorte que le vêtement ne va jamais bien.

Lorsque les emmanchures ne touchent pas au corps et que le vêtement se détache des hanches, le praticien n'est pas moins embarrassé.

Là encore le système de M. Ladevèze n'est pas moins efficace, comme nous allons le démontrer.

Lorsqu'un vêtement est sur le client, si l'on s'aperçoit que la pièce n'est pas d'aplomb et qu'elle se balance sur les devants, il faut débâtir une épaulette, soit du côté droit, soit du côté gauche. Puis on relèvera le devant de l'habit en le tenant avec les mains, de façon à le mettre et à le maintenir d'aplomb; ensuite on l'attachera au gilet avec des épingles.

Le devant une fois mis d'aplomb, il ne restera plus qu'à faire tomber naturellement l'épaulette de l'habit sur l'épaule du client, pour savoir si la coupe a besoin d'être plus droite ou plus renversée.

Ajoutons que, lorsque l'épaulette du devant est reconnue d'aplomb sur l'épaule du client, on tâchera de la fixer juste avec l'épaulette du dos. Dans le cas où le client aurait l'une des épaules plus forte que l'autre, il faudrait opérer des deux côtés suivant le modèle ci-dessus. Ce défaut provient toujours d'une mauvaise coupe. Enfin, il peut arriver encore que les manches soient trop courtes du talon et de dessus le bras, et que, par suite, le vêtement tombe des épaules.

Pour reconnaître ce défaut et pour y remédier, il faut débâtir les manches sur le client ; mais qu'elles soient retenues sur l'écarrure, et alors on verra qu'il faut donner plus de rond au-dessous du bras pour que la manche aille bien.

Le montage du dos avec le petit côté doit être fait avec beaucoup de soin à cause du défaut qui pourrait se produire lorsque le vêtement va mal, que le dos se refoule au bas de l'écarrure. Eh bien, si le petit côté fait des plis au bas de l'écarrure, on pourrait croire que le petit côté est trop haut ; cela peut arriver, mais le

TABLEAU DE DIFFÉRENTES CONFORMATIONS

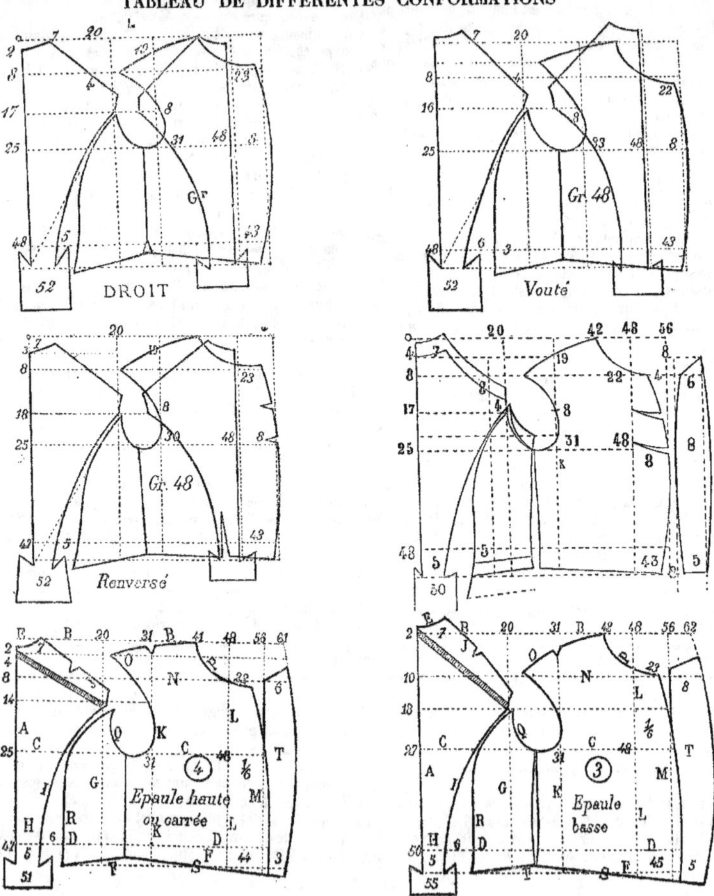

plus souvent c'est que le bas du petit côté est coupé trop cambré, c'est-à-dire trop abattu ou trop arrondi par le bas, croyant mieux réussir à le faire toucher à la taille; alors qu'arrive-t-il? c'est que le petit côté a besoin de produire un grand détour pour aller rejoindre le dos, et cela fait que le petit côté, ne peut pas dépasser l'écarrure, puisqu'il est retenu avec le dos. Alors il se produit des plis en travers sur le haut du petit côté, ce qui est très-disgracieux et très-facile de corriger en suivant la méthode de M. Ladevèze, qui démontre la manière de faire disparaître les défauts dans la coupe des vêtements qui paraissent quelquefois si difficiles pour faire le *poignard*.

Pour corriger le défaut expliqué ci-dessus, voici comment l'on doit faire : Lorsque le vêtement est sur le client et que l'on s'aperçoit que le haut du petit côté fait des plis, on commence par débâtir ou découdre le vêtement sur le client, soit les plis des jupes et le montage du dos avec le petit côté près de l'écarrure, puis on fait bien endosser le vêtement sur le client en le tenant sur le devant, comme s'il était boutonné; c'est alors qu'il est facile de reconnaître si le vêtement est bien d'aplomb ou s'il ne l'est pas ; par ce moyen, on fera disparaître les plis du haut du petit côté ; mais on verra aussi que le bas du petit côté est trop abattu, donc il ne peut rejoindre le dos qu'en produisant un grand crochet au bas de l'écarrure ; cette même opération se fait aussi lorsque le dos est bâti trop juste avec le petit côté, c'est-à-dire lorsque le dos ne monte pas à la nuque; ce moyen doit être employé pour reconnaître au juste le *poignard*.

Signalons encore un autre poignard qui n'est pas moindre que les autres : c'est, lorsqu'un collet est mal monté, qu'il soit trop court ou trop long ; le collet est la cause des grands *poignards*. Pour bien réussir un collet, il faut le couper juste à l'encolure de la manière dont il est démontré plus haut (fig. 13), avec l'explication suivie ; mais lorsque l'ouvrier coupe un collet sans être ajusté à l'encolure, il est rare qu'il soit bien réussi ; un collet trop long fait produire un si grand défaut que l'habit se détache sur les épaules; le plus court moyen, quand cela arrive, est de le changer. Si le collet est trop court, le défaut est encore plus grand ; il fait toucher de trop à la taille, et fait des grands plis devant les emmanchures. A ce poignard il faut changer le collet pour que l'habit aille bien. Lorsqu'on reconnaît que le vêtement ne va pas par suite du défaut du collet, il faut commencer par le détacher et essayer l'habit sans collet, et vous verrez que le défaut vient de ce que le collet était court.

Nous avons vu des tailleurs qui faisaient des poignards aux vêtements soit par les emmanchures ou aux petits côtés, et, une fois le poignard fini, l'habit allait encore plus mal ; cela dépendait d'avoir fait la retouche à l'opposé : c'était le collet qu'il aurait fallu changer pour bien réussir.

En parlant des poignards, une partie est causée par la mauvaise coupe, mais il y en a beaucoup qui proviennent de ce que les ouvriers n'y font pas attention, ou faute de ne pas connaître la manière de bien assembler les montages d'une pièce. En général, les ouvriers ne s'occupent guère que de faire recevoir leur ouvrage par le bien cousu et l'uniformité du travail, et lorsque le patron veut livrer les vêtements aux clients, c'est alors qu'il se voit en peine à faire des poignards, et, bien souvent, il est obligé de garder la pièce pour compte. Si les ouvriers connaissaient un peu la coupe ils auraient l'amour du travail, et feraient en sorte de monter les pièces telles que nous l'indiquons plus haut ; alors ils deviendraient des artistes, tandis que l'on ne travaille que pour faire du commerce.

Nous engageons les praticiens à utiliser nos enseignements ; de leur côté, ils seront bien convaincus que c'est par une longue expérience que nous leur donnons ces conseils, et qu'ils en retireront autant d'honneur que de profit.

Voilà, en peu de mots, les conseils que M. Ladevèze donne à ses élèves au sujet de l'essayage, et à tous ceux qui désirent apprendre à corriger les poignards.

COURS DE COUPE POUR LES GILETS
servant à différentes grosseurs.

—

Fig. 34.

Ce tracé est le devant du gilet pour la proportion de 48 centimètres de demi-grosseur de poitrine et 44 centimètres de ceinture. (Voir ci-contre le tableau des mesures.)

1. Partant de la nuque à la profondeur d'emmanchure............................ 32
2. Sans quitter la mesure de longueur du buste.............................. 55
3. Sans quitter la mesure allant sur la poitrine fixer l'ouverture du châle...... 38
4. Sans quitter la mesure allant jusqu'au bouton de la ceinture du pantalon... 59
5. Toujours sans quitter la mesure de la nuque, allant fixer la longueur totale du gilet............................... 65
6. Partant de la hanche jusqu'à terre..... 108
7. Partant de terre en face du milieu du dos, il faut remonter au niveau des hanches.............................. 108
8. Partant du niveau des hanches, allant à la nuque. Cette mesure assure si l'homme est droit, voûté ou renversé. (*A cette mesure il faut ajouter le* 12° *pour le développement*)........... 46
9. Partant du milieu du dos à l'avancement d'emmanchure.................. 32
10. Partant de la nuque, passant devant le bras, à la cambrure.... 67

TABLEAU DES MESURES POUR LES GILETS DE DIFFÉRENTES GROSSEURS

DEPUIS LA GROSSEUR DE 27 DE DEMI-GROSSEUR DE POITRINE JUSQU'A 64

COURS DE COUPE D'APRÈS LE SYSTÈME DES MESURES.	GROSSEUR de 48	GROSSEUR de 51	GROSSEUR de 54	GROSSEUR de 57	GROSSEUR de 60	GROSSEUR de 64	GROSSEUR de 45	GROSSEUR de 42	GROSSEUR de 39	GROSSEUR de 38	GROSSEUR de 33	GROSSEUR de 30	GROSSEUR de 27
N. 1. Partant de la nuque à la profondeur d'emmanchure.	32	34	36	37	39	40	30	28	26	24	22	20	19
2. Sans quitter la mesure de la longueur du buste.	55	57	59	60	62	63	52	50	45	41	37	34	33
3. Sans quitter la mesure allant sur la poitrine fixer l'ouverture du châle.	38	40	39	40	44	45	35	36	33	32	30	28	25
4. Sans quitter la mesure allant jusqu'au bouton de la ceinture du pantalon.	59	64	65	64	66	65	57	56	52	48	42	38	35
5. Toujours sans quitter la mesure de la nuque, allant fixer la longueur totale du gilet.	63	68	70	72	73	75	64	60	54	50	46	42	40
6. Partant de la hanche jusqu'à terre.	107	106	108	106	107	105	108	105	100	90	80	75	70
7. Partant de terre en face du milieu du dos, il faut remonter au niveau des hanches.	107	106	108	106	107	105	108	105	100	90	80	75	70
8. Partant du niveau des hanches, allant à la nuque. Cette mesure assure si l'homme est droit, voûté ou renversé. **(A cette mesure il faut ajouter le 1/12 de 48 pour le développement.)**	45	46	46	46	47	48	43	40	36	32	30	27	27
9. Partant du milieu du dos à l'avancement de l'emmanchure.	32	34	36	37	39	40	30	28	26	24	22	20	18
11. Partant de la nuque, passant devant le bras allant à la cambrure.	67	70	72	74	76	78	65	64	55	50	45	44	40
12. Grosseur de poitrine, 96 ; moitié.	48	51	54	57	60	64	45	42	39	36	33	30	27
13. Grosseur de ceinture, 88 ; moitié.	44	47	54	58	64	70	44	38	36	34	33	30	28
14. Mesure de l'encolure, 44 ; moitié.	22	23	23	24	24	25	22	21	20	17	16	15	14
DIVISION DES MESURES.													
Le tiers de la grosseur.	16	17	18	19	20	21.4	15	14	13	12	11	10	9
Le sixième de la grosseur.	8	8.5	9	9.5	10	10	7.2	7	6.5	6	5.5	5	4.5
Le quart de la grosseur.	12	12.5	13.5	14.5	15.5	16	11.6	10.5	9.5	9	8	7.5	6.5
Le huitième de la grosseur.	6	6.3	6.7	7.4	7	8.3	5.7	5.6	4.6	4.5	4.1	3.7	3.2
Le douzième de la grosseur.	4	4.2	4.5	4.7	5	5	3.5	3.5	3.2	3	2.7	2.5	2.1
La moitié de la grosseur.	24	25.5	27	28.5	30	32	23	21	19.5	18	16.5	15	14.5

OBSERVATIONS. — Ce tableau représente douze mesures pour chaque grosseur différente, pouvant servir à couper toutes les formes de gilets désirables. — A la huitième mesure il faut ajouter 4 cent. de développement.

Parmi ces mesures, on peut, si l'on veut, supprimer les mesures suivantes, savoir : les nᵒˢ 3, 4, 6 et 7. — Alors on peut être aussi sûr de couper et de faire les gilets sans essayer, qu'avec toutes les mesures de proportion qui sont désignées ci-dessus.

11. Grosseur de poitrine, 96 ; moitié......	48	Le sixième de la grosseur..............	8
12. Grosseur de ceinture, 88 ; moitié......	44	Le quart de la grosseur................	12
13. Mesure de l'encolure, 44 ; moitié......	22	Le huitième de la grosseur.............	6
DIVISION DES MESURES.		Le douzième de la grosseur.............	4
Le tiers de la grosseur................	16	La moitié de la grosseur...............	24

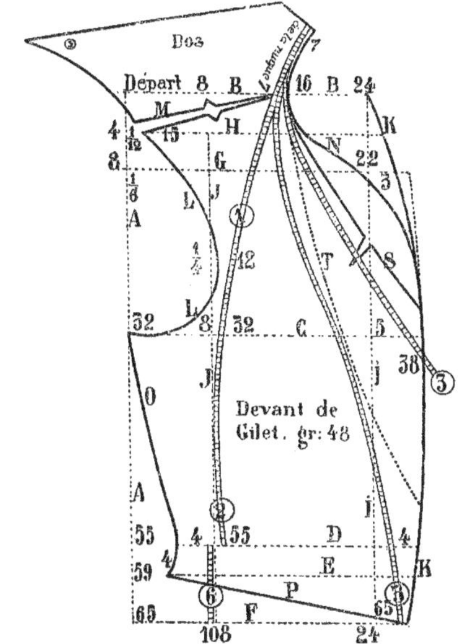

Fig. 34. (Grosseur 48.)

Pour reproduire ce modèle de grandeur naturelle, d'après ces mesures, on commence par le devant, et l'on trace avec l'équerre les lignes A et B. Au point de l'équerre formée par ces deux lignes, on laisse dépasser le sixième moins 1 centimètre, reste 7, servant pour la largeur du haut du dos à la nuque. Alors, on suppose que l'on part de la nuque en laissant 7 centimètres pour le dos, et l'on pose, en descendant la ligne A, la mesure de profondeur de l'emmanchure qui est 32, où l'on trace la ligne C, sans quitter la mesure ; on pose la longueur du buste qui est de 55 centimètres, où l'on trace la ligne D ; puis on pose 4 centimètres en plus pour faire dépasser les hanches, soit 59 centim., indiqués par la ligne E, et, toujours sans quitter la mesure, on pose la longueur du gilet qui est de 65 centim., où l'on trace la ligne F.

Ensuite, partant encore de l'équerre de la ligne A et B, en descendant la ligne A, on pose le 1/6 de 48, soit 8, indiqué par la ligne G ; cette ligne fixe le niveau de l'encolure, pour faire le gilet droit boutonnant juste au nœud de la cravate ; puis on partage le 1/6 par moitié, soit 4, où l'on trace la ligne H qui fixe la pointe de l'épaulette pour l'emmanchure.

Partant de la ligne A, en suivant la ligne B, et sur F, on pose la moitié de la grosseur de poitrine qui est de 48 centim., soit 24, et on trace la ligne I qui va du haut en bas du tracé ; on partage en trois parties égales la ligne B qui marque le haut du gilet, soit 8, 16 et 24, qui est la demi-grosseur ; le 1/6 qui est 8, fixe la ligne J et l'ouverture de l'emmanchure, puis le 1/3 qui est 16, qui fixe la pointe de l'épaulette à l'encolure. Il faut avoir le soin de comparer l'épaulette du dos avec l'épaulette du devant pour que la ligne de l'avancement d'emmanchure, ligne J, soit juste en face du milieu de l'épaulette du dos.

Ensuite sur la ligne C, devant la ligne I, on avance de 5 centimètres, et cela doit se faire pour toutes les tailles; puis en bas, sur la ligne F, devant la ligne I, on avance de 4 pour un homme droit; après on trace la ligne K qui part de la ligne F, au point 4, passant sur la ligne C au point marqué par 5 centimètres et allant joindre la ligne B et I; il faut observer que la ligne K n'est tracée la même chose que lorsqu'il s'agit de faire un gilet pour un homme droit et d'une moyenne grosseur; mais, pour les hommes qui sont gros du ventre, il faut ajouter le 1/6 sur la ligne F devant la ligne I, et là, on trace la ligne K. Pour les hommes voûtés et pour les enfants on doit faire le gilet comme pour les hommes gros du ventre, tel que le tracé est indiqué : *voûté*. (Voir les modèles.)

On fixe la largeur de l'épaulette du devant de ce gilet par le 1/3 de 48, moins 1 centimètre, soit 15,

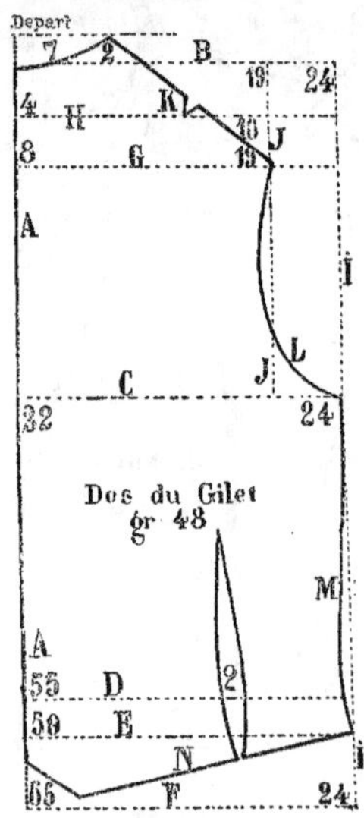

Fig. 35. (Grosseur 48.)

et l'on trace soit l'épaulette, l'encolure et l'emmanchure qui sont désignées par L, M, N; du point de la ligne C, on trace la ligne O, qui va joindre les lignes D et E à 4 centimètres loin de la ligne A. La ligne P indique le bas du gilet. Pour les hommes gros du ventre on doit faire un suçon dans la couture de la patte de la poche pour mieux emboîter le ventre, et sur la ligne F, devant la ligne I, on doit ajouter le sixième de la demi-grosseur; là on trace la ligne K.

Fig. 35.

Ce tracé est le modèle du dos du gilet pour la fig. 34.

Pour en faire la reproduction, on trace avec l'équerre les lignes A et B, où l'on prolonge les lignes du tracé du devant. Au point de l'équerre formée par ces deux lignes, on laisse dépasser le 1/6 moins 1, soit 7, servant pour la largeur du haut du dos à la nuque; alors on pose, le long de la ligne A, les mesures du gilet, telles que l'on a fait pour tracer le devant, soit 32, 55, 59 et 65, qui suffisent pour la longueur du dos; puis on trace les lignes C, D, E, F.

Pour fixer la hauteur du dos à la nuque, on emploie la huitième mesure qui part de la ligne D en remontant la ligne A, dont la mesure est de 46 centimètres; mais, à cette mesure, il faut ajouter le douzième de 48 pour donner du développement au montant du dos, parce que le défaut de la coupe des gilets manque toujours par le montant du dos ; c'est pour cela qu'il faut avoir le soin de bien prendre la huitième mesure et de bien l'appliquer sur le modèle pour que le gilet aille bien de partout ; alors la huitième mesure nous a fixé la hauteur du dos à la ligne B, touchant la ligne A, et de là allant sur la ligne B ; à 2 centim.

plus haut on fixe la largeur du dos par 7 centim., qui est le 1/6 moins 1 centim. ; la ligne G, qui est 1/6 plus bas que la ligne B, fixe la largeur de l'épaulette du dos par le 1/3 de 48, soit 16.

Ensuite, sur les lignes B et F, on pose la demi-grosseur de poitrine, soit 24, et l'on trace la ligne I et J, qui va du haut en bas du tracé ; puis on trace

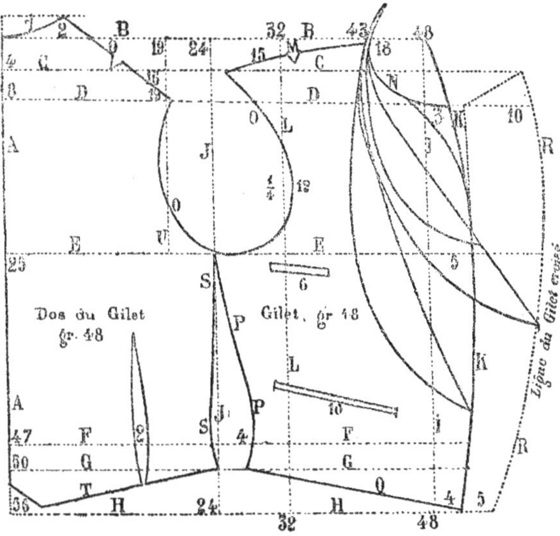

Fig. 36. (Grosseur 48.)

l'épaulette du dos qui est fixée à 16 centim., c'est-à-dire par le 1/3 de la grosseur de 48 ; ensuite la ligne L qui va joindre les lignes C et I ; de ce point on trace la ligne M qui va joindre les lignes D, E derrière la ligne I et la ligne N qui termine le tracé du dos, tout en ayant le soin de mettre un gousset en face du fort des hanches. Après avoir coupé le dos et le devant du gilet, il faut comparer le dos sur le devant tel qu'il est représenté pages 41 et 42, pour trois conformations différentes, soit droit, voûté et renversé.

Observations. — Nous ferons remarquer que le gousset qui est au bas du dos n'est utile que pour les hommes qui sont gros des hanches, afin que le dos puisse se développer avec plus de facilité, tandis que pour les hommes qui ont les omoplates fortes, il faudrait faire un suçon en place du gousset.

Si de ce gilet on désire faire un gilet à châle droit

ou croisé, ou de forme sans collet, l'intelligence du coupeur doit être rassurée sur ce tracé pour pouvoir faire n'importe quel genre de gilet, suivant les tracés indiqués dans la méthode. Nous croyons avec certitude que cette explication sera d'une grande utilité pour nos lecteurs.

Fig. 36.

MANIÈRE DE FAIRE LE GILET AVEC LA GROSSEUR DE POITRINE.

Cette figure est le modèle du dos et du devant du gilet tracé au cinquième pour la proportion de 48 centimètres de demi-grosseur de poitrine, et 43 de ceinture.

Pour en faire la reproduction de grandeur naturelle, on trace d'équerre les lignes A et B. Partant de l'équerre formée par ces deux lignes, on pose, en descendant la ligne A, le douzième de 48, qui est 4, où l'on trace la ligne C, qui fixe la pointe de l'épaulette de devant. Puis, on pose le sixième de 48, qui est 8, où l'on trace la ligne D, qui fixe le haut de la carrure du dos et l'encolure du devant, pour faire le gilet boutonné jusqu'en haut.

Ensuite, on pose la moitié de 48, plus 1 centimètre, soit 25, où l'on trace la ligne E, qui fixe la profondeur de l'emmanchure. On pose ensuite la mesure de 48, moins 1 centimètre, reste 47, où l'on trace la ligne F, qui fixe le niveau des hanches, puis on pose 4 centimètres de plus, soit 50, où l'on trace la ligne G. Ensuite, on pose la mesure de 48, plus 1 sixième de 48, soit 56, où l'on trace la ligne H, qui fixe la longueur du gilet.

Partant de la ligne A, en suivant la ligne B, on

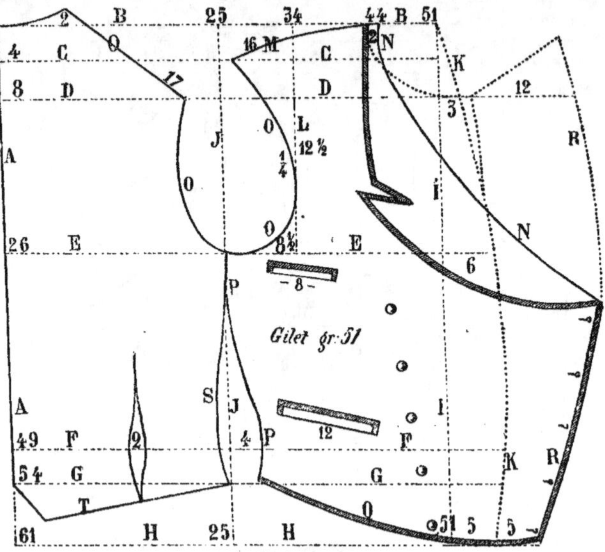

Fig. 27. (Grosseur 51.)

fixe la largeur du haut du dos par le sixième de 48, moins 1 centimètre, reste 7 ; puis le tiers de 48, plus 3 centimètres, ce qui fait 19 centimètres, qui fixent la largeur de la carrure ; puis, on pose la moitié de 48, soit 24, qui fixe la largeur du dos ; ensuite, on pose les deux tiers de 48, soit 32, qui fixe l'avancement de l'emmanchure ; on pose ensuite la mesure de la grosseur de poitrine, qui est 48 : là, on trace la ligne I, qui va de haut en bas du tracé.

Pour fixer la pointe de l'épaulette à l'encolure, on recule de la largeur du haut du dos soit 7 centimètres ; seulement, lorsque l'on fait les gilets sans pied de collet, alors on en met 2 de moins : à ce modèle, l'encolure est fixée à 43 centimètres le long de la ligne A. (Voir l'application du dos, pages 41 et 42.)

Après avoir posé ces chiffres, on tire les lignes par ordre alphabétique, la ligne I en face de 48 ; ensuite, sur la ligne C, devant la ligne I, on pose 5 centimètres, et cela doit se faire pour toutes les grosseurs ; puis, sur la ligne H, devant la ligne I, on avance de 4 centimètres, et de ce point on trace la ligne K, qui passe sur la ligne C à la distance de 5 centimètres, allant joindre la ligne B.

Il faut observer que la ligne K ne doit pas être tracée la même chose pour les hommes qui sont gros de ventre ; alors on doit poser sur la ligne H le sixième de la demi-grosseur de-poitrine. (Voir pour cela les tracés fig. 38, 39 et 40, qui sont les gilets pour des hommes très-gros, et l'explication de la fig. 34.) Ensuite, on trace la ligne L en face le chiffre 32, qui fixe l'avancement de l'emmanchure.

On fixe la largeur de l'épaulette de devant par la

tiers de 48, moins 1 centimètre, reste 15 ; mais, pour les hommes gros, on doit faire les épaulettes d'une moyenne largeur. L'épaulette est distinguée par la lettre M, l'encolure par la lettre N, l'emmanchure par la lettre O, qui part de la ligne C, traversant la ligne L, en arrondissant sur la ligne E, allant joindre la ligne J ; de là, on trace la ligne R, qui va joindre les lignes F et G à 4 centimètres de la ligne J ; de là, on trace la ligne Q, qui va joindre les lignes I et K, qui terminent le bas de devant ; la ligne O, qui indique l'emmanchure et le tracé de l'épaulette du dos, qui va au-dessus de la ligne B de 2 centimètres ; les lignes S et T, qui terminent le tracé du dos. Si de ce gilet on désire le faire grand-croisé ou à châle droit plus ou moins

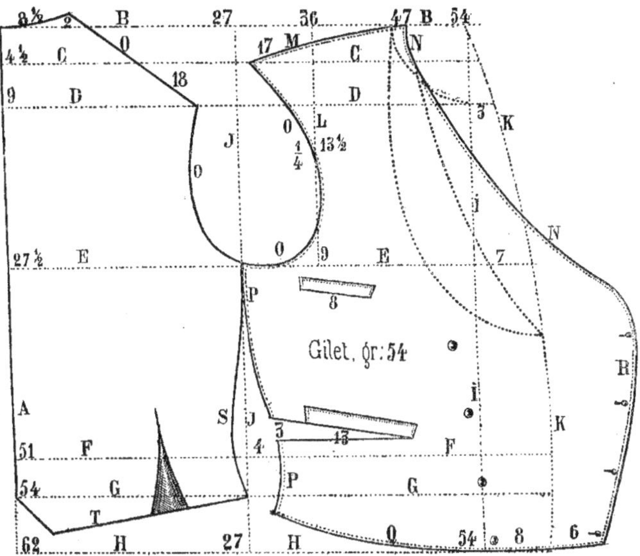

Fig. 38. (Grosseur 54.)

fermé, ou bien à châle croisé ou sans collet, ce tracé démontre les lignes pour pouvoir faire un gilet pour n'importe quel genre, et le goût du caprice de la mode. Pour reproduire tous les modèles des gilets qui sont ci-après, on devra suivre l'explication ci-dessus avec exactitude. (Voir les modèles, pages 41 et 42.)

Fig. 37.

Cette figure est le modèle du dos et du devant de gilet tracé au cinquième, pour la proportion de 51 centimètres de demi-grosseur de poitrine.

Pour en faire la reproduction de grandeur naturelle, on trace d'équerre les lignes A et B, puis on pose régulièrement les mêmes chiffres qui sont sur le tracé, et de tirer les lignes par ordre alphabétique, qui sont : C, D, E, F, G, H, I, J, K, L, M, N, O, P, Q, R, S et T, qui terminent le tracé, sauf de faire le dos suivant la conformation du client, soit droit, voûté ou renversé.

Fig. 38.

Cette figure est le modèle du dos et du devant de gilet tracé au cinquième pour la proportion de 54 centimètres de demi-grosseur de poitrine et 54 de ceinture.

Pour en faire la reproduction de grandeur naturelle, on trace d'équerre les lignes A et B, puis on pose régulièrement les mêmes chiffres qui sont sur le tracé, et l'on tire les lignes par ordre alphabétique, qui sont : C, D, E, F, G, H, I, J, K, L, M, N, O, P, Q, R,

S et **T** qui terminent le tracé, sauf de faire le dos suivant la conformation de celui qui devra porter le gilet, soit droit, voûté ou renversé.

Fig. 39.

Cette figure est le modèle du dos et du devant de gilet tracé au cinquième, pour la proportion de 57 centimètres de demi-grosseur de poitrine et 58 de ceinture.

Pour en faire la reproduction de grandeur naturelle, on trace d'équerre les lignes **A** et **B**, puis on pose régulièrement les mêmes chiffres qui sont sur le tracé,

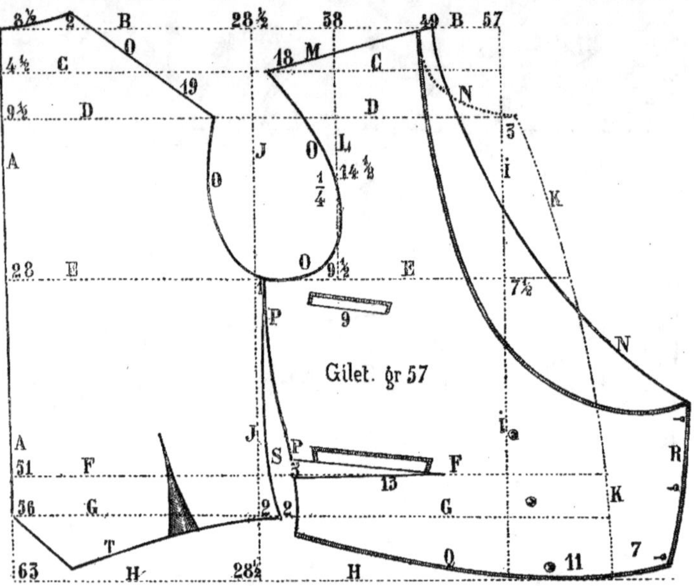

Fɪɢ. 39. (Grosseur 57.)

et l'on tire les lignes par ordre alphabétique, qui sont : C, D, E, F, G, H, I, J, K, L, M, N, O, P, Q, R, S et T, qui terminent le tracé, sauf de faire le dos suivant la conformation de celui devra porter le gilet, soit droit, voûté ou renversé. (Voir les modèles, pages 41 et 42.)

Fig. 40.

Cette figure est le modèle du dos et du devant de gilet tracé au cinquième, pour la proportion de 60 centimètres de demi-grosseur de poitrine et 57 de ceinture.

Pour en faire la reproduction de grandeur naturelle, on trace d'équerre les lignes A et B, puis on pose régulièrement les mêmes chiffres qui sont sur le tracé, et l'on tire les lignes par ordre alphabétique, qui sont : C, D, E, F, G, H, I, J, K, L, M, N, O, P, Q, R, S et

T, qui terminent le tracé, sauf de faire le dos suivant la conformation de celui qui devra porter le gilet, soit droit, voûté ou renversé. (Voir les mod., p. 41 et 42.)

Fig. 41 *et* 42.

Ces deux figures sont les modèles du dos et du devant de gilet, pour la proportion de 45 centimètres de demi-grosseur de poitrine et 40 de ceinture.

Pour en faire la reproduction de grandeur naturelle, on trace d'équerre les lignes A et B, puis on continue à tracer les lignes par ordre alphabétique.

Fig. 43 *et* 44.

Ces deux figures sont les modèles du dos et du devant de gilet, pour la proportion de 42 centimètres de demi-grosseur de poitrine et 38 de ceinture.

Pour en faire la reproduction de grandeur naturelle, on trace d'équerre les lignes A et B, puis on
continue à tracer les lignes par ordre alphabétique;
seulement, il faut faire le dos suivant la conformation
de celui qui devra porter le gilet, soit droit, voûté ou
renversé. (Voir les modèles, page 41.)

Fig. 45 et 46.

Ces deux figures sont les modèles du dos et du devant de gilet pour la proportion de 39 centimètres de
demi-grosseur de poitrine et 36 de ceinture.

Pour en faire la reproduction de grandeur naturelle,

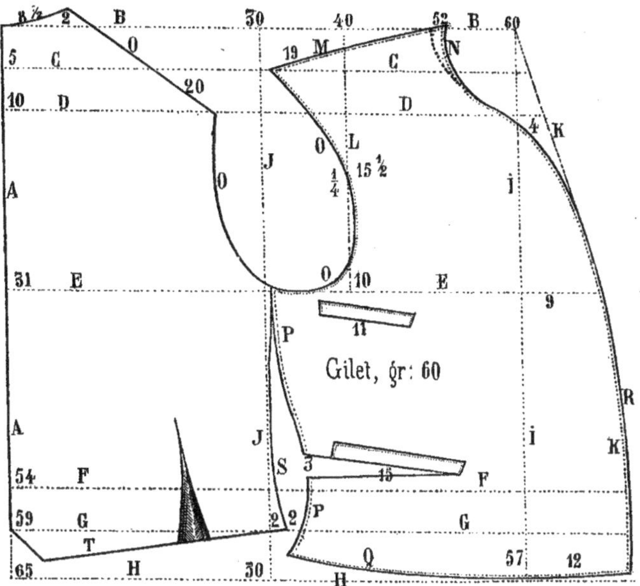

Fig. 40. (Grosseur 60.)

on trace d'équerre les lignes A et B, puis on pose régulièrement les mêmes chiffres qui sont sur le tracé, et
l'on tire les lignes par ordre alphabétique; seulement,
il faut faire le dos suivant la conformation de celui qui
devra porter le gilet, soit droit, voûté ou renversé.

Fig. 47 et 48.

Ces deux figures sont les modèles du dos et du devant de gilet, pour la proportion de 36 centimètres de
demi-grosseur de poitrine et 34 de ceinture.

Pour en faire la reproduction de grandeur naturelle,
on trace d'équerre les lignes A et B; puis on pose régulièrement les mêmes chiffres qui sont sur le tracé, et
l'on tire les lignes par ordre alphabétique; seulement,
il faut faire le dos suivant la conformation de celui qui
devra porter le gilet, soit droit, voûté ou renversé.

Fig. 49 et 50.

Ces deux figures sont les modèles du dos et du devant de gilet, pour la proportion de 33 centimètres de
demi-grosseur de poitrine et 34 de ceinture.

Pour en faire la reproduction de grandeur naturelle,
on trace d'équerre les lignes A et B; puis, on pose régulièrement les mêmes chiffres qui sont sur le tracé, et
l'on tire les lignes par ordre alphabétique; seulement,
il faut faire le dos suivant la conformation de celui qui
devra porter le gilet, soit droit, voûté ou renversé.

Fig. 51 et 52.

Ces deux figures sont les modèles du dos et du devant de gilet, pour la proportion de 30 centimètres de
demi-grosseur de poitrine et 32 de ceinture.

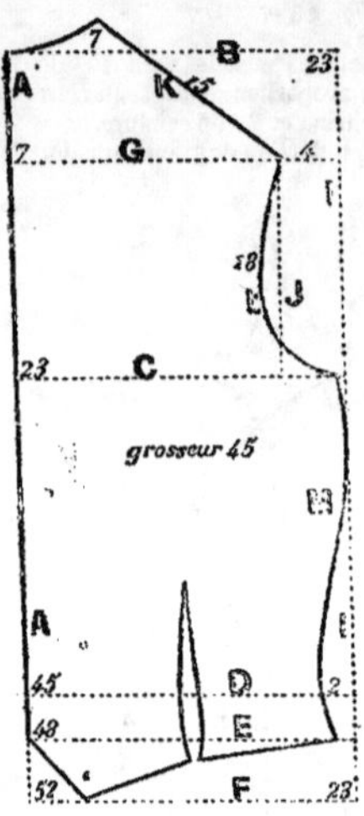

Fig. 41. (Grosseur 45.)

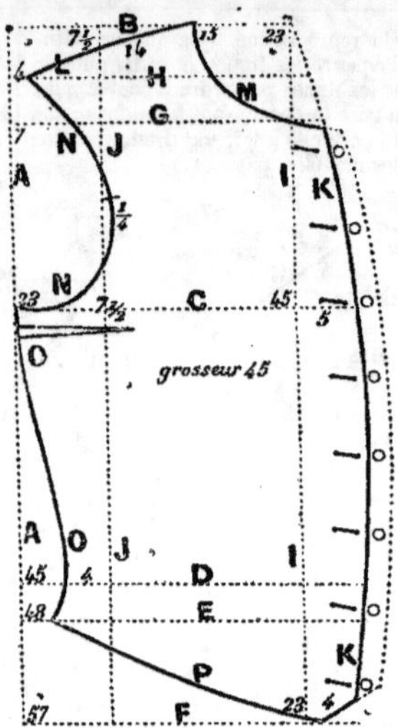

Fig. 42. (Grosseur 45.)

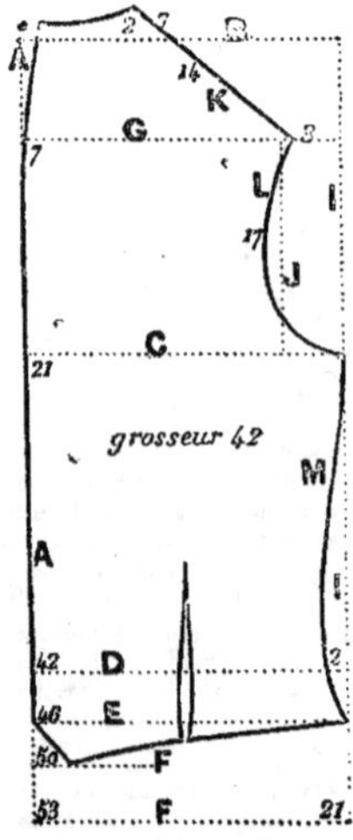

Fig. 43. (Grosseur 42.)

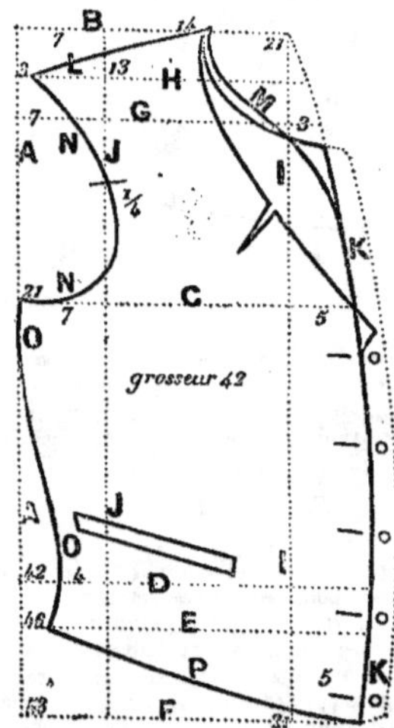

Fig. 44. (Grosseur 42.)

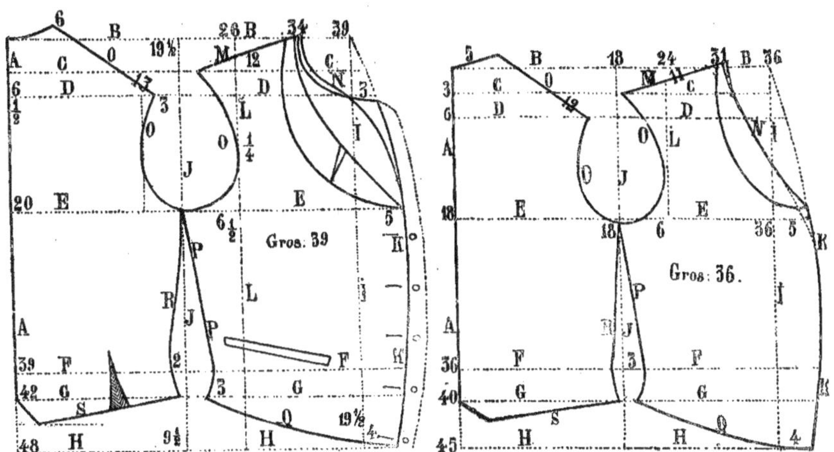

FIG. 45 et 46. (Grosseur 39.) FIG. 47 et 48. (Grosseur 36.)

Pour en faire la reproduction de grandeur naturelle, on trace d'équerre les lignes A et B; puis, on pose régulièrement les mêmes chiffres qui sont sur le tracé, et l'on tire les lignes par ordre alphabétique; seulement, il faut faire le dos suivant la conformation de celui qui devra porter le gilet, soit droit, voûté ou renversé.

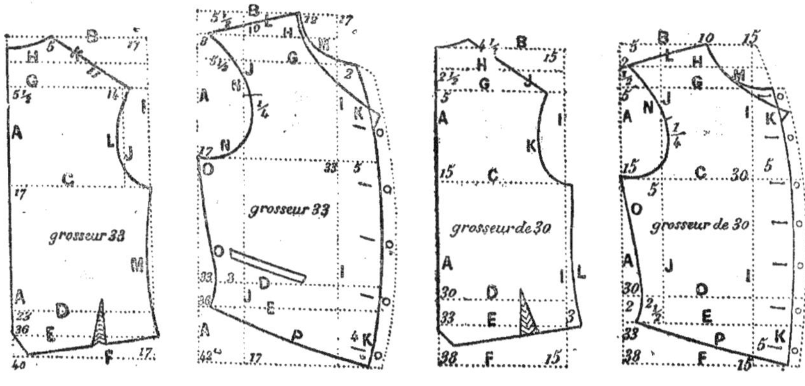

FIG. 49. (Grosseur 33.) FIG. 50. (Grosseur 33.) FIG. 51. (Grosseur 30.) FIG. 52. (Grosseur 30.)

Tableau de comparaisons des Gilets

Fig. 53, *grosseur* 48, *conformation droite.*

Cette figure est pour démontrer l'application du dos droit sur le devant ; avant de finir de couper le gilet, pour bien régler l'épaulette et l'encolure, il faudra faire cette même opération pour n'importe quelle grosseur.

Fig. 54, *grosseur* 48, *conformation voutée.*

Cette figure est pour démontrer l'application du dos vouté sur le devant ; avant de finir de couper le gilet, pour bien régler l'épaulette et l'encolure, il faudra

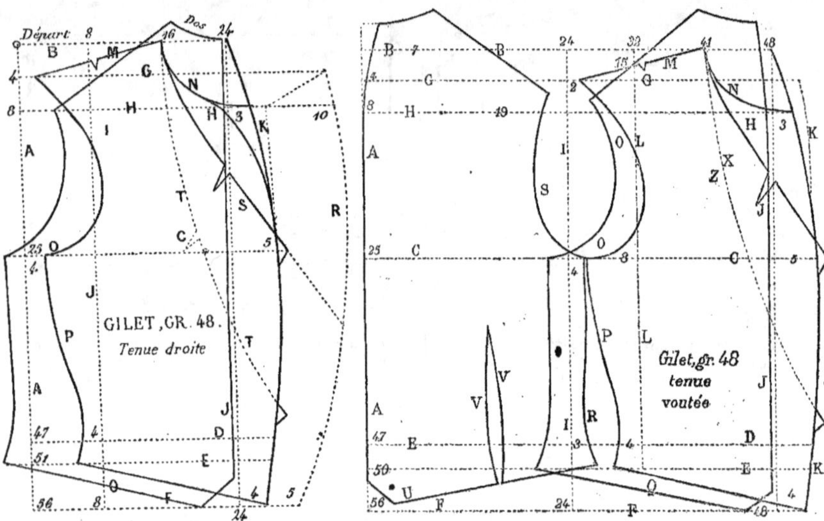

Fig. 53. (Grosseur 48.)

Fig. 54. (Grosseur 48.)

faire cette même opération pour n'importe quelle grosseur.

Fig., 55 *grosseur* 48, *conformation renversée.*

Cette figure est pour démontrer l'application du dos renversé sur le devant ; avant de finir de couper le gilet, pour bien régler l'épaulette et l'encolure, il faudra faire cette même opération pour n'importe quelle grosseur. Nous prions nos lecteurs de bien faire attention à ces trois conformations de gilets qui sont **droits, voûtés** et **renversés**, afin de remarquer la différence du dos qu'il y a des uns aux autres,

c'est la huitième mesure qui fixe le montant du dos. (*Voir le tableau.*)

Fig. 56, *grosseur* 48, *gilet de flanelle.*

Cette figure est le modèle pour indiquer la manière de faire les gilets de flanelle, il est tracé au cinquième pour la proportion de 48 centimètres de demi-grosseur de poitrine. On pourra remarquer que, pour couper le gilet de flanelle, il n'est pas plus difficile que pour tout autre gilet. Le goût et l'intelligence du coupeur lui suffira en voyant le tracé, pour en reproduire d'autres de n'importe quelle grosseur.

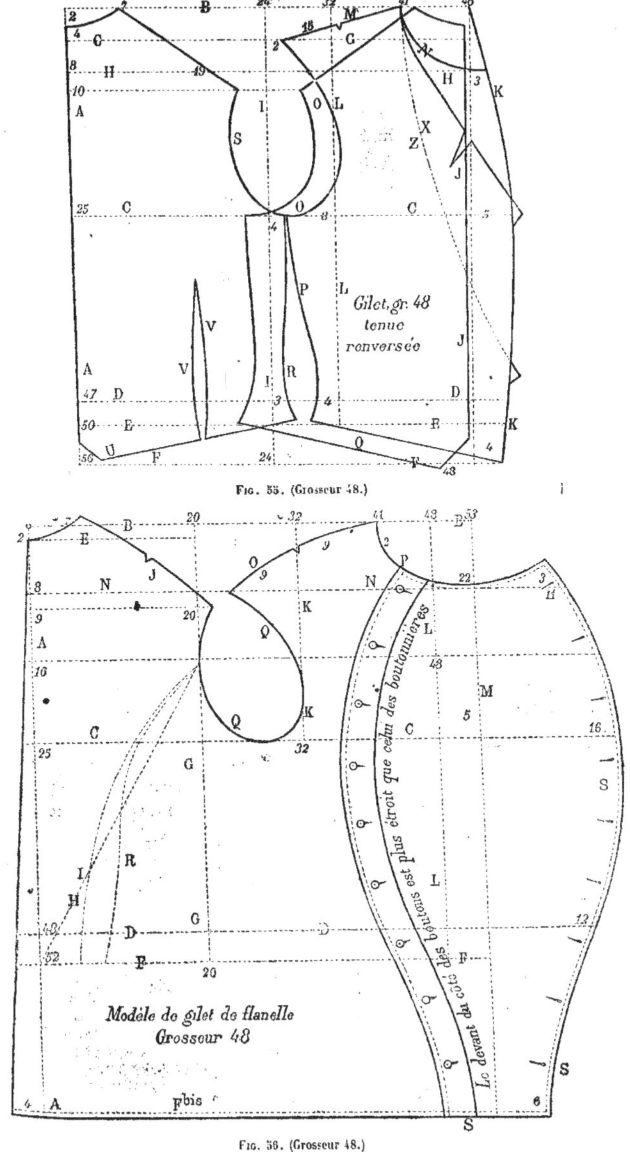

Fig. 55. (Grosseur 48.)

Fig. 56. (Grosseur 48.)

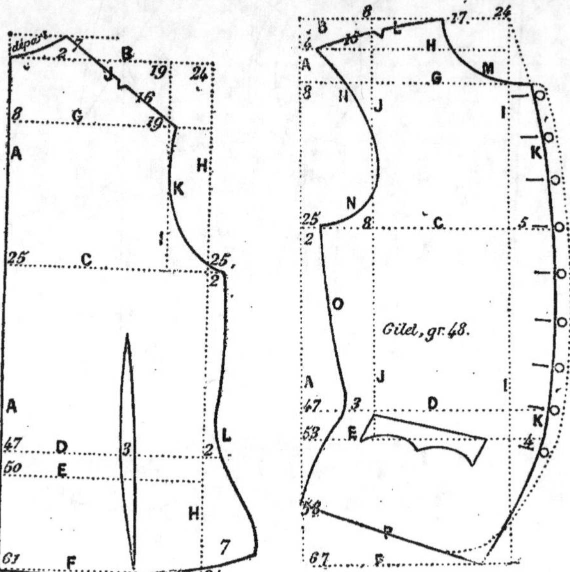

Fig. 57 et 58. (Gilet Louis XV.)

Fig. 57 et 58, grosseur 48.

Ces deux tracés sont les modèles du gilet formé au cinquième, pour faire le gilet, formant basquine genre Louis XV, et pour les gilets de costumes de chasse ou pour les gilets de grande livrée.

Pour reproduire un gilet de grandeur naturelle suivant cette forme, il suffira de prendre n'importe quel modèle de gilet dans cette méthode, pour pouvoir le reproduire pour n'importe quelle grosseur, pourvu que le coupeur aie le goût de faire le changement nécessaire.

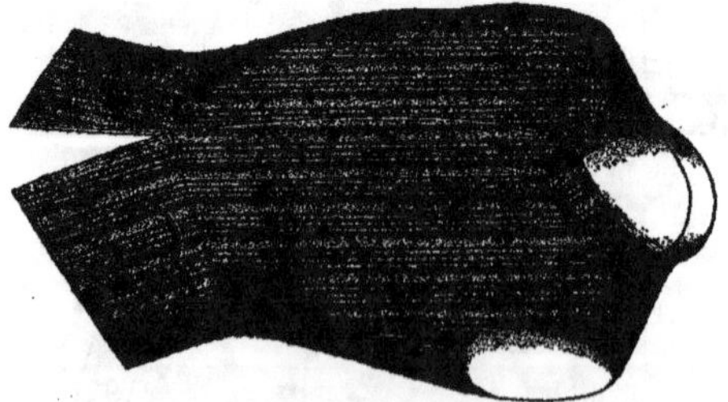

Modèle du gilet Louis XV.

TABLEAU DES FORMES DE GILETS

Confectionnés d'après la coupe des modèles qui sont désignés plus haut.

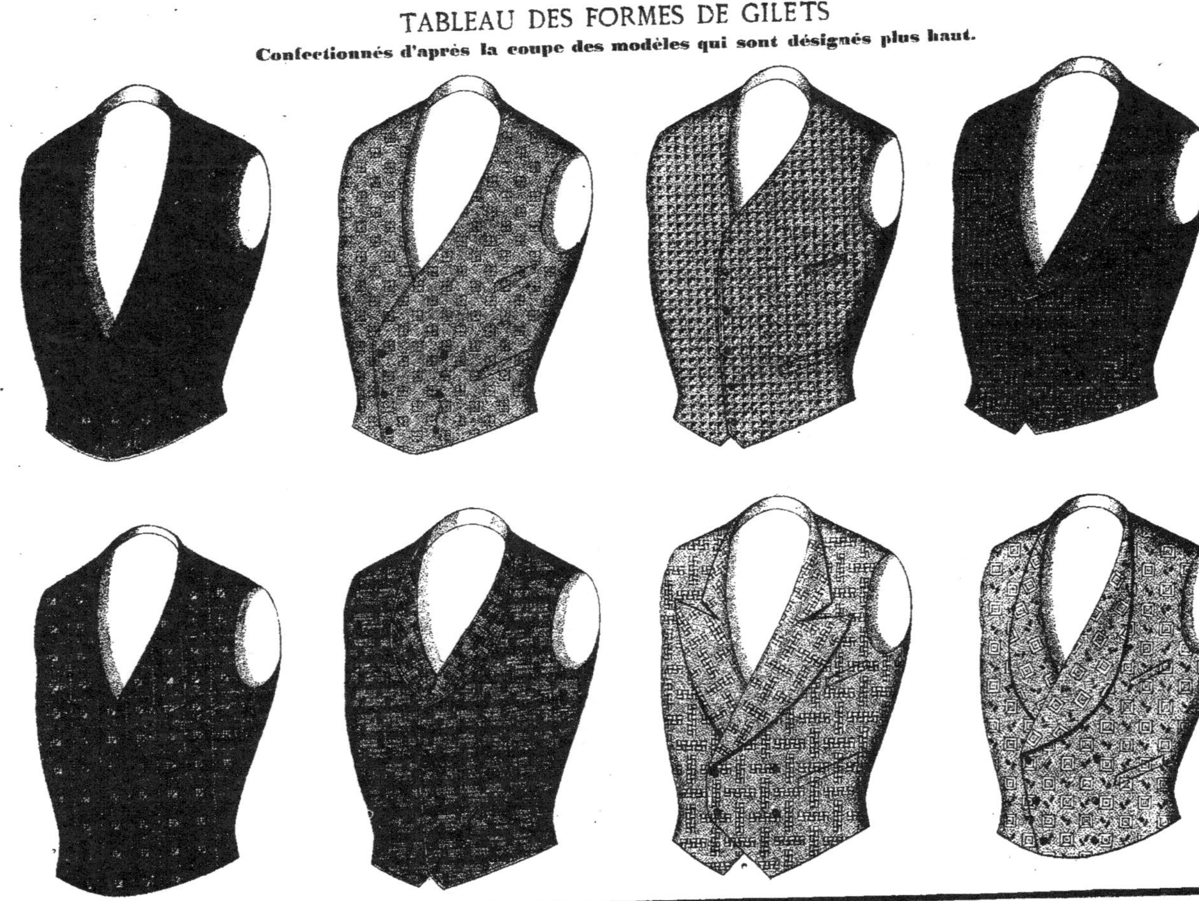

COURS DE COUPE POUR LES PANTALONS
—

Fig. 59.

Tracé du devant du pantalon, d'après les mesures ci-dessous.

Partant de la hanche jusqu'au genou....	58 c.
Sans quitter la mesure jusqu'au talon de la botte......................	106
Mesure de l'entre-jambe qui va aussi au talon	84
Grosseur du bassin, 96; la moitié........	48
Grosseur de la ceinture, 80; la moitié.....	40
Largeur de la cuisse, 60; la moitié.......	30
Largeur du genou, 42; la moitié.........	21
Largeur du tour du pied, 42; la moitié....	21

Division ou partage des mesures :

Grosseur du bassin, 96; moitié...........	48 c.
La moitié du bassin de 48.............	24
Le quart du bassin de 48.............	12
Le huitième du bassin de 48...........	6
Le tiers du bassin de 48..............	16
Le sixième du bassin de 48...........	8

D'après ces mesures, on peut à volonté faire un pantalon soit collant, soit demi-collant, soit droit, soit demi-large ou à la hussarde. On comprend ainsi la nécessité de bien employer les mesures telles que la longueur de côté, les mesures de l'entre-jambe, du bassin et de la ceinture. C'est là le seul moyen de réussir parfaitement un pantalon, en prenant toutefois en considération l'explication suivante.

Pour reproduire ce pantalon de grandeur naturelle, on trace d'équerre les lignes A et B; mais, comme le pantalon est avec une bande, on doit supposer le bord du drap pour la ligne A et le haut de la pièce de drap pour la ligne B; alors on part du carré du drap et l'on pose le long de la bande du pantalon la mesure du genou 58, la longueur totale 106, et, de ce point, en remontant la bande, on pose la mesure de l'entre-jambe, qui est 84 centimètres.

Ensuite, on fixe la largeur de devant du pantalon comme il suit :

Partant de la ligne A, en suivant la ligne B, on pose la mesure de la moitié du bassin, moins 2 centimètres, soit 22 pour 24, et en bas, au point 106, on fixe la largeur du bas du devant par 18 ou 19, suivant la largeur que l'on désire faire le bas du pantalon, et l'on trace la ligne F sur ces deux points, soit 22 et 18, ligne qui va du haut en bas du tracé. Partant de la ligne F sur les lignes B et D, on pose le sixième du bassin de 48, soit 8, où l'on trace la ligne G, qui fixe le milieu du devant du pantalon, ce qui est à 9 cent. 1/2 de chaque côté de la ligne G.

Ensuite, pour tracer les lignes horizontales qui sont C, D, E et B, on appuie l'équerre sur la ligne F de la manière que l'équerre se trouve représentée sur le tracé fig. 20; de cette façon, le pantalon avec bande se trouve coupé aussi d'aplomb que les pantalons ordinaires sans bande, tels que le n° 20 bis.

Sur la ligne E, devant la ligne F, on fixe l'écart par le sixième du bassin, moins 1 cent.,

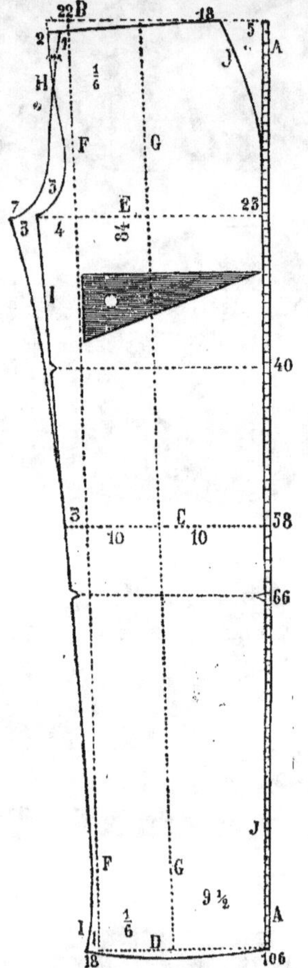

FIG. 59. — Tracé de devant du pantalon à bande.

soit 7 ; on en retranche 3 ou 2 et demi pour le côté faible, reste 4 et demi, point où l'on forme un carré de 4 centimètres, qui sert à tracer la courbe du côté

TABLEAU DES MESURES DE PANTALONS

PRISES A TREIZE GROSSEURS DIFFÉRENTES.

COURS DE COUPE D'APRÈS LE SYSTÈME DES MESURES.	Nº 1. GROSSEUR de 48	Nº 2. GROSSEUR de 51	Nº 3. GROSSEUR de 54	Nº 4. GROSSEUR de 57	Nº 5. GROSSEUR de 60	Nº 6. GROSSEUR de 64	Nº 7 GROSSEUR de 45	Nº 8. GROSSEUR de 43	Nº 9. GROSSEUR de 39	Nº 10. GROSSEUR de 36 (12 ans.)	Nº 11. GROSSEUR de 33 (8 ans.)	Nº 12. GROSSEUR de 30 (5 ans.)	Nº 13. GROSSEUR de 27 (3 ans.)
1. Partant de la hanche jusqu'au genou.	58	60	58	58	56	61	59	56	52	47	44	40	36
2. Sans quitter la mesure jusqu'au talon de la botte.	106	107	106	104	104	110	109	102	94	86	80	65	57
3. Mesure de l'entre-jambe qui va aussi au talon.	84	82	76	76	74	80	87	81	73	66	61	45	38
4. Grosseur du bassin, 96; moitié.	48	51	54	57	60	64	45	42	39	36	33	30	27
5. Grosseur de la ceinture, 80; moitié.	40	45	50	54	58	60	38	37	34	33	30	29	26
6. Largeur de la cuisse, 60; moitié.	30	33	35	35	36	36	32	30	30	30	29	28	24
7. Largeur du genou, 42; moitié.	24	24	24	25	26	27	24	23	22	22	21	21	21
8 Largeur du pied, 42; moitié.	23	23	24	24	24	24	23	22	21	20	20	19	19
DIVISION DES MESURES.													
Le tiers de la grosseur du *bassin*.	16	17	18	19	20	21.3	15	14	13	12	11	10	9
Le sixième de la grosseur.	8	8.5	9	9.5	10	10.4	7.5	7	6.5	6	5.5	5	4.5
Le quart de la grosseur.	12	12.5	13.5	14.5	15	16	11.2	10.5	9.5	9	8	7.5	6.6
Le huitième de la grosseur.	6	6.3	6.7	7.1	7.5	8	5.6	5,8	4.8	4.5	4	3.7	3.3
Le douzième de la grosseur.	4	4.2	4.5	4.7	5	5	3.7	3.5	3.2	3	2.7	2.5	2 1
La moitié de la grosseur.	24	25.5	27	28.5	30	32	22.5	21	19.5	8	16.5	13	

Observations. — Ce tableau représente treize mesures pour chaque grosseur différente, pouvant servir pour couper une collection de treize modèles de pantalons sur des tailles assorties.

Ces mesures sont réglées d'après la mesure de grosseur du bassin ; mais cela n'empêche pas que la longueur des jambes peut varier de ces mesures, et, pour avoir une collection bien complète, il serait facile d'établir la mesure de l'entre-jambe plus longue ou plus courte, afin d'avoir un assortiment des modèles complet. Supposant, par exemple, une grosseur, celle de 51, on devra avoir de cette taille les mesures de l'entre-jambe, soit 74, 76, 78, 80, 82, 84, 86 et 88. Par ce moyen il devra être facile de faire les pantalons plus longs ou plus courts que ceux qui sont indiqués sur ce tableau.

Pour toutes les autres grosseurs on établira des modèles par 2 centimètres de différence pour la mesure de l'entre-jambe, sans jamais changer le haut du pantalon.

faible. Puis on trace la ligne H, qui indique le côté faible, en dépassant la ligne F de 2 centimètres sur la ligne B, puis on trace le côté fort qui va joindre la ligne E à 2 ou 3 centim. devant la partie faible.

De ce point, on trace la ligne I, qui va joindre la ligne D à 1 centim. devant la ligne F, ce qui fixe la largeur du bas du devant à 19 centim.

Puis on fixe la largeur du haut du devant, toujours moins large que la moitié de la ceinture, ce qui est 18 pour 20, et l'on fait un suçon pour que la bande aille jusqu'en haut du devant. Lorsque le pantalon est fait pour un homme qui se tient serré de la ceinture, on abaisse le haut du devant de 1 centim. 1/2. (Voir le tracé.)

La ligne J est représentée par la bande du pantalon ; il faut pour cela observer le tracé du pantalon qui est coupé sans bande au tracé n° 20 *bis*, et, si le pantalon est en drap, à carreaux, il faut couper les devants l'un après l'autre pour qu'ils soient plus faciles à faire raccorder.

Fig. 60.

Ce tracé est le devant du pantalon pour le faire sans bande; l'explication diffère un peu de celle du précédent.

Pour en faire la reproduction, on trace avec l'équerre les lignes A et B. Partant ensuite de l'équerre formé par ces deux lignes, on pose, en descendant la ligne A, la mesure qui part de la hanche allant jusqu'aux genoux, qui est de 58, indiqué par la ligne C. Sans quitter le centimètre, on pose la mesure de la longueur totale qui va jusqu'au talon, soit 106, indiqué par la ligne D. De ce point, en remontant la ligne A, on pose la mesure de l'entre-jambe, qui est de 84 c., où l'on trace la ligne E. Puis on trace les deux lignes qui sont entre le genou, soit en face des n°° 40 et 66. Ces deux lignes sont supplémentaires et ne sont faites que pour indiquer l'endroit où le derrière du pantalon doit être rentré en face des genoux.

Ensuite, sur les lignes B et D, on pose la mesure de la moitié du bassin qui est de 24 cent., mais on doit poser 22 pour 24 lorsqu'il s'agit de faire un pantalon demi-collant ou même collant; si l'on doit faire un pantalon droit ou un pantalon large, alors on doit poser la moitié du bassin, soit 24 au lieu de 22 sur les lignes B et D, où l'on trace la ligne F qui va du haut en bas du tracé. Lorsqu'il s'agit de faire un pantalon à la hussarde il faut poser, sur les lignes B et D, la moitié du bassin, plus 1 cent., soit 25 pour 24. (Voir le tracé fig. 22 et 23.)

Partant ensuite de la ligne F, soit sur les lignes B et D, on fixe le milieu du devant par le sixième du bassin de 48, soit 8, et l'on trace la ligne G qui va du haut en bas du tracé.

Ensuite sur la ligne E, devant la ligne F, on fixe l'écart de l'enfourchure par le sixième du bassin de 48, moins 1 cent., reste 7 ; on en retranche 3, reste 4, et de ces 4 cent. on forme un carré qui indique la manière de tracer la ligne H pour le côté faible, qui part à 2 cent. devant la ligne F touchant la ligne B ; puis on trace le côté fort qui part de la ligne B et F, traversant la ligne H en dépassant le côté faible de 3 c., allant joindre la ligne E à 3 cent. devant le côté faible; il faut observer que les courbes de devant, à l'enfourchure, ne doivent pas être trop creusées si l'on désire

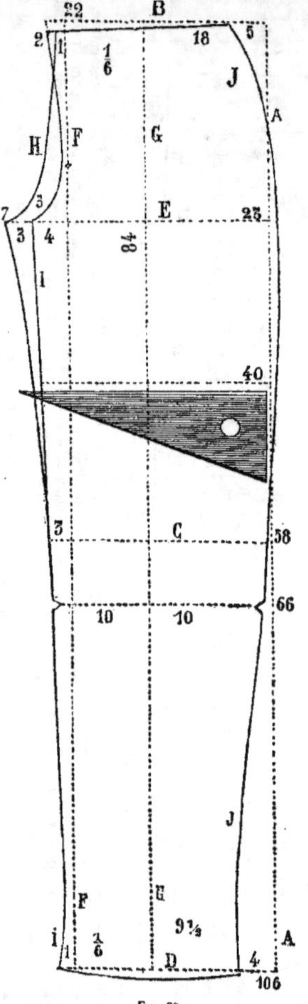

Fig. 60.

Tracé du devant du pantalon sans bande. — Comparez les deux tracés, vous y reconnaîtrez la différence par l'équerre qui change la forme du tracé.

que le pantalon aille bien sur le devant de l'entre-jambe.

Ensuite on fixe la largeur du bas du devant par 9 cent. 1/2 de chaque côté de la ligne G, soit 19 c. en tout ; mais aussi on peut le faire plus étroit si on le désire ; cela est une affaire de goût ou suivant le genre de pantalon que l'on veut faire.

Partant ensuite de la ligne E à la pointe du devant, côté faible, à l'enfourchure, on trace la ligne I allant en ligne droite sur la ligne D, au point qui fixe la largeur du bas par 9 cent. 1/2. Puis on trace la ligne J qui part de la ligne E, touchant la ligne A, allant en ligne droite sur la ligne D, au point qui fixe la largeur du bas du devant par 9 centim. 1/2 et à 4 cent. loin de la ligne A. l'on termine le tracé en prolongeant la ligne J jusqu'à la ligne B, au point qui fixe la largeur du haut du devant par 2 c. de moins que la moitié de la ceinture, soit 18 pour 20.

Le bas du devant doit se faire suivant le genre et la mode, et, pour cela il faut remarquer les observations des tracés qui sont aux pages 33 et 34.

Pour les pantalons à bande ou sans bande, remarquez les tracés et vous y reconnaîtrez la différence ; l'équerre qui y est dessinée suffira pour vous faire voir que les deux tracés ne sont pas pareils.

Quand il s'agit de couper un pantalon d'une étoffe à carreaux, il faut couper les devants l'un après l'autre, et ensuite couper le derrière sur chaque devant tel qu'il devra être cousu ; voilà le vrai moyen pour bien réussir à faire raccorder les carreaux.

Quant aux pantalons qui doivent être portés pour aller à cheval, soit la culotte courte, on trouvera les tracés avec les observations pour tous les genres, soit arqués et autres et pour les jambes cagneuses.

Fig. 61.

Cette figure représente le tracé du derrière du pantalon.

Pour le reproduire, on doit se servir du devant ; soit que le devant soit coupé à bande ou sans bande, l'opération pour couper le derrière doit toujours être la même. Si l'étoffe est à rayures ou à carreaux, il faut faire rencontrer la ligne G le long d'une rayure du pantalon ; de cette façon, les raies resteront droites, et les carreaux se raccorderont bien.

Ensuite, on fixe l'écart de l'enfourchure par le tiers du bassin, qui est de 16, en partant de la ligne F sur la ligne E, y compris les 5 centimètres qui sont au-devant, et 11 au derrière, ce qu'il doit être facile de comprendre, si l'on mesure comme il suit : 4 1/2, côté faible ; 2 au fort, et 3 1/2 dépassant le côté fort, ce qui fait 11, en plaçant la pointe du devant en face de celle du derrière, on verra que l'écart est à 16 cent.

Si l'on désire que l'entre-jambe du pantalon soit très-juste, il faut fixer l'écart avec le côté fort du devant, alors il sera plus serré dans l'entre-jambe. (Voir le tracé des comparaisons, page 33.)

Ensuite, on prolonge la ligne G d'un sixième au-dessus du devant, ou, si l'on désire faire plus haut, il faut un quart du bassin, et, de là, on trace la ligne K, qui passe sur la ligne F (suivant la conformation de l'homme) à un quart du bassin au-dessus de la

ligne E, puis entre les courbes du devant, en le dépassant de 3 à 4 centimètres, suivant la mesure du

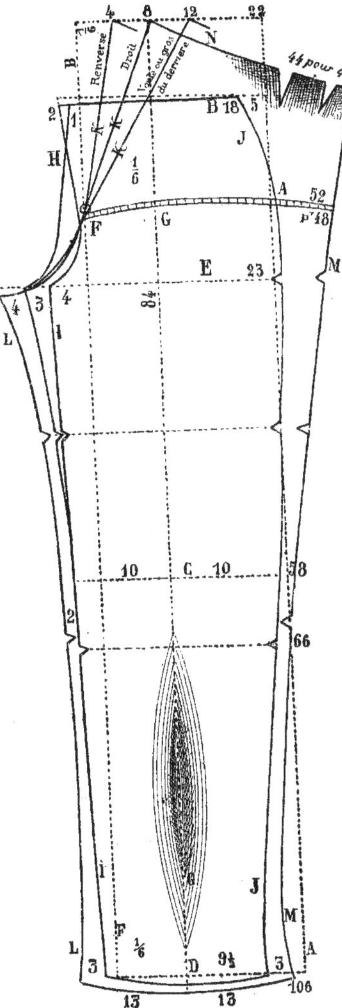

Fig. 61. — Derrière du pantalon pour le faire avec ou sans bande.

bassin ; de là, on trace la ligne L, qui passe sur la ligne C au point qui fixe la largeur du genou et allant joindre la ligne D au point qui fixe la largeur du bas par 11 centim. à distance de la ligne G.

Il faut observer que la couture de l'entre-jambe doit être presque droite, à moins que l'homme soit arqué, et si les genoux sont en dedans il faut donner du rond en face des genoux et creuser par la couture de côté.

Puis, on pose la mesure de bassin qui part des lignes F et K, en traversant le devant, dont la mesure est de 48, et l'on pose 4 cent. en plus pour donner du développement, soit 52 pour 48, où la mesure est dessinée pour en faire connaître l'opération. (Voir le tracé.)

Ce point fixe le renversement que l'on doit donner au pantalon, et l'on trace la ligne M en passant sur les points qui fixent la largeur, soit du bassin au genou, soit en bas sur la ligne D, à la distance de 11 c. de chaque côté de la ligne G.

Pour bien poser la mesure du bassin, on mesure la largeur de devant, puis le derrière, et il faut que le devant et le derrière du pantalon donnent la mesure du bassin, plus 3 ou 4 cent. pour le développement.

Du haut de la ligne M on trace la ligne N, qui va rejoindre la ligne K, à un sixième au-dessus du devant ou d'un quart (voir le tracé), puis on mesure la grosseur de la ceinture, où on laisse un surplus pour deux suçons, et même, pour qu'il emboîte bien les hanches, il faudrait mettre un peu d'*ambu* en attachant les ceintures. Si l'on désire que le pantalon aille bien, il faut faire la ceinture juste, de façon à ne pas avoir besoin de boucle.

Ensuite, pour que le pantalon aille bien, il faut le travailler avec le carreau, et pour cela on tient le derrière plus court de 2 cent. que le devant dans la partie en face des genoux ; ensuite on tend cette partie avec le carreau et en tirant le drap par en bas jusqu'à ce que les coches, qui sont au derrière, arrivent juste à celles du devant ; de cette façon, la ligne L et la ligne M se redressent vers la ligne G sur le milieu des mollets, et donnent une ampleur nécessaire pour que le pantalon dessine la forme de celui qui doit le porter sans que ce dernier éprouve aucun inconvénient ou de la gêne ; le pantalon ne remonte pas non plus lorsqu'on est assis. Il faut observer aussi que la couture de l'entre-jambe ne doit pas être aussi tendue que celle de côté, à moins que l'homme ait les mollets bien placés sur le milieu des jambes, ce qui arrive rarement.

Puis on rentre le milieu de la partie du derrière du pantalon en face du genou, de façon à ce qu'il forme une courbure assez forte ; et, si les lignes L et M partant du genou jusqu'au bas ne sont pas bien droites lorsqu'elles sont rentrées, il faut les redresser avant de bâtir les coutures, de manière à ce qu'elles le soient ; si le pantalon doit être fait pour un homme qui a les mollets très-forts, soit au milieu des jambes, soit en dedans ou en dehors, il faut couper le pantalon de façon que le rond soit placé du côté où se trouve la force des mollets, tout en le refoulant avec le carreau à l'endroit qu'il est nécessaire.

Ensuite, on tend le bas du devant de 2 centimètres environ, soit les lignes I et J, et l'on rentre le milieu qui est la ligne G, de façon à ce qu'il forme la courbure du cou-de-pied, et, avant de bâtir les coutures, il faut redresser les bas du devant, de façon à ce qu'ils se raccordent avec les parties de derrière comme si ce n'était pas coupé. Pour les différentes formes des pantalons, voir les pages 33 et 34.

Fig. 62.

Modèle pour faire le pantalon à la hussarde.

Ce genre se fait pour les militaires, les collégiens et les pantalons de toile, ce qui est très-commode pour la saison d'été.

Ce pantalon est tracé d'après les mesures suivantes :

Partant de la hanche au genou.........	58 c.
Allant jusqu'au talon................	101
Mesure de l'entre-jambe.............	78
Grosseur du bassin, 96 ; moitié........	48
Ceinture, 76 ; moitié.................	38
Largeur de la cuisse, 74 ; moitié.......	37
Largeur au genou, 70 ; moitié........	35
Largeur du tour du pied, 42 ; moitié.....	21

Pour reproduire le pantalon de grandeur naturelle d'après ces mesures, on trace d'équerre les lignes A et B. Du point de l'équerre formé par ces deux lignes, on pose, en descendant la ligne, la mesure du genou, qui est 58, puis la mesure de la longueur totale, qui est 101 ; de ce point, en remontant la ligne A, on pose la mesure de l'entre-jambe, soit 78 ; puis on trace d'équerre les lignes C, D et E.

Partant de la ligne A, soit sur celle de B et D, on pose la moitié de la grosseur du bassin, plus 1 cent., soit 25 ; à ce point on trace la ligne F, qui va du haut en bas du tracé.

Partant ensuite de la ligne F, en suivant les lignes B et D, on fixe le milieu du devant par le quart du bassin ; c'est-à-dire le quart de 48 qui est 12. A ces points on trace la ligne G qui va de haut en bas du tracé ; ensuite, sur la ligne E devant la ligne F, on fixe l'écart par le sixième de 48 moins 1 centimètre, soit 7 ; on en retranche 3 pour le côté faible, reste 4 et les 3 pour le côté fort, en tout 7 centimètres ; et l'on trace la ligne H, qui fait la courbe de l'enfourchure (il faut dire aussi, quoique le pantalon soit large, il faut qu'il soit juste dans l'entre-jambe ; ensuite on fixe la largeur du bas du devant par 18 cent., c'est-à-dire 9 de chaque côté de la ligne G.

Puis on trace les lignes I et J. Il faut tracer la ligne J qui part de la ligne B au point qui fixe le haut de devant par 18 cent. ; puis passant sur la ligne C à 5 centim. en dehors de la ligne A, allant joindre la ligne D à 3 centim. en dedans de la ligne A, dont la largeur du bas du devant est fixée par 9 centim. de chaque côté de la ligne G. (Voir le tracé.)

Fig. 63.

Tracé du derrière du pantalon à la hussarde.

Pour en faire la reproduction on doit le couper sur

le devant, alors on prolonge la ligne G d'un sixième de 48 au-dessus du devant, puis on trace la ligne K, qui se trouve écartée de 4 cent. du haut du devant, et

former l'écart par le tiers de la demi-grosseur du bassin. Ensuite on fixe la largeur du bas par 11 centi-

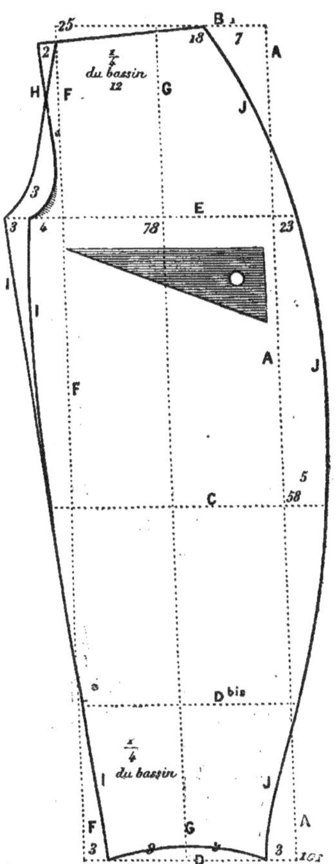

Fig. 62. — Devant du pantalon à la hussarde.

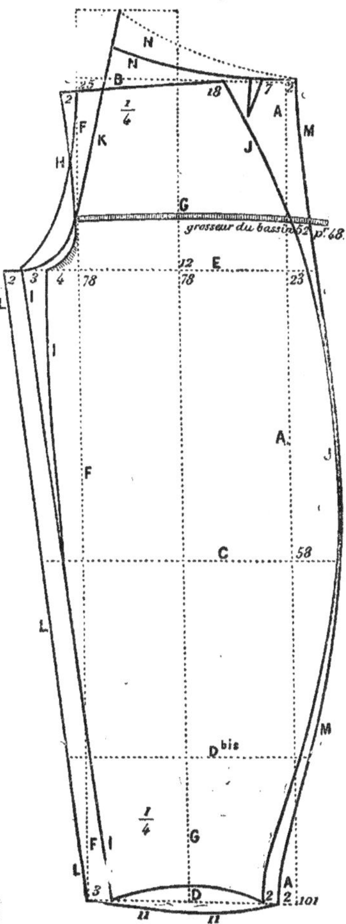

Fig. 63. — Derrière du pantalon à la hussarde.

va passer sur la ligne F, puis suivre la courbe entre celle de devant en dépassant ce dernier de 2 cent. Ils doivent être fixés par le tiers du bassin de 48. Il est facile de comprendre que le devant et le derrière doivent

mètres de chaque côté de la ligne G. On indique également par 3 en plus de la ligne I et 2 de la ligne J;

puis l'on trace la ligne L. Avant de tracer la ligne M,
on pose la mesure du bassin, plus 3 ou 4 centimètres
pour le développement, ce qui est indiqué 52 pour
48, puis on trace la ligne M qui rejoint la ligne J
au genou, passe sur le point de 52 et va joindre la
ligne B à 2 centimètres de la ligne A ; si cela dépend
de la ceinture, on trace la ligne N qui termine le tracé.

Nous ferons observer que le pantalon large doit
être plus droit que les pantalons collants et la ligne N
peut être plus basse, si on laisse le surplus à la ceinture. Cela dépend du goût de chacun.

Fig. 64.

Cette figure est le tracé du pantalon pour homme
gros de ventre, portant la mesure de 114 centim. de
bassin et 108 de ceinture. (Voir les mesures au tableau, page 25, n° 4.)

On comprend aussi la nécessité de bien employer
les mesures telles que la longueur de côté, la mesure
de l'entre-jambe, du *bassin* et de la ceinture. C'est là
le seul moyen de réussir parfaitement un pantalon, en
prenant toutefois en considération l'explication suivante des tracés n°⁵ 24 et 25. Cependant nous devons faire observer que l'on peut, à la rigueur, se
passer des mesures telles que celle de l'entre-jambe et
celle de côté ; mais à cette condition, il faudrait
la mesure du corsage telle que pour faire un habit ou
une redingote.

Alors, pour la mesure de l'entre-jambe, on doit
employer celle de la longueur de la manche, qui part
du milieu du dos, passant sur la carrure, sur le coude,
et allant jusqu'à la jointure de la main, c'est-à-dire à
l'articulation du bras et du poignet ; de cette façon, on
est sûr que sur dix hommes on en trouvera huit dont
la mesure de l'entre-jambe sera exactement pareille
à celle de la longueur des bras. Par exemple, la
mesure de la grosseur de poitrine est presque toujours pareille à la mesure de la grosseur du bassin ;
par conséquent il est facile d'établir un pantalon avec
les mêmes mesures que l'on aura prises pour faire un
habit ; comme aussi on peut faire un gilet ou un habit avec les mesures d'un pantalon ; seulement il faut
être très au courant et bien comprendre la coupe.

Toutes les explications que nous donnons ici sont
faites pour le cas où l'on aurait oublié quelques mesures, soit pour le corsage ou pour le pantalon, tout
en se réservant l'essayage.

Pour reproduire ce pantalon de grandeur naturelle
suivant la prise des mesures, on trace avec l'équerre
les lignes A et B ; mais comme le pantalon est avec
bande, on doit supposer le bord du drap où se trouve
la bande pour la ligne A, et le haut de la pièce de
drap pour la ligne B ; alors on part du carré du drap
et l'on pose, le long de la bande du pantalon, la mesure du genou qui est de 58, qui indique la ligne C,
puis la longueur totale qui va jusqu'au talon de la
chaussure, qui est de 104 ; ce point indique la ligne D.

De ce point, en remontant le long de la bande, on
pose la mesure de l'entre-jambe qui est de 76, point
qui indique la ligne E.

Ensuite, comme ce pantalon est pour la proportion
d'un homme gros de ventre, on fixe la largeur du

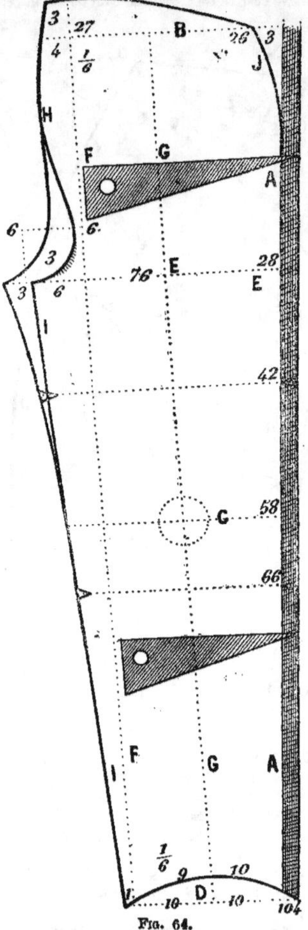

Fig. 64.

haut de devant sur la ligne B par la mesure de la
ceinture, soit la moitié de 54, qui est 27. Partant de
la ligne A, indiquée par la bande, et sur la ligne D,

6

on fixe le milieu du devant suivant la mode. Ici nous le fixons à 20 c., soit 10 centim. loin de la bande, puis un sixième du bassin, plus 1 centimètre, ce qui fait 10 de chaque côté de la ligne G, et l'on tire les lignes F et G qui vont du haut en bas du tracé.

Ensuite, pour tracer les lignes C, D et E, on doit appuyer l'équerre le long de la ligne F de la même façon que sur le tracé.

Nous croyons que ce moyen donnera beaucoup plus de facilité pour comprendre comment il faut placer l'équerre pour tracer les pantalons à bande, afin que l'équerre se trouve dans le même aplomb que pour les pantalons coupés sans bande.

Ensuite, sur la ligne E, devant la ligne F, on fixe l'écart par le sixième du bassin, moins 1 centim., soit 9; on en retranche 3 pour le côté faible, reste 6, où l'on forme un carré de 6 centimètres, qui sert à tracer la courbe du côté faible. Puis on trace la ligne H, qui indique le côté fort, en dépassant la ligne F de 4 centimètres qui part à 3 centimètres au-dessus de la ligne B, en allant joindre la ligne E à 3 centimètres devant la partie faible. Ces 4 centimètres, qui dépassent la ligne F, sont la différence qui existe de la mesure du bassin à celle de la ceinture. Cette opération doit se faire pour les hommes qui sont gros de ventre.

Partant de la ligne E et H, on trace la ligne I, qui va joindre la ligne D à 1 centimètre devant la ligne F, ce qui fixe la largeur du bas du devant à 20 centimètres.

Puis on fixe la largeur du haut du devant, toujours moins large que la moitié de la ceinture, ce qui est 26 pour 27, et l'on fait un suçon de 3 centimètres pour que la bande aille jusqu'en haut du devant. Lorsque le pantalon est fait pour un homme qui se tient serré de la ceinture, on tient le haut du devant juste sur la ligne B, ou on l'abaisse de 2 ou 3 centimètres sur les lignes F et H.

Le meilleur moyen pour fixer la hauteur du devant du pantalon, ce serait de prendre la mesure partant du talon de la chaussure, en remontant sur le ventre jusqu'au point où le client désire être serré par la

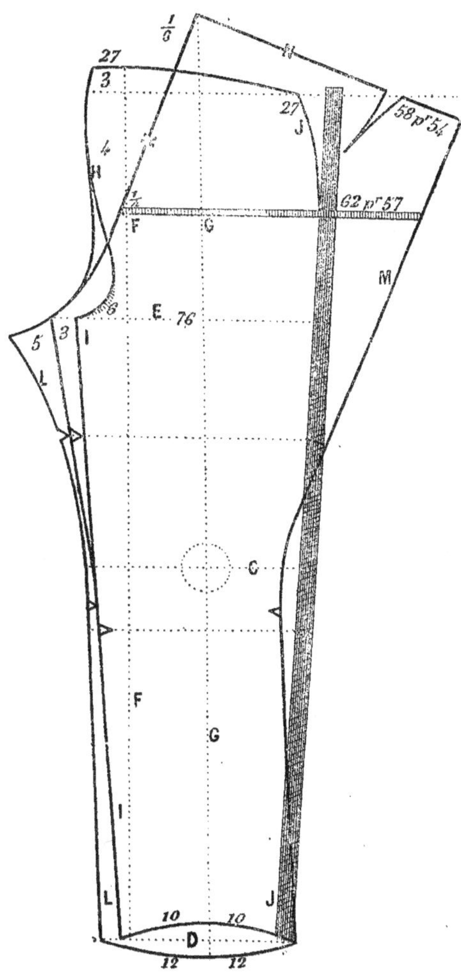

Fig. 65.

ceinture du pantalon ; suivez ce conseil, et vous en obtiendrez un bon résultat.

» La ligne J est représentée par la bande du pantalon ; il faut pour cela observer les tracés des pantalons qui sont coupés sans bandes au tracé. Si le pantalon est en drap à carreaux, il faut couper les devants l'un après l'autre pour qu'ils soient plus faciles à faire raccorder avec le derrière ; mais pour cela il faut couper les derrières du pantalon sur chaque devant séparé l'un de l'autre.

Fig. 65.

Cette figure représente le tracé du derrière du pantalon.

Pour le reproduire, on doit se servir du devant, et, si l'étoffe est à rayures ou à carreaux, il faut faire rencontrer la ligne G le long d'une rayure du pantalon ; de cette façon, les raies resteront droites, et les carreaux se raccorderont bien, en les coupant l'un après l'autre.

Ensuite, on fixe l'écart de l'enfourchure par le tiers du bassin, qui est de 19, en partant de la ligne F sur la ligne E, y compris les 6 centimètres qui sont au-devant du côté faible, et 14 centimètres au derrière, en partant de la ligne F, ce qu'il doit être facile de comprendre, si l'on mesure comme il suit : 6 centim. pour le devant, côté faible ; 3 pour le côté fort et 5 pour la pointe de derrière, ce qui fait en tout le tiers du bassin, soit 20 centimètres d'écart en plaçant la pointe du derrière en face de celle du devant, au côté faible ; on verra que l'écart est à 20 centim. Si l'on désire que l'entre-jambe du pantalon soit très-juste, il faut fixer l'écart avec le côté fort du devant, alors il sera plus serré dans l'entre-jambe.

Ensuite, on prolonge la ligne G d'un sixième au-dessus du devant, ou, si l'on désire faire le derrière plus haut, il faut un quart du bassin, et, de là, on trace la ligne K, qui passe sur la ligne F au milieu de la hauteur du bassin, puis entre les courbes du devant, en le dépassant de 5 centimètres, suivant la mesure du bassin ; de là, on trace la ligne L, qui passe sur la ligne C, devant la ligne I, au point qui fixe la largeur du genou et allant joindre la ligne D au point qui fixe la largeur du bas par 12 centimètres de chaque côté de la ligne G.

Il faut observer que la couture de l'entre-jambe doit être presque droite, à moins que l'homme soit arqué.

Puis, on pose la mesure de bassin en face du milieu du montant, dont la mesure est de 57, et l'on pose 5 centimètres en plus pour donner du développement, soit 62 pour 57, où la mesure est dessinée pour en faire connaître l'opération. Ce point fixe le renversement que l'on doit donner au pantalon, et l'on trace la ligne M en passant sur les points qui fixent la largeur, soit du bassin au genou, soit en bas sur la ligne D, à la distance de 12 centimètres de la ligne G. Pour bien poser la mesure du bassin, on mesure la largeur de devant, puis le derrière, et il faut que le devant et le derrière du pantalon donnent la mesure du bassin, plus 4 ou

5 centimètres pour le développement, afin que le pantalon soit aisé, ou bien on pose la mesure juste pour faire le pantalon collant.

Du haut de la ligne M on trace la ligne N, qui va rejoindre la ligne K, à un sixième au-dessus du devant ou d'un quart (voir le tracé), puis on mesure la grosseur de la ceinture où on laisse un surplus de 4 centimètres pour un suçon, et même, pour qu'il emboîte bien les hanches, il faudrait mettre un peu d'*ambu* en attachant les ceintures si les hanches sont fortes.

Ensuite, pour que le pantalon aille bien, il faut le travailler avec le carreau, et pour cela on tient le derrière plus court de 2 centimètres que le devant dans la partie en face des genoux ; ensuite on tend cette partie avec le carreau et en tirant le drap par en bas jusqu'à ce que les coches, qui sont au derrière, arrivent juste à celles des devants ; de cette façon, la ligne L et la ligne M se redressent vers la ligne G sur le milieu des mollets, et donnent une ampleur nécessaire pour que le pantalon dissine la forme de celui qui doit le porter sans que ce dernier éprouve aucun inconvénient ou de la gêne ; le pantalon ne remonte pas non plus lorsqu'on est assis.

Il faut observer aussi que la couture de l'entre-jambe ne doit pas être aussi tendue que celle de côté, à moins que l'homme ait les mollets bien placés sur le milieu des jambes, ce qui arrive rarement.

Puis on rentre le milieu de la partie du derrière du pantalon en face du genou, de façon à ce qu'il forme une courbure assez forte ; et, si les lignes L et M partant du genou jusqu'au bas, lorsqu'elles seront tendues, ne sont pas bien droites, il faut les redresser avant de bâtir les coutures, de manière à ce qu'elles le soient ; et si le pantalon doit être fait pour un homme qui a les mollets très-forts, soit au milieu des jambes, soit en dedans ou au dehors, il faut couper le pantalon de façon que le rond soit placé du côté où se trouve la force des mollets tout en le refoulant avec le carreau à l'endroit où il est nécessaire.

Ensuite, on tend le bas du devant de 2 centimètres environ, soit les lignes I et J, et l'on rentre le milieu qui est la ligne G, de façon à ce qu'il forme la courbure du cou-de-pied, et, avant de bâtir les coutures, il faut redresser les bas du devant, de façon à ce qu'ils se raccordent avec les parties de derrière comme si ce n'était pas coupé.

Pour les pantalons à carreaux, il n'est pas facile de les rentrer aussi bien que ceux en drap uni. Cependant il faut, autant que possible, que les carreaux se raccordent en partant au-dessus des genoux jusqu'en bas.

A la couture de côté, il est bien difficile des les faire accorder par en haut, à cause du biais, dont le renversement peut faire varier la distance des carreaux, mais alors on ne doit rentrer le pantalon que lorsque les coutures sont faites.

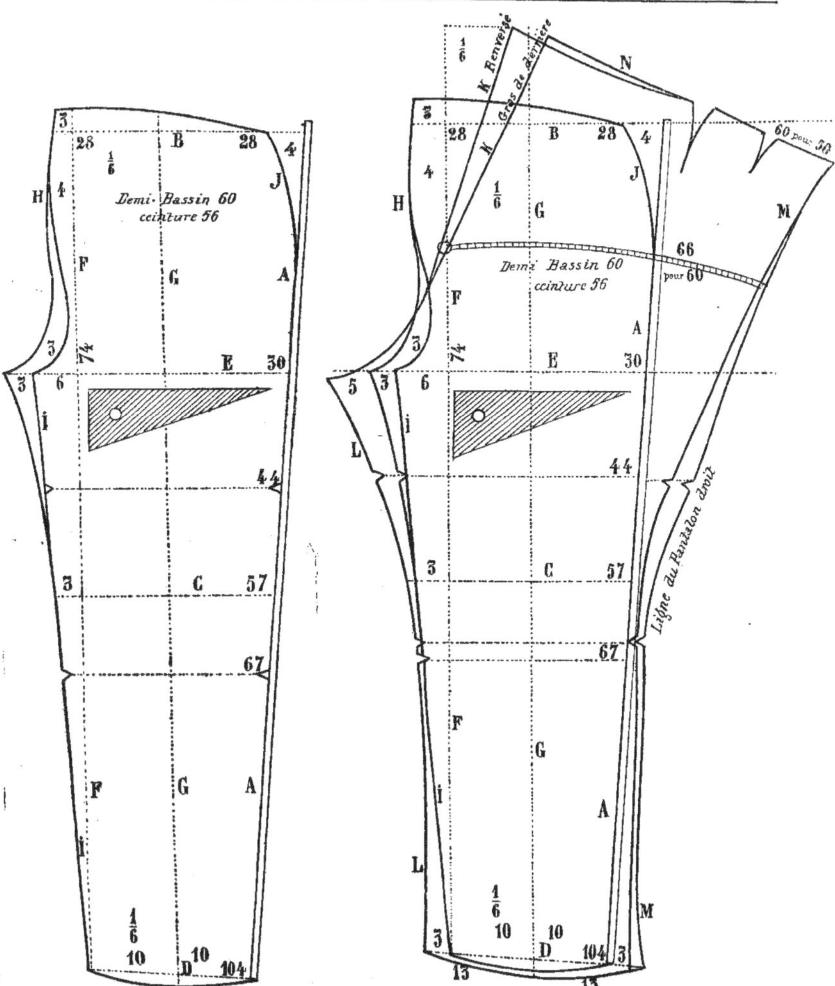

Fig. 66. — Devant de pantalon, grosseur du bassin 60.   Fig. 67. — Derrière du pantalon, grosseur du bassin 60.

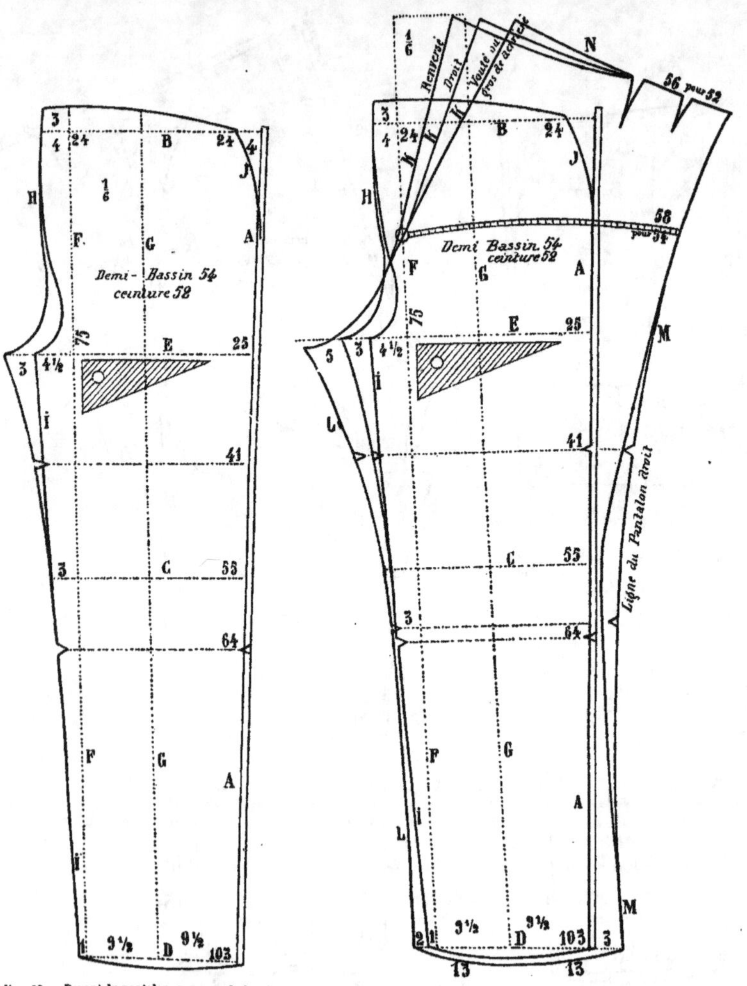

Fig. 68. — Devant du pantalon, grosseur du bassin 54.　　　Fig. 69. — Derrière du pantalon, grosseur du bassin 54.

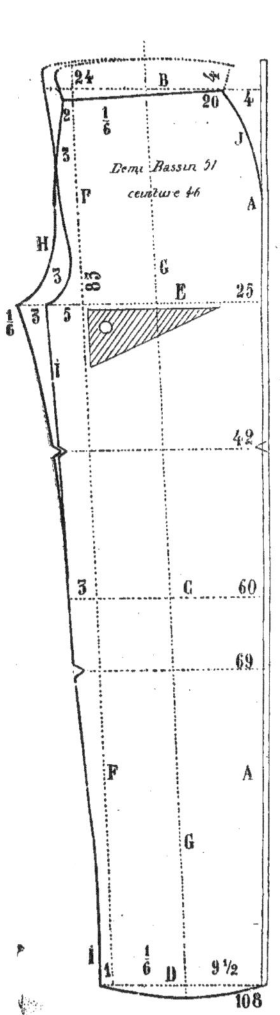

Fig. 70. — Devant du pantalon, gross. du bassin 51 (sans ceinture).

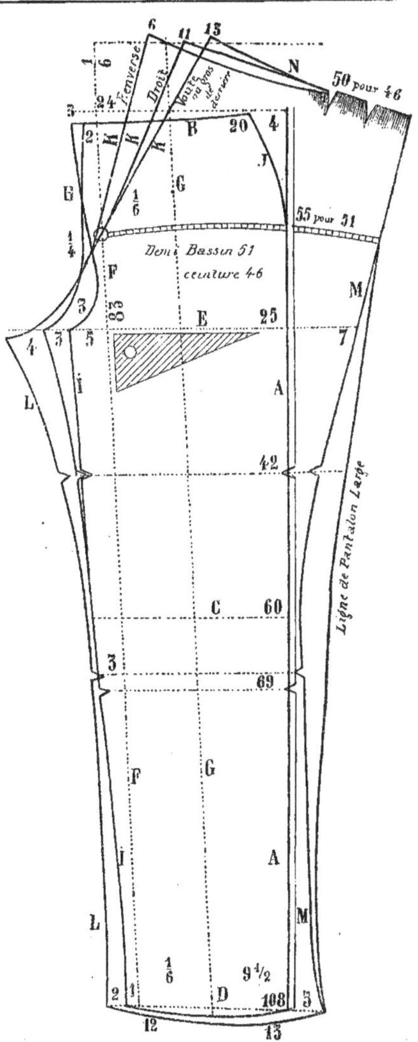

Fig. 71. — Derrière du pantalon, grosseur du bassin 51 (sans ceinture).

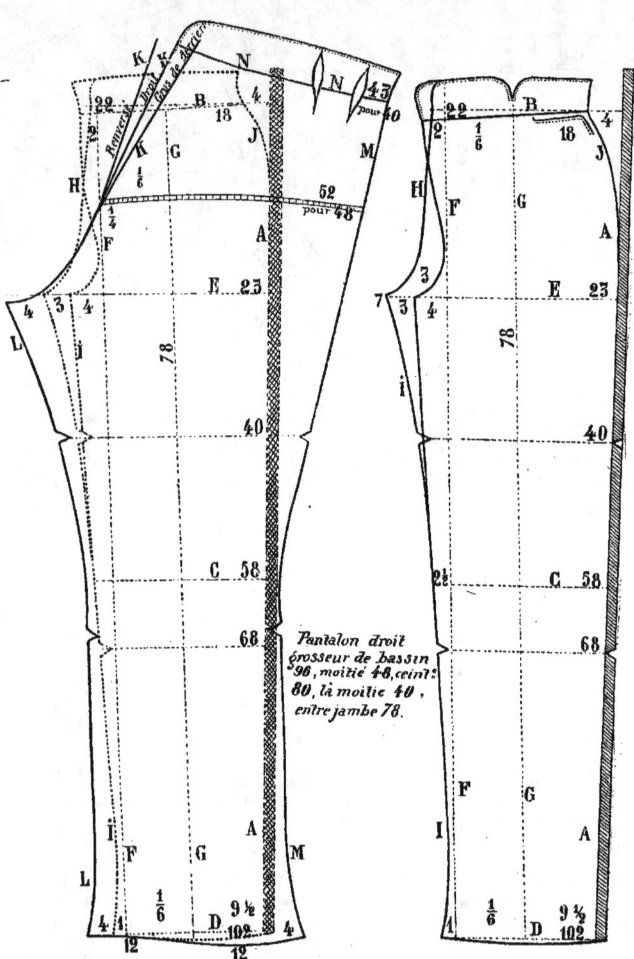

Fig. 72. — Devant et derrière du pantalon sans ceinture, grosseur du bassin 48.

MODÈLE DU PANTALON, GROSSEUR DU BASSIN 42

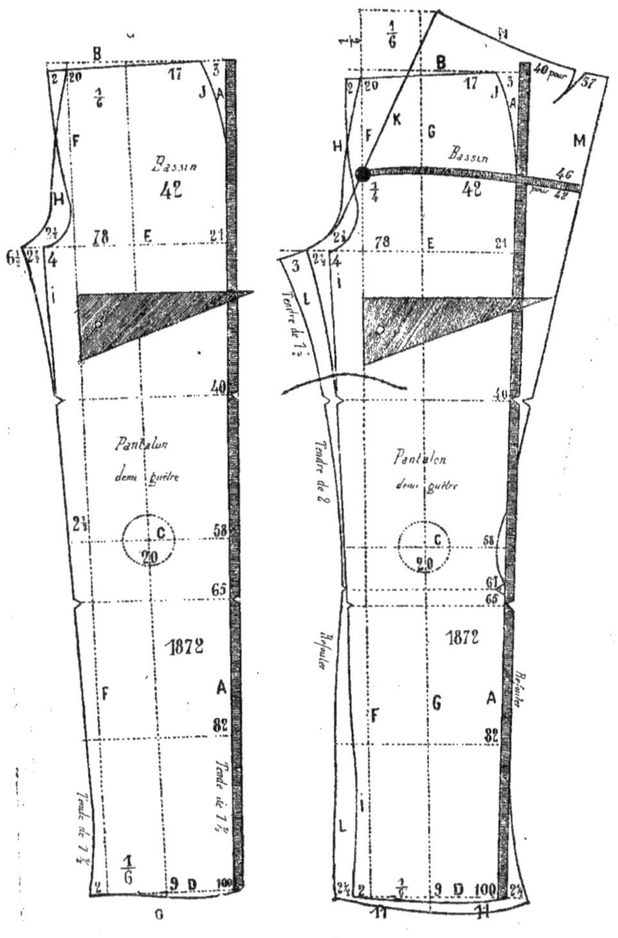

Fig. 73. — Devant et derrière du pantalon, grosseur du bassin 42.

MODÈLE DU PANTALON, GROSSEUR DU BASSIN 36

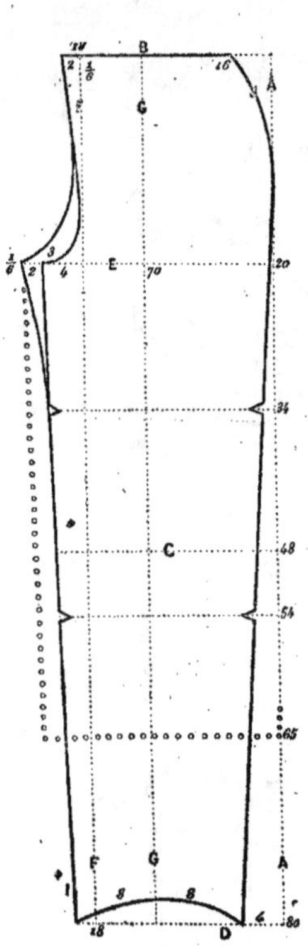

Fig. 74.

Devant du pantalon, grosseur du bassin 36.

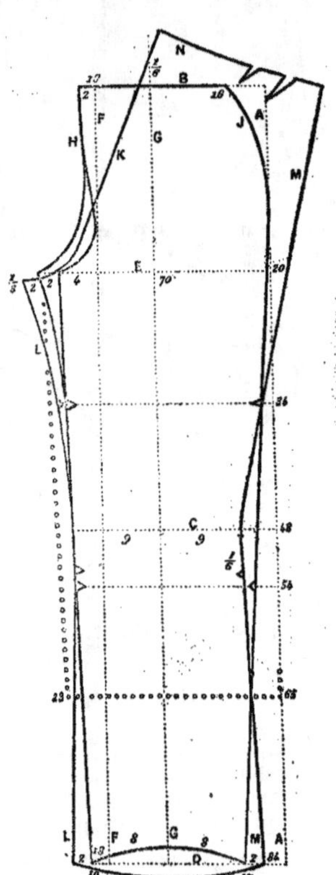

Fig. 75.

Derrière du pantalon, grosseur du bassin 36.

MODÈLE DE LA CULOTTE POUR ENFANTS, GROSSEUR DU BASSIN 36

Pour reproduire le devant et le derrière du modèle de la culotte ci-dessous, il faut suivre avec attention es indications qui sont données sur les tracés, c'est-à-dire de poser régulièrement les chiffres qui sont le long des lignes A et B, puis de tracer les lignes par ordre alphabétique, soit: A, B, C, D, E, F. G, H, I, J, K, L et M.

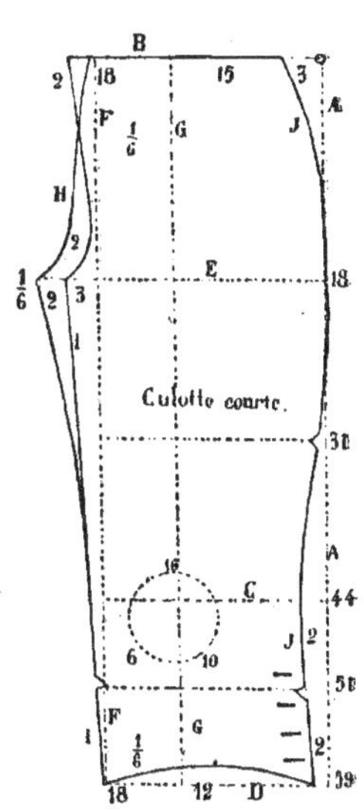

Fig. 76.

Devant de la culotte, grosseur du bassin 33.

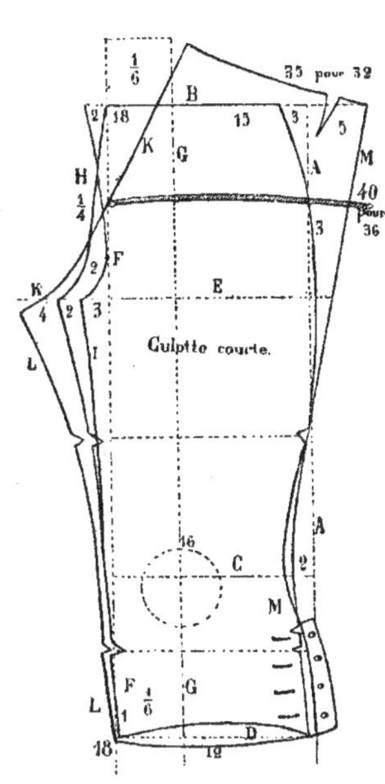

Fig. 77.

Derrière de la culotte, grosseur du bassin 36.

MODÈLE DU PANTALON POUR ENFANTS, GROSSEUR DU BASSIN 33

Pour reproduire le devant et le derrière du modèle de pantalon ci-dessous, il faut poser régulièrement les mêmes chiffres qui sont le long des lignes A et B, et l'on trace régulièrement les lignes par ordre alphabétique, soit: A, B, C, D, E, F, G, H, I, J, K, L, M et N.

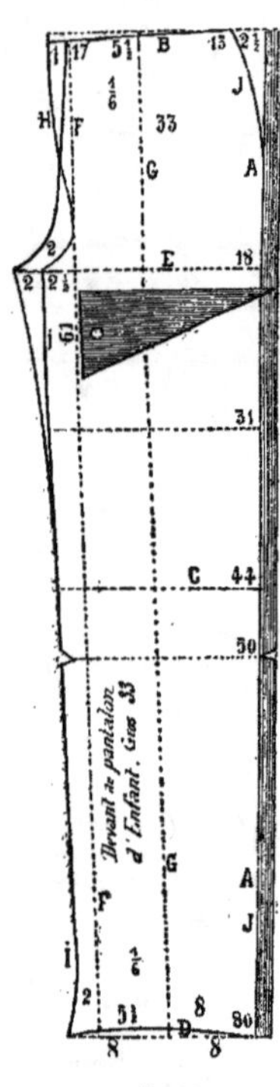

Fig. 78.

Devant du pantalon, grosseur du bassin 33.

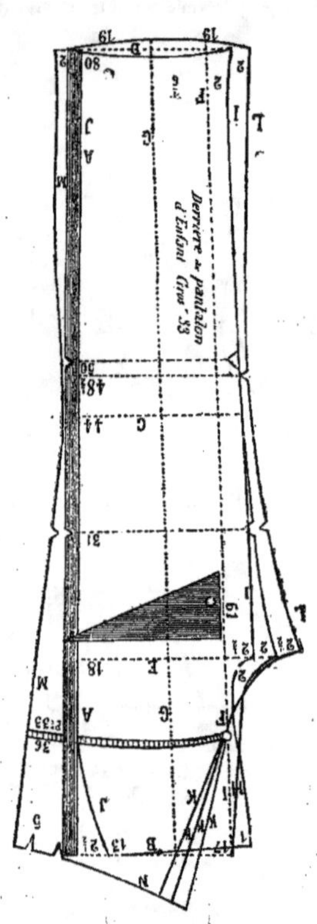

Fig. 79.

Derrière du pantalon, grosseur du bassin 33

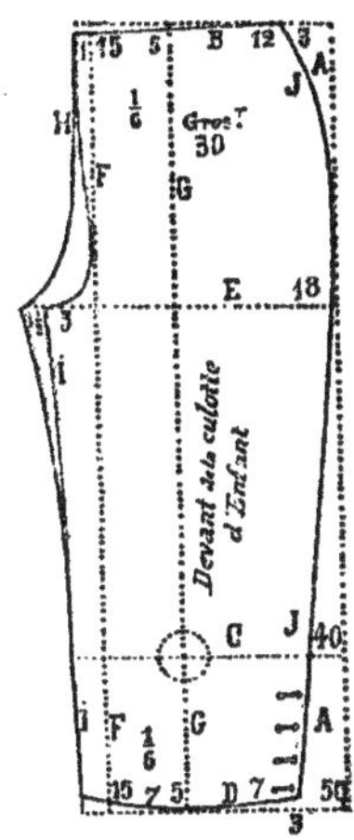

Fig. 80. — Devant de la culotte, grosseur du bassin 30.

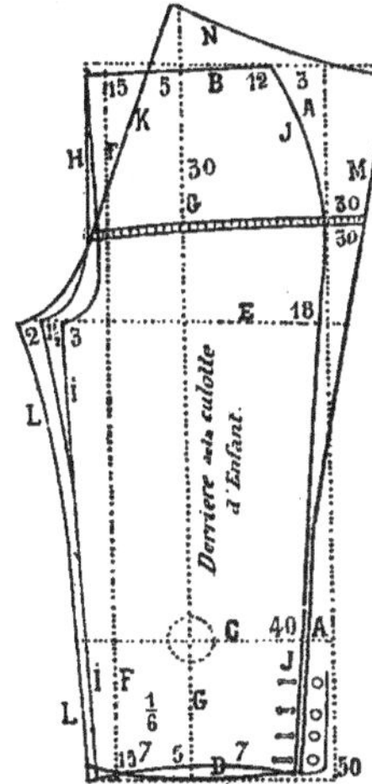

Fig. 81. — Derrière de la culotte, grosseur du bassin 30.

MODÈLE DE LA CULOTTE
POUR ENFANTS
Grosseur du bassin 30

Pour reproduire le devant et le derrière du modèle de la culotte ci-contre qui doit aller à 10 centimètres au-dessous des genoux, on doit poser régulièrement les chiffres qui sont le long des lignes A et B, puis on trace les lignes par ordre alphabétique, soit, A, B, C, D, E, F, G, H, I, J, K, L, M, N.

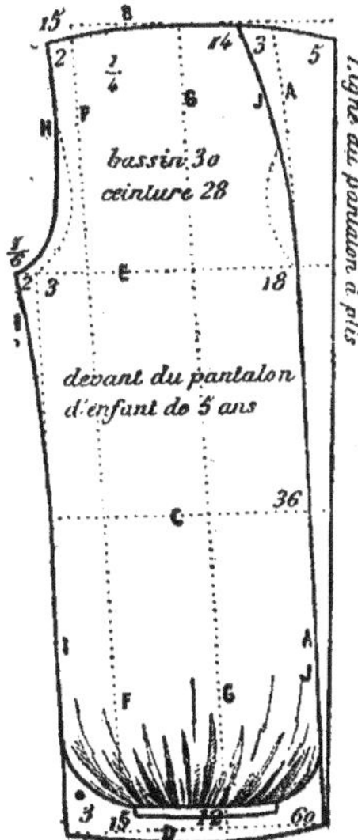

Fig. 82. — Devant du pantalon, froncé dans le bas, grosseur du bassin 30.

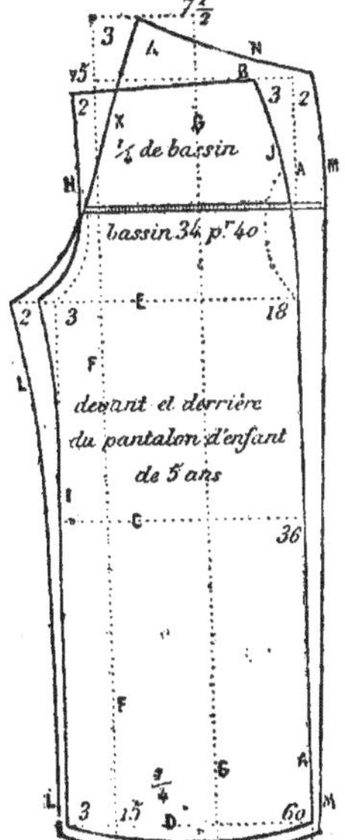

Fig. 83. — Derrière du pantalon, froncé dans le bas, grosseur du bassin 30.

PANTALON GENRE NIKEBOC

Pour reproduire le devant et le derrière du pantalon de forme Nikeboc, c'est-à-dire froncé au-dessous des genoux, on commence par tracer les lignes A et B, puis on pose régulièrement les mêmes chiffres qui sont le long des lignes marquées par ordre alphabétique, soit, A, B, C, D, E, F, G, H, I, J, K, L, M. et N.

MODÈLE DE PANTALON COLLANT POUR BALS OFFICIELS

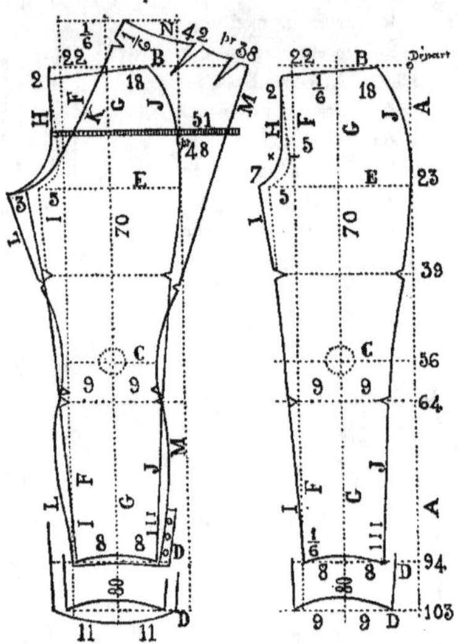

FIG. 84. — Pantalon collant, allant jusqu'aux chevilles. Ce costume
est pour les costumes des bals officiels des cours; il est tracé pour
la proportion de 48 de demi-grosseur du bassin.

Fig. 85 (Voir la page suivante).

Cette figure représente le modèle de la culotte pour monter à cheval, ce modèle peut être fait sans faire la couture de l'entre-jambe ou de faire la couture cela revient au même.

Pour en faire la reproduction de grandeur naturelle on doit procéder de la même façon que pour tracer le pantalon avec ou sans bande tel qu'il est expliqué fig. 59, 60 et 61, page 45 à 47 : Sauf que le modèle de la culotte ne doit aller que jusqu'au dessous des chevilles des jambes pour pouvoir le boutonner juste afin de pouvoir le rentrer facilement dans les bottes. Ce même modèle peut servir aussi pour faire le pantalon large en suivant la ligne qui est indiquée, ligne du pantalon droit.

Les lignes K indiquent le renversement pour homme droit et renversé.

Ce modèle peut servir aussi pour faire les caleçons suivant le goût des clients.

Fig. 86 (Voir la page suivante).

Cette figure représente le modèle de la culotte que l'on fait d'habitude pour les domestiques, elles sont boutonnées à 10 centimètres au-dessous des genoux.

Le haut est à petit pont, mais le reste du tracé est fait tel qu'il est expliqué fig. 59, 60 et 61 page 45 à 47.

Le rond qui est au bas du devant devra être froncé de façon qu'il devienne droit, et que l'embu se trouve sur les genoux.

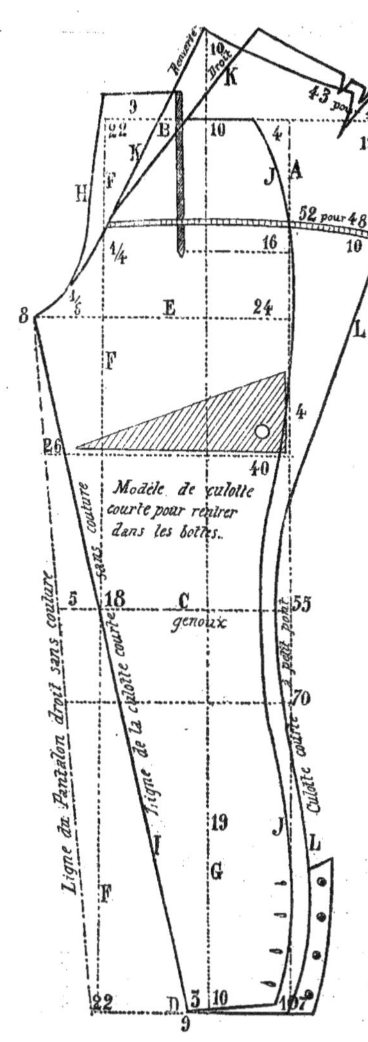

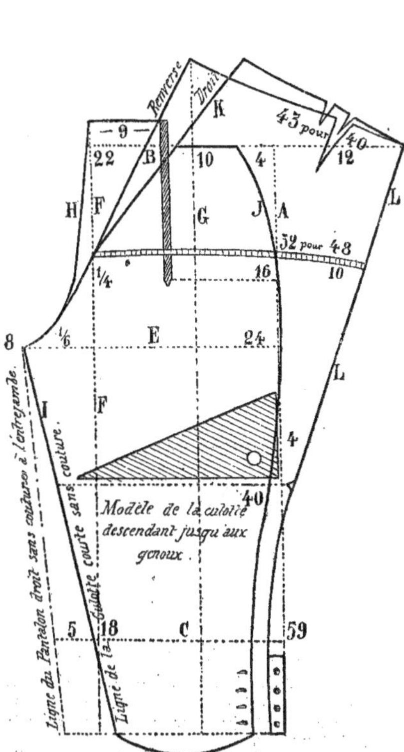

Modèle de devant et derrière de la culotte allant
jusqu'aux dessous des genoux, pour 48 de demi-
grosseur du bassin.

Ce modèle est la forme de la culotte à petit pont.

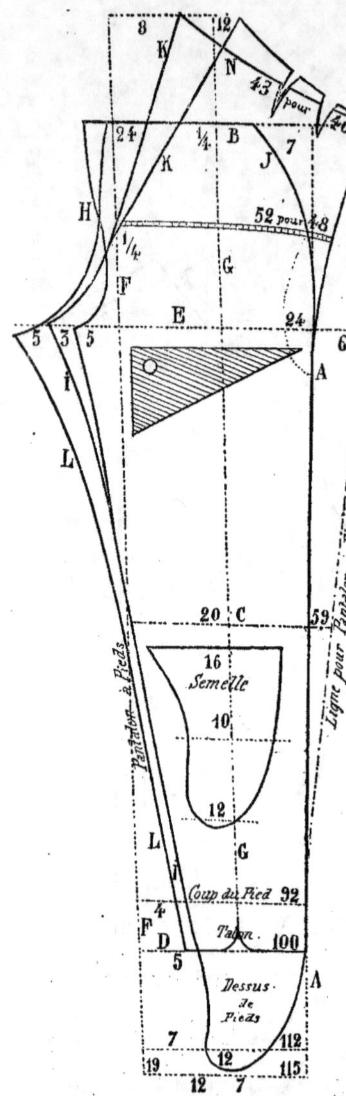

Fig. 87. — Modèle du pantalon à pied.

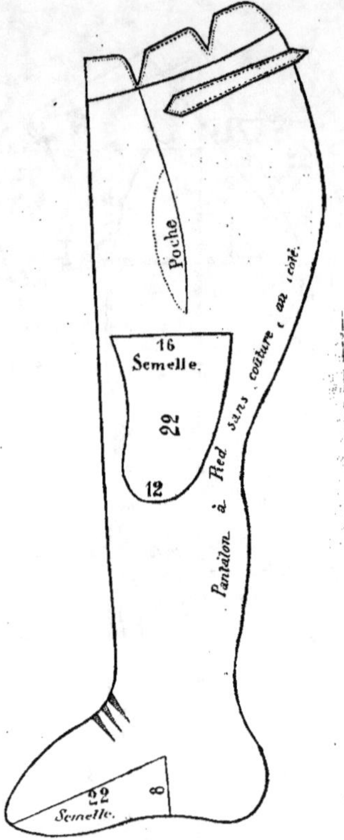

Fig. 88. — Modèle du pantalon formant le pied
lorsqu'il est fini.

Fig. 87.

Cette figure représente le modèle du pantalon à pied; il est tracé de façon à ne pas faire de couture sur le côté, seulement on peut le faire de la même façon que tous les autres pantalons; sauf qu'il faut couper les devants allant jusqu'à la pointe des pieds.

Puis on ajoute une semelle pareille à celle des bas écossais dont il est facile d'en voir la forme sur tous les bas non finis.

Fig. 88.

Cette figure représente le pantalon à pied tel qu'il doit être fini et dont il représente la forme des bas que l'on nomme ne pas être fini avec semelle.

Observation sur le pantalon.

Lorsqu'un coupeur a coupé un pantalon d'après les mesures nécessaires, il faut comparer la mesure du bassin en laissant 3 ou 4 cent. en plus pour le développement. (Voir le modèle n° 1 ci-après.) Ensuite il faut que le 1/3 de la demi-grosseur du bassin, qui est de 48, forme l'écart à l'enfourchure. (Voir le modèle ci-contre.) Dont le devant, côté faible, qui a 5 cent. de pointe de la ligne F et le derrière 11 cent. de la ligne F, ce qui fait en tout 16 cent., qui est le 1/3 de 48, pour faire l'écart de l'enfourchure. Cependant il faut en laisser le surplus pour les coutures, de façon que, lorsque les coutures sont faites, il reste 16 centim. d'écart.

» Cette mesure pourrait se trouver fausse pour de certaines conformations, soit si les hommes sont plats de derrière et du ventre ou ont les hanches très-saillantes. On pourra nous dire que cette mesure ne doit pas être bonne pour toutes les conformations ; par exemple, un homme très-rond, ayant le derrière et le ventre prononcés, ne devra pas avoir l'écart de l'enfourchure pareil à celui qui est plat, comme ceci est expliqué plus haut. A cela nous répondrons que c'est une erreur : c'est la ligne K qui fait opérer tout le changement ; si l'homme est droit, bien proportionné, on doit couper la ligne K telle que le modèle ci-contre le démontre ; au contraire, si l'homme a le derrière et le ventre prononcés, il faut que la ligne K, partant du petit rond, aille traverser les lignes G et B, allant joindre le haut à 4 centim. loin de la ligne G ; cela doit se faire aussi pour les hommes voûtés.

Si c'est le contraire, que l'homme soit très-droit, qu'il soit plat de derrière et de ventre, il faut que le

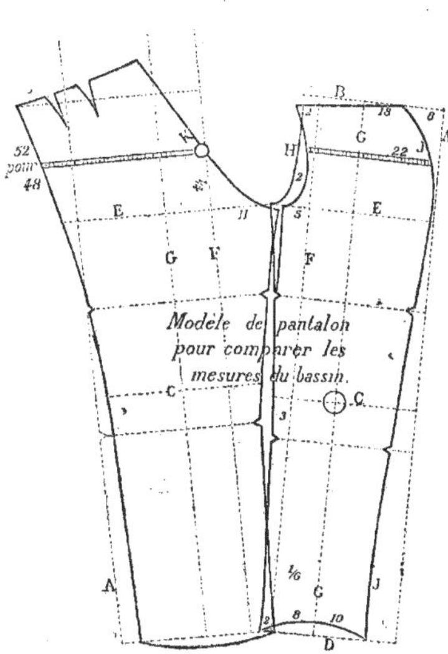

N° 1.

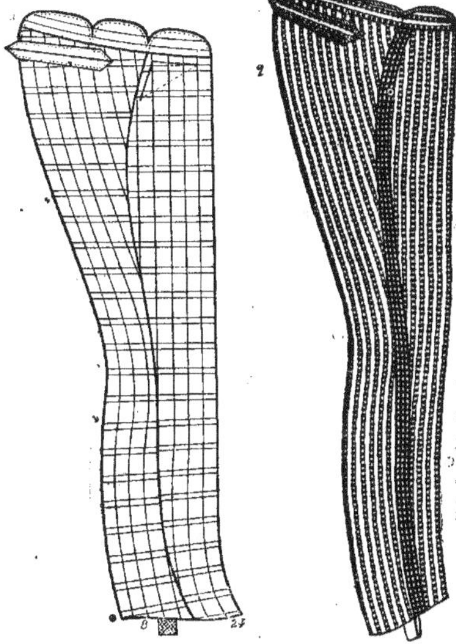

N° 2.   **N° 3.**

haut de la ligne K soit au milieu des lignes G et F. (Voir pour cela le modèle.)

Pour qu'un pantalon aille bien, il ne suffit pas toujours de savoir le couper, il faut aussi que l'ouvrier sache bien le travailler au carreau pour lui donner la tournure nécessaire et suivant la mode ou pour les goûts des différents clients. Il faut aussi que l'ouvrier qui fait un pantalon comprenne les idées du coupeur pour exécuter la forme exigée par la coupe ou pour arriver au goût du client.

Le modèle ci-dessus, n° 2 ou 3, qui représente le pantalon terminé sortant des mains de l'ouvrier, démontre combien il serait difficile de faire un pantalon de cette forme si on ne le travaille pas avec le carreau ; cependant un grand nombre de tailleurs prétendent bien faire les pantalons sans les rentrer d'aucune part.

Le modèle figure 21, page 27, a besoin d'être bien travaillé, si l'on veut exiger que, lorsqu'il sera fini, il ait la même forme que le modèle ci-dessus, qui représente le pantalon achevé.

Il faut commencer par tendre les parties de derrière en face des genoux, en tirant le drap par en bas jusqu'à ce que les *coches* qui sont au derrière arrivent juste à celles du devant. Puis le rond qui se trouve en face des mollets soit en dedans ou par côté ; il faut les refouler au milieu du derrière, de façon qu'il se trouve en face des mollets.

Ensuite, il faut tendre le bas des devants à la hauteur de 15 à 20 cent. et toujours en tirant le drap par en bas ; tout cela doit se faire avant de bâtir les coutures, et lorsque les coutures sont faites, on doit mettre le pantalon à plat sur l'établi, puis le presser à sec en lui faisant prendre la forme des jarrets, des mollets et la courbe du cou-de-pied, afin qu'il représente les modèles ci-dessus, soit que le pantalon ait la forme évasée sur le cou-de-pied ou qu'il forme plus ou moins la guêtre.

Pour bien couper les pantalons écossais ou d'autres genres d'étoffes à carreaux, il faut couper les devants l'un après l'autre pour être bien sûr que les carreaux seront en face les uns des autres, surtout sur le ventre qui est la partie la plus visible.

Puis on coupe les derrières des pantalons sur chaque devant, tels qu'ils devront être assemblés. Il arrive souvent qu'il y a des étoffes dont les carreaux ne sont pas d'égales distances ; mais si on a le soin de couper le derrière sur les mêmes lignes de devant, on n'aura aucune difficulté ; mais si l'on veut couper les pantalons sur les étoffes à carreaux de la même manière que sur les étoffes unies, il est certain que ce sera un grand hasard si les carreaux se trouvent bien raccordés.

Voir le modèle, dont les lignes ne se raccordent pas exactement, car ceci est fait exprès pour donner idée de faire mieux, et cela peut bien se faire en coupant les pantalons avec soin tel que nous l'indiquons. Nous ne donnons ces conseils que pour ceux qui en auraient besoin, et nous les engageons à les suivre le mieux qu'il sera possible.

MANIÈRE D'APPRENDRE A COUPER LES VÊTEMENTS
avec six mesures.

Dans le cours des seize premières pages de la méthode, la description d'un cours de coupe est expliquée d'après la prise de dix-neuf mesures, comme le tableau les indique au commencement de la méthode. Le moyen de prendre beaucoup de mesures est le plus sûr pour bien couper n'importe quel genre de vêtement. Pour les explications pour bien faire usage d'un patron, ainsi que pour corriger les défauts ou éviter *des poignards*, voir l'explication, page 11, *Manière de corriger les poignards.*

Mais comme il y a un grand nombre de tailleurs qui ne prennent que cinq ou six mesures, M. Lade-vèze, étant au courant des différents systèmes démontre la manière de couper les habits d'après la prise de six mesures seulement. Voici le tableau des mesures et l'explication en suivant pour reproduire les modèles qui sont tracés sur les planches nᵒˢ 1, 2, 3, 4, 5, 6, 7, 8, 9, 10, 11, 12, 13, 14 à 40, etc., etc.

Tous ces modèles peuvent se reproduire au moyen de cette explication. (Voir les planches.)

Nᵒ 1.	Longueur de la taille............	46
Nᵒ 2.	Longueur totale du vêtement...	95
Nᵒ 3.	Largeur de la carrure..........	19
Nᵒ 4.	Longueur de la manche........	84
Nᵒ 5.	Grosseur de poitrine, moitié...	48
Nᵒ 6.	Grosseur de la ceinture, moitié.	44

Ensuite il faut diviser ou partager la mesure de la demi-grosseur de poitrine de la manière suivante :

La 1/2	de 48 est de 24
Le 1/4	de 48 est de 12
Le 1/24	de 48 est de 2
Le 1/8	de 48 est de 6
Le 1/3	de 48 est de 16
Le 1/6	de 48 est de 8
Les 2/3	de 48 sont de 32

Pour bien couper un modèle d'après ces mesures, il faut avoir le soin d'examiner les modèles qui sont sur les planches, nᵒˢ 2 et 3. Supposons le tracé nᵒ 1, qui démontre la manière de faire le tracé d'après la prise de six mesures. Alors on commence par tracer d'équerre les lignes A et B.

Au point de l'équerre formé par ces deux lignes, on pose, en descendant la ligne A, le 1/24 de 48 qui est 2 ; ce point fixe le haut du dos à la nuque, puis on pose le 1/6 de 48 qui est 8, qui indique la ligne N et fixe le niveau de l'encolure et la pointe de l'épaulette par l'emmanchure, lorsqu'il s'agit d'habiller un homme droit ; mais, quand il s'agit d'habiller un homme voûté ou renversé, alors il faut s'en rapporter aux modèles nᵒˢ 2 et 3 pour remarquer la différence des conformations. (Voir les tracés nᵒˢ 1 et 2, planche 36.)

Ensuite on pose le 1/3 de 48, plus un centimètre, soit 16, qui fixe le bas de la carrure et le haut du petit côté.

Puis on pose la 1/2 de 48, plus 1 centimètre, soit 25, indiqué par la ligne C ; cette ligne fixe le niveau de la profondeur de l'emmanchure.

Ensuite on pose la demi-grosseur de poitrine, plus 1 cent., qui est de 49 ; ce point indique la ligne D et fixe le niveau des hanches.

Pour la longueur de la taille, on la fait suivant la mode ; mais pour habit et redingote habillée, on fixe la longueur de la taille à 4 ou 5 centimètres en dessous de la ligne D, soit 53, puis on pose la longueur totale qui est de 95, ou suivant la mode.

Partant ensuite de la ligne A, en suivant la ligne B, on fixe la largeur du haut du dos par le 1/6 de 48, moins 1 centimètre, reste 7 ; puis on pose la mesure de la largeur de la carrure, qui est de 20, indiquée aussi par la ligne G.

Ensuite on pose les 2/3 de 48, moins 1 cent., soit

31, indiqués par la ligne K ; cette ligne fixe l'avancement de l'emmanchure, puis on pose 42 qui fixe la pointe de l'épaulette à l'encolure ; mais ce numéro ne peut être sûr que par le placement du dos en mettant le milieu de l'épaulette du dos en face de la ligne K ; par ce moyen, le n° 42 peut varier de 40 à 43, suivant la conformation plus ou moins voûtée.

Puis l'on pose toujours sur la ligne B la mesure de la grosseur de poitrine, qui est de 48, indiquée par la ligne L, et pour donner du développement à la poitrine, on ajoute 1/6 de 48, soit 56, où l'on trace la ligne M ; ces lignes ont été tracées suivant le principe qui est démontré dans les huit premières pages de cette méthode.

Après avoir posé ces chiffres indiqués ci-dessus, il doit être facile de terminer le tracé en procédant de la manière que nous allons indiquer : on continue par tracer le dos indiqué par les lignes I et J, puis l'épaulette du devant indiquée par la ligne O, l'encolure par la ligne P, l'emmanchure par la ligne Q, et la ligne R qui indique le petit côté, en s'écartant de la ligne du dos de 4 à 5 centimètres pour la taille moyenne ; mais, pour arriver plus juste, il est préférable d'employer la mesure n° 7 indiquée dans le tableau dont cette mesure assure si les hommes sont voûtés ou renversés.

Ensuite on continue le tracé par la ligne S qui est le bas du devant, et la ligne T qui termine le bord du devant, sauf d'y ajouter la largeur de l'anglaise, suivant la croisure ou la mode du jour.

Observations. — Si après avoir tracé le corsage indiqué ci-dessus pour une conformation droite, si on désirait en tracer un pour homme voûté, il suffira d'examiner le tracé planche 6, qui indiquera les moyens pour arriver à un bon résultat. Si, par par exemple, de ce même tracé on désirait faire un pardessus, les tracés n° 9 et 10 qui se trouvent dans la page 12 suffiront pour faire comprendre le changement qu'il y aura à faire.

GILET.

Pour couper les gilets avec peu de mesures, il faut suivre le même système que pour l'habit ; du reste, l'explication en est déjà faite pour les tracés n° 16 et 17, pages 20 et 21. On y trouvera tous les détails nécessaires pour couper n'importe quel genre de gilet.

PANTALON.

Pour couper les pantalons, on peut le faire avec deux mesures. Voici quelles sont les principales :

1° La grosseur de bassin, qui est de 96 ; la moitié, 48 ;

2° La mesure de la ceinture, 80 ; la moitié, 40.

Si on a la mesure d'un habit, la mesure de l'entre-jambe doit se produire par la mesure de la manche ; si la mesure se trouve bien prise en partant du milieu du dos, y compris l'écarrure et la longueur de la manche jusqu'à l'articulation du poignet, il se produit exactement la même mesure que celle de l'entre-jambe, à part quelques exceptions ; mais, en général, la mesure de l'entre-jambe se trouvera pareille avec la mesure de la longueur du bras, en partant du milieu du dos.

Ce moyen de prendre les mesures pour les pantalons peut être employé lorsqu'on fait des pantalons pour dames en costume d'amazone.

Pour bien couper un pantalon d'après ces deux mesures, on commence par tracer d'équerre les lignes A et B, et si le pantalon est avec bande, on doit supposer la bande de drap pour la ligne A.

Alors, partant de la ligne B, en descendant la ligne A, on pose la moitié du bassin qui est de 48, soit 24 ; ce point indique le montant du bassin fixé par la ligne E ; de ce point, en descendant la ligne A, on pose la mesure de la longueur de la manche y compris la carrure, soit 84, indiqué par la ligne D.

Pour fixer les genoux, on remonte de 10 centim., puis de là on partage la distance qu'il y a jusqu'à la ligne E, et le genou se trouve juste au milieu entre ces deux points.

L'explication pour terminer se trouve pages 24 et 25.

EXPLICATION DES COSTUMES
des uniformes civils et militaires.

L'uniforme en général des fonctionnaires français et des grands magistrats est désigné sur la gravure ci-après.

Quoique les costumes ne se fassent pas reconnaître par la distinction, même des grades, l'habit néanmoins est toujours le même. Il n'y a de différence que dans la broderie, qui est le vrai signe caractéristique de tout fonctionnaire, sous quelque forme que soit l'habit d'un personnage revêtu d'un pouvoir public sur terre et sur mer.

Au deuxième plan sont représentés les uniformes pour l'armée, dont la tunique est toujours la même, sauf les quelques modifications afférentes à chaque régiment d'un corps quelconque. On sait que les changements ont lieu d'après les ordonnances édictées par le ministre dont relèvent les différents corps.

Les costumes ont été assignés aux diverses fonctions pour les rehausser par l'éclat des insignes, pour distinguer entre eux les divers degrés hiérarchiques, et pour faciliter l'action des fonctionnaires, en avertissant le public de l'autorité dont ils sont revêtus. Aussi la loi pénale a-t-elle rangé parmi les crimes et délits l'usurpation d'un costume ou d'un uniforme.

Les costumes assignés aux sénateurs, aux députés et aux membres du Conseil d'Etat sont réglés par les décrets du 22 février et du 10 mars 1852.

Les ecclésiastiques portent, conformément à l'arrêté du 17 nivôse an VI, « les habits convenables à leur état, suivant les canons, règlements et usages de l'Eglise, » c'est-à-dire les habits sacerdotaux qui sont d'un usage traditionnel, et d'un costume de ville, qui comprend la soutane, la ceinture et le rebat.

Les membres des cours et tribunaux ont un costume d'audience et un costume de ville. Le premier est réglé par les arrêtés du 20 vendémiaire an XI, du 2 nivôse an XI, et du 29 messidor an XII, et le second par le décret du 18 juin 1852.

Les membres de la Cour des comptes ont aussi deux costumes, dont l'un est réglé par un décret du 28 septembre 1807, et l'autre par un décret du 10 juillet 1852.

Un costume de ville est assigné aux fonctionnaires de l'instruction publique par un décret du 24 décembre 1852. Toutefois, les professeurs doivent faire leurs leçons en robe d'étamine noire ; par-dessus la robe est placée la chausse qui varie de couleur suivant les facultés, et de bordure suivant les grades. (Décret du 17 mars 1800.)

Des décrets ou décisions règlent les uniformes de l'armée de terre et de mer.

Les costumes administratifs sont réglés par les actes suivants :

Décret du 1er mars 1852 : fonctionnaires dépendant du ministère de l'intérieur, y compris les préfets, sous-préfets, secrétaires généraux, conseillers de préfecture, maires et adjoints.

Nous faisons connaître plus loin les signes distinctifs de ces divers costumes.

Décret du 31 août 1852 : commissaires de police.

Décret du 4 juin 1854 : fonctionnaires et agents du service télégraphique.

Nous donnons, autant que possible, la désignation de tous les costumes militaires, ecclésiastiques, civils et administratifs, afin de faciliter à nos lecteurs des recherches quelquefois difficiles et souvent impossibles, quand ils se trouvent chargés, par hasard, de la confection d'un costume officiel.

On trouve dans chaque préfecture les dessins de broderie que nous désignons par modèle et le numéro d'ordre.

Arrêté ministériel du 19 janvier 1853 : directeurs des prisons départementales.

Arrêté ministériel du 27 juillet 1853 : agents voyers.

Loi du 6 octobre 1791 : gardes champêtres.

Décret du 4 octobre 1852 : fonctionnaires et agents du ministère de l'agriculture, du commerce et des travaux publics.

Décret du 17 novembre 1852 : fonctionnaires et agents du ministère des finances, des administrations des contributions directes, des contributions indirectes, des douanes, de l'enregistrement, des postes, des forêts, des monnaies ; fonctionnaires des caisses d'amortissement et des dépôts et consignations.

Circulaire des 28 décembre 1852 et 6 mars 1853 : agents inférieurs du service des douanes.

Les officiers de police judiciaire et une partie des agents placés sous leurs ordres doivent être revêtus du costume et des insignes qui leur sont assignés pour faire les actes de leur ministère. Il y a d'autres fonctionnaires publics qui ne sont tenus qu'à porter l'écharpe tricolore dans l'exercice de leur ministère.

MINISTÈRE DE L'INTÉRIEUR

(Circulaire du 20 mars 1852.)

COSTUME DES FONCTIONNAIRES ADMINISTRATIFS.

Voici la substance de la circulaire ministérielle adressée aux préfets des départements, et relative au costume officiel des fonctionnaires ou des employés supérieurs, avec le rapport qui précède le décret, exposant suffisamment les raisons de haute convenance qui l'ont motivé, sans qu'il soit nécessaire d'insister sur ces considérations.

La circulaire adresse aux préfets, avec l'extrait du règlement annexé au décret du 1er mars, plusieurs exemplaires des modèles adoptés pour chaque catégorie de fonctionnaires administratifs. Elle fait remarquer que MM. les maires et adjoints pouvaient opter entre la grande et la petite tenue. Cette faculté pouvait permettre aux magistrats municipaux de se procurer, sans une dépense considérable, le costume qui leur est prescrit. Ceux qui étaient en possession de l'ancien uniforme pouvaient continuer à le porter, jusqu'à ce qu'ils se soient procuré celui qui est déterminé par le règlement.

L'uniforme, d'après la circulaire, ne pouvait être imposé rigoureusement, surtout dans les communes rurales. Mais l'écharpe tricolore continuera, d'après le décret, à être le seul signe distinctif de l'autorité municipale pour ceux qui ne seraient pas pourvus du costume officiel.

MM. les préfets et les sous-préfets peuvent, s'ils le jugent à propos, avoir, outre le costume officiel, un habit de petite tenue, qui, pour les préfets, serait brodé au collet et aux parements, et pour les sous-préfets seulement au collet. Mais il convient qu'ils s'abstiennent de toute autre modification à l'uniforme réglementaire.

Voici le tableau du règlement pris dans le Bulletin officiel du ministère de l'intérieur.

PREMIER PERSONNAGE

PRÉFET.

Cette figure représente un préfet en grande tenue.

Habit bleu, broderie en argent, chêne et olivier, au collet, parements, poitrine et taille. Bouquet aux poches, baguette et bord courant.

Gilet blanc ; pantalon bleu ou blanc avec bandes d'argent.

Chapeau français, plumes noires et ganse brodée en argent ; épée à poignée de nacre, garde argentée.

Echarpe tricolore, avec glands en argent à tête et grosse torsade.

Ce même genre d'habit peut servir pour conseiller d'Etat, ministre et consul, avec la broderie en or.

Préfet maritime, académicien, sénateur, avec la broderie suivant l'ordonnance.

Ambassadeurs, procureur général de la Cour de cassation, avec broderie en soie.

Même forme d'habit, à part la broderie.

Modèles nos 1, 2 et 4, planche 18.

DEUXIÈME PERSONNAGE

SOUS-PRÉFETS.

Broderie au collet, parements et taille. Baguette au bord de l'habit ; écharpe avec glands en argent.

Même coupe d'habit que pour préfet.

SECRÉTAIRES GÉNÉRAUX.

Même broderie au collet, parements et taille. Écharpe avec glands en argent.

Même coupe d'habit.

CONSEILLERS DE PRÉFECTURE.

Broderie en soie bleue nuancée, chêne et olivier, au collet, parements et taille.

Pantalon bleu ou blanc sans bande ; écharpe tricolore avec glands en soie blanche.

Chapeau français à plumes noires, avec ganse brodée en soie.

Epée argentée avec poignée de nacre.

Boutons brodés.

Même coupe d'habit que celui du préfet.

MAIRES.

Habit bleu, broderie en argent, branche d'olivier au collet, parements et taille.

Pantalon bleu ou blanc; baguette au bord de l'habit.

Echarpe tricolore avec glands en soie blanche.

Chapeau français à plumes noires, avec ganse brodée en soie blanche.

Epée argentée à poignée de nacre.

Écharpe tricolore avec glands à franges d'or (petite tenue); même broderie au collet et aux parements.

Même coupe d'habit.

ADJOINTS.

Coins brodés au collet, parements, taille et baguette (petite tenue); même broderie au collet et parements.

Echarpe tricolore avec franges d'argent.

Même coupe d'habit que celui du préfet.

SOUS-SECRÉTAIRES D'ÉTAT, DIRECTEURS ET SECRÉTAIRES GÉNÉRAUX.

Habit bleu, broderie en or, feuilles d'olivier et de pensée au collet, parements, taille, baguette et petit bord.

Chapeau français à plumes noires ; ganse brodée en or.

Epée à poignée de nacre, garde dorée.

Boutons dorés à l'aigle.

Même coupe d'habit.

CHEFS DE DIVISION ET INSPECTEURS GÉNÉRAUX.

Même broderie au collet et parements; les inspecteurs généraux portent de plus : la ceinture en soie bleue, avec glands en or, à grosses torsades.

Même coupe d'habit.

DIRECTEURS DES PRISONS.

Habit bleu, boutons droits, collets et parements brodés en argent; feuilles de chêne et de lierre entrelacées.

Pantalon bleu.

Epée à poignée noire argentée.

Chapeau français.

Même coupe d'habit.

INSPECTEURS DES MAISONS CENTRALES.

Même costume, avec une baguette aux parements; baguette et coins au collet.

TROISIÈME PERSONNAGE

COMMISSAIRES DE POLICE (Ville de Paris).

Habit bleu, broderies à trois rangs en argent ; au collet, parements, écusson, conforme au dessin A joint au décret. Boutons argent.

Même coupe d'habit.

CHEF DE LA POLICE MUNICIPALE.

Il porte en sus les pattes brodées.

COMMISSAIRES D'ARRONDISSEMENT ET DE CHEF-LIEU DE CANTON AU-DESSUS DE SIX MILLE AMES.

Broderies à deux rangs au collet, parements, écusson.

COMMISSAIRES DE CANTON.

Broderies à deux rangs au collet; baguette aux parements.

Un gilet blanc piqué.

Un pantalon uni bleu.

Echarpe tricolore avec franges en argent à petites torsades pour la première classe et en soie blanche pour les trois autres.

Epée à poignée noire, garde argentée.

Chapeau à la française, avec ganse brodée pour la première classe; plumes noires pour les commissaires de police de Paris, et avec torsade en argent pour les autres.

COMMISSAIRES.

Habit bleu, collet et parements pareils ; broderies de grade au collet seulement, avec la baguette et aux parements; branches de laurier au collet et aux parements.

Gilet blanc.

Pantalon bleu sans bande.

Chapeau sans plumes, ganse de soie noire brochée d'argent.

Epée à poignée noire ; garde argentée.

Echarpe tricolore, avec frange pareille. (Modèle n° 22.)

SOUS-COMMISSAIRES.

Même uniforme. Baguette seulement aux parements. (Modèle n° 23.)

Voir dans les préfectures.

La petite tenue est sur le même modèle, avec des modifications peu importantes.

QUATRIÈME ET CINQUIÈME PERSONNAGE

INSPECTEURS GÉNÉRAUX DES PONTS ET CHAUSSÉES ET INSPECTEURS DE PREMIÈRE CLASSE DES MINES.

Habit de drap bleu; collet et parements de drap cramoisi pour le corps des ponts et chaussées ; de velours noir pour le corps des mines ; broderies en or, branche de laurier enlacée d'un ruban et surmontée d'une baguette au collet et aux parements ; bouquet de poches ; écusson à la taille ; baguette et bord courant de 4 centimètres autour de l'habit, s'élargissant jusqu'à 10 centimètres sur la poitrine.

INSPECTEURS DE DEUXIÈME CLASSE DES MINES.

Même uniforme.

Broderies au collet; parements et taille; bord courant sur le devant de l'habit seulement; baguette autour de l'habit. (Modèle n° 7.)

INGÉNIEURS EN CHEF.

Même uniforme.

Broderies au collet; parements et taille. (Modèle n° 9.)

INGÉNIEURS ORDINAIRES.

Même uniforme.

Broderies au collet et aux parements. (Modèle n° 10.)

ÉLÈVES INGÉNIEURS.

Même uniforme.

Baguette et coins au collet et aux parements; chapeau sans plumes.

CONDUCTEURS PRINCIPAUX

Habit de drap bleu; collet et parements de drap cramoisi; broderies en or; petite baguette au collet et aux parements; branches de laurier sans ruban, de 16 cent. de longueur au collet et aux parements.

Gilet blanc.

Pantalon bleu avec bande de drap cramoisi.

Chapeau sans plumes; ganse de soie noire brochée en or.

Epée à poignée noire; garde dorée; boutons dorés. (Modèle n° 11.)

CONDUCTEURS EMBRIGADÉS.

Même uniforme.

Habit fermé; collet et parements de drap cramoisi pour les conducteurs; de velours noirs pour les gardes-mines; baguette au collet et aux parements; branches de laurier de 12 centim. de longueur au collet et aux parements.

Gilet blanc.

Pantalon bleu sans bande. (Modèle n° 13.)

CONDUCTEURS AUXILIAIRES. — GARDES-MINES.

Même uniforme.

Baguette et branches de laurier de 8 centim. au collet.

(Modèle n° 13.)

La petite tenue est d'après les mêmes modèles.

INSPECTEURS PRINCIPAUX.

Habit bleu; collet et parements pareils; broderies en argent; branches de laurier avec la baguette et le ruban de l'administration centrale; collet, parements, écusson à la taille; baguette autour de l'habit.

Gilet blanc.

Pantalon bleu ou blanc, à bande d'argent.

Chapeau français, plumes noires, ganse de velours noir brodée en argent.

Epée à poignée de nacre, garde argentée. (Modèle n° 20.)

INSPECTEURS PARTICULIERS.

Même uniforme, moins le bouquet aux poches et la baguette autour de l'habit. (Modèle n° 21.)

COSTUMES DES AGENTS VOYERS.

Costume officiel facultatif.

Le costume est déterminé ainsi qu'il suit:

Habit de drap bleu garni de neuf boutons; collet droit et parements en velours bleu de France.

Gilet blanc.

Pantalon bleu.

Chapeau français avec ganse en velours bleu brodée en argent. (Modèle n° 4.)

Epée à poignée de nacre, garde argentée, boutons portant le mot : *Vicinalité.*

MARQUES DISTINCTIVES

AGENT VOYER EN CHEF.

Broderies en argent, formées de feuilles d'olivier enlacées d'un ruban et portées sur une baguette au collet et aux parements. (Modèle n° 1.)

Voir à la préfecture.

Bande en argent de 4 centimètres de largeur au pantalon.

AGENTS VOYERS ORDINAIRES.

Baguettes et coins en argent au collet et aux parements. (Modèle n° 2)

Voir à la préfecture.

AGENTS VOYERS CANTONAUX.

Baguette en argent au collet et aux parements. (Modèle n° 3.)

Ce même habit peut servir pour le Corps législatif.

CORPS LÉGISLATIF

COSTUME DES DÉPUTÉS.

Habit en drap bleu national, coupé droit sur le devant en forme de frac, garni de neuf boutons dorés sur la poitrine, brodé en or et en argent au collet, parements à écusson.

La broderie représente des feuilles de chêne et des feuilles d'olivier, disposées alternativement.

Les feuilles de chêne sont brodées en or, moitié en passé, moitié en cannetille mate; le bout des glands en passé et les cosses en boucles de cannetille, les nervures en paillettes, les tiges en cannetille mate.

La broderie est accompagnée d'une baguette composée d'un guipé extérieur en or, d'un second guipé intérieur en argent, bordée d'une crête en paillettes comptées en or.

Gilet blanc avec six boutons, pareils à ceux des manches de l'habit.

Pantalon en casimir blanc, avec sous-pieds et bande sur la couture.

Cette bande a 5 centim. de largeur; elle est en galon filé or, avec une branche d'olivier de 35 millim. de largeur, brodée en argent au milieu.

Chapeau en feutre, orné d'une ganse de velours noir brodée en argent, conformément à l'habit, et à plumes noires.

Epée dorée, à poignée de nacre, avec aigle sur la coquille.

Ce même habit peut servir pour les employés du télégraphe. Il n'y a que les broderies qui en font le changement.

TÉLÉGRAPHES

GRANDE TENUE.

Habit en drap bleu de roi, semblable, quant au dessin de la broderie, à celui des ingénieurs des ponts et chaussées.

Gilet blanc ; les broderies sont en argent sur drap bleu flore.

Pantalon bleu avec bande d'argent.

Chapeau français uni pour les inspecteurs et directeurs de station.

Epée à garde argentée.

Bouton à l'aigle.

Pour le directeur général : broderie sur le collet et les parements, à l'écusson, sur les poches et autour de l'habit ; pour les directeurs principaux, broderie sur le collet, à l'écusson, sur les parements, et baguettes autour de l'habit.

Pour les inspecteurs : broderie sur le collet, à l'écusson et sur les parements.

Pour les directeurs des stations : broderie sur le collet et les parements ; pour les stationnaires : broderie sur le collet seulement.

Voir le patron de l'habit, planche 19, nᵒˢ 4 et 5.

PETITE TENUE.

Capote de drap bleu de roi, croisée sur la poitrine, portant deux rangs de boutons ; collet et parements de drap bleu flore ; pantalon bleu sans bande ; casquette de drap bleu avec galons. Voir le modèle de la capote, planche 21, patron nᵒˢ 6 et 7.

DIRECTEUR GÉNÉRAL DES TÉLÉGRAPHES.

Broderie avec double baguette au collet et aux parements ; broderie autour de la casquette.

INSPECTEURS GÉNÉRAUX.

Broderie avec une baguette au collet et aux parements ; cinq galons d'argent superposés à la casquette.

INSPECTEURS PRINCIPAUX.

Broderie sans baguette au collet et aux parements ; quatre galons d'argent à la casquette.

INSPECTEURS.

Broderie sans baguette, au collet seulement et aux parements ; quatre galons d'argent à la casquette.

DIRECTEURS DE STATIONS.

Broderie sans baguette, au collet seulement ; deux galons d'argent à la casquette.

STATIONNAIRES.

Coins sans baguette au collet de la capote ; un galon d'argent à la casquette.

PIÉTONS.

Tunique d'infanterie en drap bleu de roi ; collet et parements en drap bleu de flore ; casquette sans broderie.

SURVEILLANTS.

Blouse en toile bleue ; collet en drap bleu rabattu.

Pantalon de drap bleu sans bande, pour l'hiver ; pantalon de coutil bleu, pour l'été, avec des raies.

Ceinture avec plaque portant ces mots : *Lignes télégraphiques. — Surveillants.*

Casquette sans broderie.

SIXIÈME PERSONNAGE

MARINE

Ce personnage représente un capitaine de vaisseau portant l'habit de grande tenue.

Pour la petite tenue, ce même habit se porte ouvert, formant les revers et boutonné par les cinq boutons d'un bas ; mais le collet est sans broderie et se rabat à volonté.

Pour faciliter la confection de cet habit, nous en donnons le patron tracé au dixième, planche nᵒ 22, tracé nᵒˢ 8, 9, 10, 11 et 12.

Décrets du 17 avril 1850 et du 3 mars 1852 relatifs à l'uniforme des différents corps de la marine.

Art. 1ᵉʳ. — Les uniformes et costumes officiels des préfets maritimes, des officiers de vaisseau, des officiers et agents, des autres corps de la marine en service en France et aux colonies, des aumôniers de la marine, des directeurs, chefs et commis de l'administration centrale, sont déterminés pour l'avenir de la manière suivante :

Art. 2 et 3. — L'habit de grande tenue des préfets maritimes a, pour marques distinctives, des broderies d'or figurant des feuilles de chêne et d'olivier, et disposées ainsi qu'il suit :

Au collet et aux parements, broderie large comprenant, aux angles et autour du bord extérieur, l'ancre et le câble qui sont la distinction spéciale des corps de la marine française ; écusson à la taille, bouquet aux poches ; baguette, câble et bord courant de broderie de 25 millim. autour de l'habit et s'élargissant sur la poitrine jusqu'à 90 millim., pareil à celui du préfet, planche 18.

Pantalon en casimir blanc, porté sur la botte et orné aux coutures latérales d'un galon d'or de 45 millim.

Gilet droit en casimir ou en piqué blanc, garni de sept petits boutons dorés.

Chapeau français bordé galon de soie à dentelures, et garni intérieurement d'une plume noire frisée ; ganse à grosses torsades en or.

Ceinture en filet d'or et soie ponceau, avec glands en or à grosses torsades, ornés des étoiles du grade pour ceux des préfets maritimes qui sont officiers généraux.

Art. 4. — En petite tenue les préfets maritimes portent :

L'habit semblable au précédent, mais brodé au collet, aux parements et à la taille seulement.

Le pantalon bleu avec un sous-galon, ou le pantalon en étoffe blanche unie.

La ceinture et le chapeau avec plume noire frisée.

Art. 5. — Les officiers généraux ou supérieurs de la marine, appelés à exercer les fonctions de préfets maritimes, sont néanmoins autorisés à porter, au lieu et place des grande et petite tenues précédemment indiquées, celles de leur grade qui, dans cette circonstance, comprennent obligatoirement la ceinture et le chapeau à plume.

OFFICIERS DE VAISSEAU.

Art. 6. — L'uniforme, l'arme et les marques distinctives des amiraux, vice-amiraux et contre-amiraux sont les mêmes que ceux des maréchaux de France et des officiers généraux de l'armée de terre, sauf les modifications suivantes :

Les broderies de l'habit de grande et de petite tenue comprennent une ancre aux angles du collet et des parements ; les ornements brodés des retroussis et les boutons d'uniforme reproduisent le foudre et le trophée adoptés pour les officiers généraux de l'armée de terre, mais placés l'un et l'autre en relief sur une ancre.

Les vice-amiraux et les contre-amiraux portent, en grande tenue, le pantalon de casimir blanc, la couture de côté garnie d'un galon d'or de 45 millim. de largeur.

Indépendamment des uniformes de grande et de petite tenue, indiqués en l'article précédent, les officiers généraux de la marine ont aussi :

L'habit croisé sans broderie et la redingote conformes à ceux ci-après déterminés pour les officiers de vaisseau. Les épaulettes du grade sont les seules marques distinctives portées avec ces tenues :

Suivant la saison, le pantalon en drap bleu (sans galon) ou le pantalon en étoffe blanche unie, portés l'un et l'autre sur la botte sans éperons.

Avec ces tenues spéciales, les officiers généraux de la marine ont la casquette semblable à celle des officiers de vaisseau, mais distinguée par un galon d'or de 45 millim., sur lequel sont appliquées les étoiles du grade. Au-dessus du galon et sur la toque de la casquette est une broderie en or réunissant l'ancre couronnée et le foudre.

Art. 7. — Les capitaines de vaisseau et de frégate, les lieutenants et enseignes de vaisseau ont un grand et un petit uniforme.

Art. 8. — Le grand uniforme des officiers de vaisseau est composé ainsi qu'il suit :

Habit tout en drap bleu et doublé de même, croisant sur la poitrine et garni de chaque côté de neuf gros boutons uniformes ; collet montant et échancré ; parements ouverts en dessous, fermant par deux petits boutons ; retroussis coupés dans la forme et les dimensions du dessin annexé au présent décret ; basques garnies d'une patte à trois pointes en long, avec trois boutons.

Tenue d'hiver. — Pantalon de drap bleu avec poches sur le côté, porté sur la botte, et orné, aux coutures latérales, d'un galon d'or de 4 centim. de large pour les officiers supérieurs, et de 33 millim. pour les lieutenants et enseignes.

Tenue d'été. — Pantalon blanc uni sans galon d'or, porté sur la botte.

Hors d'Europe, les officiers de vaisseau peuvent être autorisés à porter, avec l'habit de grande tenue, un gilet de piqué blanc, à collet droit, boutonnant avec neuf petits boutons dorés et ne dépassant pas l'habit.

Art. 9. — Le petit uniforme comprend :

L'habit croisé semblable à celui de la grande tenue.

Le pantalon de drap bleu sans galon ou le pantalon blanc uni, avec poches sur le côté.

Et, dans les circonstances indiquées en l'article précédent, le gilet, suivant la saison, en drap bleu ou en piqué blanc.

Art. 10. — Les officiers de vaisseau portent également, en petite tenue, la redingote en drap bleu, doublée d'étoffe de même couleur, avec attentes sur les épaules ; collet en drap bleu et rabattu, parements ouverts en dessous, fermant au moyen de deux petits boutons et portant les marques distinctives du grade ; poches dans les plis.

La redingote croisant sur la poitrine est garnie de chaque côté de cinq gros boutons uniformes et de deux au bas de la taille ; elle ne dépasse pas le genou.

Art. 11. — Pour le service d'hiver et le mauvais temps, les officiers de tous grades et les aspirants ont un caban en drap bleu foncé, doublé d'étoffe de même couleur, à manches et à capuchon ; le caban ne comporte aucune marque de distinction.

Art. 12. — Les aspirants de 1re et de 2e classe ont pour uniforme l'habit semblable à celui de grande tenue des officiers, et le pantalon sans galon ; ils portent, en petite tenue, une veste de drap bleu boutonnant droit au moyen de douze boutons ; ils ont aussi le caban semblable à celui des officiers.

L'usage de la redingote leur est interdit.

SEPTIÈME PERSONNAGE
INFANTERIE DE LIGNE

Ce personnage représente un capitaine de l'infanterie de ligne, d'après le changement de la nouvelle tenue.

La tunique est la même pour les chasseurs à pied, sauf que les parements sont pareils à ceux des pompiers.

La tunique est la même pour l'école de Saint-Cyr.

Nous donnons le patron de cette tunique, planche n° 22, tracé nos 1 et 4.

Nous aurions souhaité que l'ordonnance permît, comme dans l'infanterie de marine, de rabattre le collet, ce qui dégage le col. La coupe ne nous paraît point le permettre facilement.

—

Description de la tunique d'infanterie de ligne, adoptée par décision impériale du 31 mai 1867, sauf modifications.

Les tailleurs tiendront compte des changements qui peuvent se faire.

Art. 1er. — Corsage en drap bleu foncé fermant sur la poitrine au moyen de deux revers du même morceau, ou avec des anglaises des modèles n° 1, 2 et 3, planche 16 (décret du mois de mars 1870), les devants croisant l'un sur l'autre et arrêtés de chaque côté par une rangée de sept gros boutons d'uniforme également espacés entre eux. La distance horizontale entre ces deux rangées de boutons est de 12 cent. à celui du haut, de 10 cent. à celui du bas et de 11 cent. à celui du milieu, mesurée de centre à centre des boutons. Les boutonnières correspondantes sont faites en drap, bridées aux extrémités, et leur tête est à 1 cent. 1/2 en dedans du bord des revers. La coupe et la longueur du corsage sont telles que son bord inférieur affleure sur tous les points la ligne du bas du ceinturon, reposant exactement sur les hanches. Il est *très-légèrement* rembourré en avant du dessous des bras. Le bord de chaque revers est passepoilé en drap jonquille, et sa pointe supérieure rentre de 1 cent. et est légèrement arrondie. Dans sa coupe, *avant confection*, ce bord doit être cintré en dehors de 2 cent. environ, mais dans la confection le passepoil doit être soutenu de manière à ramener le bord à la ligne droite, en même temps que ce travail donne de l'aisance à la poitrine.

Le dos est d'un seul morceau. L'épaulette fournit au-devant de 3 cent. par l'encolure et de 9 par le haut d'écarrure.

Art. 2. — Jupe en drap du fond, formée de deux pans chacun de deux morceaux, un devant et un derrière, assemblés par une couture verticale dans le prolongement de celle du dos du même côté. Le devant de la jupe présente dans son tracé une surface circonscrite par deux courbes, dont celle du haut, concave de 5 centim. de flèche sur environ 44 cent. de corde, est jointe avec le bas du corsage par une couture, et dont celle du bas, convexe de 10 cent. de flèche sur 77 c. environ de corde, doit arriver à 24 cent. de terre, l'homme étant à deux genoux, et à 21 cent. pour officier. Les deux autres bords sont droits et doivent tomber verticalement. Celui de devant qui continue le bord du revers est comme lui passe-poilé en drap jonquille et paramenté en drap du fond sur 6 cent. de largeur en haut et 3 cent. au bas du devant. L'autre bord vertical est assemblé avec le derrière du pan, qui a 5 cent. de largeur apparente en haut et 9 cent. au bas, à compter du pli d'assemblage. Le bord libre du derrière du pan est simplement remplié en dessous de 1 cent. 1/2, et piqué en soie sur le dehors.

Art. 3. — La couture d'assemblage des deux parties de chaque pan de jupe est ornée d'une *patte à la Soubise* en drap du fond, et qui présente en haut une tête à trois pointes, avec un gros bouton d'uniforme au milieu, et, plus bas, une pointe saillante sur le derrière et portant aussi un gros bouton. Un passe-poil jonquille règne autour de cette patte, sauf du côté qui se raccorde avec le devant de la jupe, où le passe-poil ne descend que jusqu'à la hauteur du centre du bouton.

Hauteur de la soubise pour toutes les tailles, depuis le sommet de la tête jusqu'à la pointe saillante. 13 c.

Largeur de la tête................. 4

Largeur à la pointe saillante, au deuxième bouton.......................... 3

Largeur entre la tête et cette dernière pointe.......................... 1 1/2

Largeur au-dessous de cette pointe et jusqu'au bas........................... 1

La pointe supérieure de cette soubise est doublée en drap du fond et n'est point appliquée contre le corsage pour que le ceinturon puisse reposer, sans masquer cette pointe, sur les deux autres de la soubise, qui sont fortement arrêtées au niveau de la tige du bouton.

Art. 4. — Les deux pans de jupes sont montés de manière à croiser l'un sur l'autre de 15 cent. environ par le bas, en avant. Par derrière, le pan de gauche recouvre celui de droite de 4 cent. 1/2 par le haut, où il forme un cran de 2 cent. pris dans la couture de la ceinture et consolidée par un passement intérieur pour prévenir les déchirures. Au bas, ces pans se croisent de 7 cent. environ.

Pour que la jupe soit toujours coupée à poil descendant dans sa partie antérieure, il y est mis par derrière un *chanteau* proportionné à la largeur des draps employés et rapporté à couture rentrée.

Les deux boutons placés au milieu de la tête des soubises doivent être éloignés l'un de l'autre de 7 cent. 1/2 de centre en centre.

Art. 5. — Une patte de ceinturon à trois pointes par le haut, en drap du fond, passe-poilée en drap jonquille, est placée sur le côté gauche, à l'aplomb de l'aisselle. Son pied est pris dans la couture d'assemblage de la jupe. Sa tête est percée d'une boutonnière faite en drap pour recevoir un petit bouton d'uniforme cousu sur le corsage qui, en cet endroit, est renforcé par une rondelle en cuir appliquée sur la doublure.

La patte est doublée en drap du fond et, de plus, à partir du bas de la boutonnière, elle est garnie d'une bande en veau noirci de toute la largeur de la patte, 10 cent., et qui, après avoir été solidement arrêté au bas, remonte contre le corsage jusqu'au-dessous du bouton, à 5 cent. environ.

Hauteur apparente de la patte........ 11 cent.

Largeur de la tête mesurée aux pointes.. 4 1/2

Largeur au milieu et au bas......... 3

La position de cette patte plus ou moins en avant est réglée d'après la construction de l'homme, de manière qu'elle traverse au milieu de l'écartement des branches du porte-sabre-baïonnette placé sur le côté.

Art. 6. — Sous le derrière de chaque pan de jupe est une poche en toile, dont l'entrée verticale, haute de 20 cent., est au-dessous et paramentée en drap. Profondeur en contre-bas de la fente, 12 cent.; largeur directe au fond, 16 cent. Au-dessous de son entrée le bord de la poche est cousu jusqu'au bas contre la couture d'assemblage des pans de jupe.

Art. 7. — Collet en drap jonquille, avec passepoil bleu. Une piqûre en soie règne au milieu parallèlement à ses bords. Hauteur, 4 cent. Il est abattu de chaque côté, par devant, de 3 cent., et son angle est arrondi suivant un arc de cercle de 3 cent. 1/2 de rayon. Au pied est une agrafe.

Art. 8. — Le collet, dont le pied repose sur les clavicules, doit être assez long pour ne jamais gêner l'homme et pour recevoir facilement la cravate. Longueur moyenne, 45 cent.

LE MUSÉE DES TAILLEURS ILLUSTRÉ

Journal contenant les MODES de PARIS pour Hommes Dames et enfants. PUBLIÉ PAR LADEVÈZE Tailleur Professeur de Coupe 56 Rue J. J. Rousseau A PARIS

Art. 9. — Pour les compagnies d'élite seulement, un attribut, grenade ou cor de chasse, découpé en drap écarlate, est cousu de chaque côté du collet et posé obliquement.

Hauteur totale de la grenade......... 6 cent.
Diamètre de la bombe.............. 2,3
Largeur à l'épanouissement de la flamme à sept pointes...................... 4
Largeur totale du cor de chasse....... 6
Hauteur totale du cor de chasse....... 3
Diamètre extérieur du cercle du cor de chasse........................... 2 1/2
Épaisseur moyenne de ce cercle....... 0,5

Art. 10. — Manches d'une longueur telle, que l'homme ayant le bras étendu horizontalement, le bord interne du parement arrive au pli du poignet contre la main. Leur largeur doit permettre avec facilité tous les mouvements du bras, et le poing fermé doit pouvoir passer par l'ouverture inférieure des manches. Elles n'ont ni fente ni boutons. Elles se terminent par un parement droit en drap du fond, passe-poilé en jonquille.

Largeur de la manche : en haut........ 20 cent.
—   —   à la saignée... 19
—   —   au poignet.... 15
Parements. Hauteur apparente....... 7
—   Rempli en dedans de la manche.............. 2

Art. 11. — Brides d'épaulette en drap bleu, doublure formant passe-poil en drap jonquille. Largeur, 9 cent.; longueur totale, 1 cent. 1/2. Elles doivent être cousues sur le vêtement de manière que l'épaulette soit placée bien droite sur l'épaule, sans incliner ni en avant ni en arrière, le haut de la patte à environ 1 cent. de la couture d'encolure, et les brides appuyant exactement par leurs extrémités contre les tournants du contour d'écusson. Le rembourrage de la doublure doit être tel que l'écusson soit horizontal et ne se relève jamais.

Ces brides, ainsi qu'un petit bouton d'uniforme cousu sur la tunique de chaque côté à 2 cent. de l'encolure, servent à arrêter l'épaulette. Elles sont toujours de la couleur indiquée ci-dessus, quelle que soit celle des épaulettes. (*Fin de l'uniforme.*)

HUITIÈME PERSONNAGE
SAPEURS-POMPIERS

HABILLEMENT.

Tunique en drap bleu, boutonnant droit sur la poitrine au moyen de neuf gros boutons et tombant à 100 millim. au-dessus du genou, passe-poil écarlate.

Les jupes sont plissées tout autour de la ceinture.

Collet en velours noir ; passe-poil écarlate, échancré devant de 70 millim. de chaque côté. Grenade en drap rouge, découpée, placée obliquement dans chaque angle du collet.

Parements en drap bleu à pointes, fermant par deux petits boutons, passe-poil écarlate.

Poches en long, à deux pointes figurées par un passe-poil écarlate avec un gros bouton sur chaque pointe.

Boutons en cuivre bombés, portant un bûcher enflammé, et autour les mots : *Sapeur-Pompier*. Diamètre du gros bouton : 22 millim., des petits : 15 millim.

Brides d'épaulettes en drap bleu ; doublure et passe-poil écarlates.

Épaulettes : corps en cuivre, à écailles, franges en laine écarlates.

Modèle de la tunique, planche 18, n°° 6, 7 et 8.

Pantalon en drap bleu, coupé droit et large, tombant naturellement sur les cous-de-pied, rond par le bas et sans ouverture.

Bande en drap écarlate de 40 millim. de largeur.

COIFFURE.

Casque en cuivre, chenille en crin noir ; aigrette en crin écarlate, supportée par une olive en laine bleue.

CAPITAINES, LIEUTENANTS ET SOUS-LIEUTENANTS.

Habillement comme celui des sapeurs-pompiers, brides d'épaulettes en trait d'or, ainsi que les grenades du collet ; épaulettes et contre-épaulettes du grade en or, corps trait.

Hausse-col doré à écrou, portant en relief un aigle en argent.

SERGENTS-MAJORS, ETC.

Habillement comme celui des sapeurs-pompiers, épaulettes, etc., suivant les grades.

FOURRIERS ET SERGENTS.

Habillement, coiffure, équipement des sapeurs pompiers.

TAMBOURS, ETC.

Même habillement. Col noir, gants de coton blanc.

Nous donnons le patron de cette tunique tracé au dixième, planche 18, tracés n°° 6, 7, 8 et 9.

Le neuvième personnage représente un ingénieur.

DIXIÈME PERSONNAGE
INFANTERIE DE MARINE

Ce personnage représente un sous-lieutenant de l'infanterie de marine.

Le patron est planche n° 22.

Voir le tracé n° 2, sans la ligne des boutons.

N° 3, la manche. N° 3 *bis*, l'anglaise.

Paris, le 1er juillet 1831.

Ordonnance du roi qui modifie l'uniforme des régiments d'infanterie de la marine.

L'uniforme de l'infanterie de la marine se composera des effets ci-après désignés :

Tunique en drap bleu, croisant sur la poitrine par deux rangées de sept boutons de chaque côté, et coupée avec anglaise pour faciliter la forme de la poitrine.

La distance des boutons est de 18 cent. en haut, du cintre d'un bouton à l'autre, et au milieu 11 cent. 1/2, et en bas 10 cent., de façon que l'anglaise est coupée ronde du côté des boutonnières et presque droite par la partie qui doit être attachée au corsage, sauf un peu de rond pour faciliter le rond de la poitrine.

La tunique est passe-poilée de rouge garance. Pour les soubises et autres façons, c'est la même façon que pour toutes les tuniques des uniformes.

11

Le collet de la tunique est fait de façon à ce que l'on puisse rabattre le collet et former les revers par les anglaises, en déboutonnant les trois ou quatre boutons d'en haut seulement.

Ce genre de tunique a été adopté par l'infanterie de marine, à cause des garnisons qui sont dans l'Amérique du Sud, où le soldat a besoin d'être plus à l'aise à l'époque des grandes chaleurs.

Modèle de la tunique, planche 22, n°ˢ 2, 3 et 5.

Veste en drap bleu.

Pantalon de drap gris de fer bleu, avec une bande de drap rouge garance.

Boutons timbrés d'une ancre et portant le numéro du régiment.

Manteau de toile apprêtée.

Schako-képi. Casquette en drap bleu.

Epaulette en laine rouge et en laine jaune, pour les compagnies d'élite.

ÉQUIPAGES DE MARINE

Art. 48. — Le costume déterminé par les articles ci-dessus est obligatoire jusqu'au grade de sous-chef inclusivement ; toutefois, les directeurs, chefs et commis pourvus de grades dans les différents corps de la marine, en remplissant d'autres fonctions, peuvent continuer de porter l'uniforme et les marques distinctives des corps dont ils font partie.

Art. 49. — Les costumes des divers agents appartenant à la mairie et non spécifiés au présent décret sont réglés d'après la double assimilation des corps et des grades, par notre ministre secrétaire d'Etat au département de la marine et des colonies.

Art. 50. — Sont et demeurent abrogés les ordonnances, décrets et décisions antérieurs relatifs à l'uniforme des différents corps de la marine.

Chapeau à claque bordé de galons noirs unis, ganse plate et cocarde nationale.

Capote courte de drap bleu français croisée sur la poitrine avec deux rangées de boutons en cuivre argenté, unis, timbrés d'une ancre ; collet échancré pareil à la capote, avec passe-poils orange.

Pantalon bleu avec un liséré orange.

En été, pantalon blanc.

Epée, uniforme d'infanterie.

PETITE TENUE.

Capote sans les épaulettes.

En été, pantalon de nankin.

Les maîtres du port portent l'uniforme des officiers, moins les épaulettes.

EFFETS DES OFFICIERS.

Caban en drap bleu, doublé de drap écarlate, sans capuchon et portant sur les manches les marques distinctives du grade.

Ceinturon de sabre de grande tenue, un galon d'or traversé par trois raies écarlates.

Belières en pareil galon, mais plus étroit.

Pour les officiers de tout grade, plaque en cuivre doré dont le modèle sera déterminé.

De grande tenue, gland d'or, cordon en soie noire.

De grande tenue, cordon et aline de soie noire.

MINISTÈRE DES TRAVAUX PUBLICS (1)

Administration centrale.

SECRÉTAIRE GÉNÉRAL.

Habit de drap bleu, collet et parements pareils, broderies en or, branches de laurier et de pensée entrelacées d'un ruban et surmontées d'une baguette au collet et aux parements ; écusson à la taille ; bouquet de poche ; baguette et petit bord courant de 4 centimètres autour de l'habit, s'élargissant jusqu'à 10 centimètres à la poitrine.

Gilet blanc.

Pantalon bleu ou blanc avec bandes d'or.

Chapeau français ; plumes noires ; ganse de velours noir brodée en or.

Epée à poignée de nacre, garde dorée.

Boutons dorés à l'aigle.

CHEFS DE DIVISION.

Même uniforme, broderie au collet, parements et taille, bouquets de poches ; baguette autour de l'habit (Modèle n° 2). (Voir aux préfectures.)

CHEFS DE BUREAU.

Même uniforme ; broderies au collet et aux parements, écusson à la taille. (Modèle n° 4.)

ATTACHÉS AU MINISTÈRE.

Même uniforme ; baguette au collet et aux parements ; coins au collet ; écusson.

Chapeau sans plumes. (Modèle n° 5.)

ADMINISTRATION DES FINANCES ET CAISSE D'AMORTISSEMENT, ETC.

Dispositions générales.

Pour tous les services : habit de drap vert foncé, coupé droit sur le devant en forme de frac et garni de neuf boutons en argent bombés, avec l'indication spéciale du service.

Broderies en argent, conformément aux indications comprises dans l'article ci-après.

Gilet blanc, coupé droit, garni de six boutons en argent.

Pantalon en casimir blanc pour la grande tenue, et en drap vert pour la petite tenue, avec galon de 4 cent. en argent broché sur les côtés.

Chapeau français en feutre noir avec ganse brodée en argent sur velours noir.

Epée à poignée de nacre, avec garde et ornements dorés.

Dispositions particulières.

ADMINISTRATION CENTRALE.

Broderies composées de branches de chêne, d'olivier et de lierre, d'après le modèle ci-annexé. (N° 1.)

Boutons avec le mot : *Finances.*

Pour la caisse des dépôts et consignations : *Dépôts et consignations.*

---

(1) Pour les conseillers d'arrondissement et pour les conseillers généraux, même costume que pour les maires de premier ordre.

Broderies composées de branches de chêne et de lierre, d'après le modèle n° 2.
Boutons avec les mots : *Inspecteur général des finances.*

RECEVEURS GÉNÉRAUX ET PARTICULIERS.
Broderies composées de branches d'olivier sur trois baguettes d'après le modèle n° 3.
Boutons avec le mot : *Finances.*

PAYEURS.
Broderies composées de branches de chêne sur trois baguettes, d'après le modèle n° 4.
Boutons avec le mot : *Finances.*

CONTRIBUTIONS DIRECTES.
Broderies composées de feuilles de vigne et d'épis de blé, d'après le modèle n° 5.

DOUANE.
Broderies en branches de chêne et de laurier, d'après le n° 6.

CONTRIBUTIONS INDIRECTES.
Broderies composées de branches d'olivier, d'après le modèle n° 7.
Boutons avec les mots : *Contributions indirectes.*

ENREGISTREMENT ET DOMAINES.
Broderies composées de feuilles et d'épis de blé, d'après le modèle n° 8.
Boutons avec les mots : *Enregistrement et domaines.*

FORÊTS.
Broderies composées de branches de chêne, d'après le modèle n° 9.
Boutons avec le mot : *Forêts.* (Drap vert.)

POSTE.
Broderies composées de branches d'olivier et de lierre, d'après le modèle n° 10.

MONNAIES.
Broderies composées de branches de chêne et de laurier, entrelacées avec un ruban à nœuds, d'après le modèle n° 11.
Boutons avec le mot : *Monnaies.*
Il y a aussi des marques distinctives de grades :
1re catégorie, avec légers changements.
2e catégorie, avec légers changements.
Les marques distinctives comprennent sept catégories d'après le tableau annexé au décret réglementaire.

Observation générale. — La couleur du drap indique chaque administration ressortissant à tous les ministères respectifs; chaque premier article indique suffisamment la couleur du drap.
Les broderies servent à marquer les distinctions hiérarchiques.

COUR DES COMPTES

Le costume de ville des membres de la Cour des Comptes est réglé de la manière suivante :
Habit de velours noir, brodé en soie noire, coupé droit sur le devant en forme de frac, garni de neuf boutons.
Gilet droit en soie noire, garni de six boutons.

Pantalon de drap noir, garni d'une bande de velours de 5 centim. de largeur.
Chapeau en feutre noir, ganse de velours noir, brodée en soie noire, cocarde tricolore, plumes noires.
Epée en acier poli et doré, conforme au modèle déterminé par le décret du 22 mai 1852.

PREMIER PRÉSIDENT ET PROCUREUR GÉNÉRAL.
Habit brodé sur le collet, les parements, l'écusson et la poitrine, bouquet de poches, bord courant et baguettes tout autour. Le collet et les parements ont trois bords. (Modèle n° 1.)
Gilet avec baguette brodée autour et bord courant.
Baguette simple aux pattes des poches.
Pantalon avec bord de velours noir broché, dessin assorti à la broderie, avec baguette de chaque côté.

MINISTÈRE DE LA GUERRE

Art. 12. — Boutons en cuivre tomback. Ils sont demi-bombés, en entier de métal et d'une seule pièce. La queue présente deux pontets en cuivre se croisant à angles droits, à arêtes adoucies et soudés à la soudure forte.
Le bouton est estampé en relief du numéro du régiment, entouré d'une baguette circulaire terminée en haut, à chaque bout, par un fleuron.
Diamètre des gros boutons. 2,3
Diamètre des petits. 1,7
Flèche de convexité des gros. 0,5
Flèche de convexité des petits. 0,4
Art. 13. — Le corps et les manches de la tunique sont doublés en toile cretonne de coton. Un petit soufflet de 5 millim. de long sur 25 de large est pratiqué dans la doublure sur le devant de la couture d'emmanchure, pour donner de l'aisance aux mouvements du bras.
La doublure des devants doit arriver en dessous du parementage jusqu'au delà des boutonnières et être surjetée avec le passe-poil.
Les devants sont parementés sous les revers en drap du fond sur 14 cent. de large en haut et 12 en bas, de manière que ce parementage reçoive et consolide l'attache des boutons de la croisure.
Art. 14. — Suivant la largeur des draps employés, la doublure du collet et les divers parementages peuvent être en deux ou trois morceaux joints avec solidité.
Art. 15. — La tunique doit être assez ample de corsage et des manches pour que l'homme soit parfaitement libre dans tous ses mouvements. Elle se porte boutonnée dans toute sa longueur et tirée par le bas pour emboîter les hanches et ne point former de plis lorsque l'homme est chargé.

Observation. — Sur cette tunique des galons de grade se portent obliquement en ligne droite. Leur bord inférieur, partant de la couture de devant de la manche, à 1 cent. au-dessus du passe-poil du parement, forme avec lui un angle de 25 degrés et va rejoindre la couture postérieure de la manche à 9 cent. au-dessus du parement. Les deux bouts sont pris dans les coutures.

F. LADEVÈZE.

DESCRIPTION

DE

L'UNIFORME DE LA GARDE NATIONALE MOBILE ET SÉDENTAIRE

INFANTERIE

Habillement et coiffure.

Tunique.

Art. 1er. Confectionnée en drap bleu foncé, croisant sur la poitrine au moyen de deux rangées de cinq gros boutons d'uniforme de chaque côté également espacés entre eux. — Largeur de la croisure de milieu en milieu des boutons, en haut 140 millim.; en bas, 120 millim. — Boutonnières en drap bridées aux extrémités, leur tête éloignée de 15 millim. du bord des devants. — Les boutons doivent être en ligne droite du haut en bas dans chaque rangée.

2. Cette tunique n'a point la taille marquée; toutefois la distance entre le bouton du haut et celui du bas doit être proportionnée à la stature de l'homme, de manière que le ceinturon, placé autour du corps et reposant sur les hanches, se trouve à peu près à égale distance entre le dernier bouton et l'avant-dernier par le bas.

3. La tunique descend également dans tout son développement, de manière que son bord inférieur se trouve à environ 250 millim. de terre, l'homme étant à deux genoux.

4. Devants. — D'un seul morceau dans toute leur étendue. — Le bord extérieur est remployé en dedans et piqué avec le parementage sans aucun passe-poil. Ils sont coupés de manière à croiser de 150 millim. l'un sur l'autre par le bas dont les angles sont légèrement arrondis sur un rayon d'environ 45 millim. (Voir planche 14, modèle nos 1 et 2.)

Un droit-fil en toile est placé entre le revers et son parementage à la jonction du collet pour empêcher la déchirure.

Largeur des devants (pour la taille moyenne).		
	Au sous-bras	420 millim.
	A hauteur du dernier bouton	470
	A bas, au-dessus de l'arrondissement	540

5. Dos. — D'une seule pièce, largeur à la carrure 440 millim.; id. vis-à-vis du dernier bouton des devants 370 millim.; id. au bas 430 millim.

6. Deux martingales en drap du fond doublées de même sont cousues dans l'assemblage du dos avec les devants à une hauteur telle que leur bord inférieur soit à 15 millim. au-dessus d'une ligne qui joindrait les boutons du bas des deux devants de la tunique. Cette hauteur est calculée pour que les martingales ne se trouvent jamais engagées sous le ceinturon.

7. La martingale de gauche est percée de deux boutonnières faites en drap; l'une commence à 15 millim. de la pointe de la martingale, et l'autre à 100 millim. de cette même pointe.

La martingale de droite porte deux petits boutons d'uniforme cousus aux places correspondantes.

Longueur apparente de celle	de gauche	150 millim.
	de droite	100
Largeur commune aux deux		35

8. Elles servent à resserrer le dos à volonté.

Lorsqu'elles sont entièrement déboutonnées pour que l'homme puisse profiter de toute l'ampleur de son vêtement, elles se retirent à l'intérieur au moyen d'une fente de 40 millim. de long, interruption de la couture solidement arrêtée, et en dedans contre la doublure, deux petits boutons à trois trous sont placés pour maintenir les martingales ; ils reçoivent celle de gauche dans sa boutonnière ouverte dans la partie de la pointe qui dépasse le bouton.

C'est pourquoi cette martingale a 10 millim. de longueur de plus que celle de gauche.

9. Collet. — En drap garance, bordé d'un passe-poil bleu du fond. Hauteur, 40 millim. échancré de chaque côté de 20 millim. à angles arrondis. Au pied est une agrafe.

Doublure en drap bleu (elle peut être en deux morceaux).

A l'intérieur est une forte toile et une autre ordinaire à doublure.

Une piqûre en soie règne au milieu du collet parallèlement à ses bords.

Le collet dont le pied repose sur les clavicules doit être assez long pour ne pas gêner l'homme et pour recevoir facilement la cravate de coton bleu dont les pans sont rentrés.

Sa longueur moyenne est de 150 millim.

10. Manches. — D'une longueur telle que l'homme ayant les bras étendus horizontalement, le bord interne du parement arrive au pli du poignet contre la main.

Leur largeur doit permettre avec facilité tous les mouvements du bras, et le poing fermé doit pouvoir passer par leur entrée inférieure.

Elles se terminent par un parement droit, en drap garance, appliqué sur la manche, le bord supérieur remplié et piqué sans aucun passe-poil ; il est entièrement fermé sur le côté.

Largeur de la manche.	en haut	220 millim.
	à la saignée	210
	au poignet	160
Parements.	Hauteur apparente	70
	Rempli en dedans de l'orifice.	20

11. Pattes d'épaules. — Sur chaque épaule est placée une patte droite dont la base est prise dans la couture de l'emmanchure et dont la tête arrondie va se fixer, au moyen d'une boutonnière faite en drap, à un petit bouton d'uniforme près de l'encolure.

Elle est en drap bleu foncé doublée de même et bordée, sauf à sa base, d'un passe-poil en drap garance.

Longueur proportionnée à la carrure de l'homme, en moyenne ... 150 millim.

Largeur à la base ... 60

Largeur à la tête arrondie, immédiatement au-dessous de l'arrondissement ... 35

12. Poches. — Sur chaque devant est une poche en toile de lin de 239 millim. de large, sur une profondeur variable de 231 millim. à 210 millim., suivant la taille de l'homme, pour que le fond soit toujours débordé par le bas de la tunique de 25 millim. au moins ; les angles inférieurs sont légèrement arrondis.

Celle de droite est doublée de basane fauve.

Les bords de cette doublure, ainsi que ceux du dessus et du dessous en toile sont rempliés en dedans et solidement cousus, tous les quatre ensemble, par une forte piqûre.

L'orifice de ces poches, largeur 180 millim., est recouvert par une patte en drap bleu doublée de même, à bords rentrés et piqués sans passe-poils, taillée en accolade à pointe au milieu, et arrondie aux extrémités. Largeur totale, 200 millim.; hauteur à la pointe, 80 millim.; id. aux rentrants, 55 millim., avec une boutonnière en drap dans la pointe pour recevoir un petit bouton d'uniforme.

La charnière de cette patte est située sur une ligne horizontale passant à 30 millim. en contre-bas du dernier bouton des devants.

Elle commence à 200 millim. du bord du devant.

L'orifice de la poche est paramenté en drap sur 40 millim. de hauteur.

13. Boutons. — En cuivre-tomback; demi-bombés en entier de métal et d'une seule pièce. Leur queue présente deux pontets en cuivre se croisant à angles droits à arêtes adoucies, soudés à la soudure forte.

Ils sont estampés en relief d'un aigle et autour en légende de l'inscription : *Garde nationale mobile*.

Gros boutons.	Diamètre	23 millim.
	Flèche de convexité	5
Petits boutons.	Diamètre	17
	Flèche de convexité	4

14. Le corps et les manches de la tunique sont doublés en toile de lin.

La doublure des devants et du dos descend jusqu'à 50 millim. au-dessous de la ligne tirée entre les boutons inférieurs de la croisure.

Celle des devants s'engage sous le parementage en drap et arrive jusque sous les boutonnières.

En cet endroit que le drap recouvre, la toile peut être en plusieurs morceaux joints ensemble.

15. Les devants sont parementés en drap depuis l'encolure jusqu'au bas, sur une largeur en haut de 150 millim., et de 60 millim. au bas. Ce parementage peut être de trois morceaux.

Pantalon.

16. Droit, sans plis, et en tout conforme pour la coupe, les proportions et les détails de confection conforme à celui de l'infanterie de ligne.

17. Pour l'infanterie de la garde nationale mobile, il est confectionné en drap gris de fer bleuté pareil à celui des chasseurs à pied.

Sur chaque couture latérale externe est appliquée une bande en drap garance, largeur apparente de 40 millim. dont l'un des bords est remplié en dessous et cousu à bord renversé sur le devant du pantalon, et dont l'autre est pris dans la couture extérieure de celui-ci.

A l'endroit de l'entrée de la poche de cuisse, le drap du fond forme passe-poil pour ménager la bande.

18 et 19. Les détails de confection sont pareils à ceux de la ligne.

Képi.

20. Le képi se compose : 1º d'un turban ; 2º d'un calot ; 3º d'un bandeau ; 4º d'une visière ; 5º d'une coiffe intérieure.

21. Le turban est en drap bleu foncé, 23 ains, en trois pièces verticales réunies par des coutures.

22. Le calot est du même drap.

23. Le bandeau est en drap garance.

24. La visière est en cuir verni noir, d'un seul morceau ; largeur, 50 millim., légèrement aplatie sur son contour extérieur. Elle est taillée dans le cuir verni à l'avance sans aucun jonc ni bordure. Sa tranche est noircie à l'encre ; sa gorge n'est point du même morceau ; elle est formée d'une bande flexible en cuir de vache mince ou en veau, noircie et cousue solidement sur l'épaisseur et retournée.

Cette gorge s'assemble entre le drap du bandeau et la coiffe intérieure sans faire de poche ni de bourrelet descendant sur le front.

Lorsque l'homme est coiffé la visière ne doit jamais se relever en l'air.

27. Sur le devant du képi, à son sommet, est solidement cousu un gousset porte-pompon en vache mince ou fort veau noircis, hauteur 50 millim., largeur hors d'œuvre 16 millim.

Il est apparent dans sa hauteur sur 35 millim., et par le bas où il cesse d'être cousu, il rentre sous le drap du turban par une entaille horizontale qui y est pratiquée. Les points des deux coutures qui assemblent le gousset doivent traverser de part en part le drap, le renfort et la coiffe intérieure.

28. Une cocarde en fer-blanc estampé, diamètre 38 millim., peinte aux couleurs nationales, largeur de la zone extérieure rouge 3 millim. 1/2, *id.* de celle intermédiaire blanche 3 millim. 1/2, est fixée à demeure au moyen de deux points en fil de cuivre rouge mordant sur la zone extérieure, son centre à environ 3 millim. au-dessus de la couture supérieure du bandeau, de manière à laisser entre celle-ci et le bas de la cocarde une distance de 10 millim.

29. Sur son milieu est rivée et soudée à l'étain la queue d'un bouton à gorge en cuivre dont la tête (diamètre 11 millim.) est très-légèrement bombée, unie sans aucun estampage, et offre une saillie de 8 millim. sur la cocarde. Sa gorge reçoit les plis d'une ganse de cocarde formée de deux brins de tresse carrée en laine garance de 4 millim. de grosseur qui, après avoir entouré la tige du bouton, remontent vers le sommet du képi où ils sont fixés sur le gousset porte-pompon ; hauteur apparente de la ganse 35 millim., largeur totale à sa naissance 16 millim.

30. Pompon de forme ellipsoïde aplatie ; hauteur, 35 millim. ; largeur, 30 millim. ; épaisseur, 15 millim. — En bois recouvert en drap ; fait en deux coquilles dont la réunion est masquée par une tresse ronde en laine de la même couleur que le drap. — Tige en fil de fer récroui redoublé, hauteur apparente, 50 millim.

Sur le devant du pompon est, en chiffres de cuivre, de 14 millim. de haut, le numéro qui désigne le département auquel appartient le bataillon.

31. Ce bataillon est indiqué par la couleur du pompon qui est comme il suit : 1er bataillon, bleu foncé ; 2e, garance ; 3e, jonquille ; 4e, bleu de ciel ; 5e, orangé ; 6e, vert clair ; 7e, cramoisi ; 8e, rose ; 9e, violet ; 10e, marron doré ; 11e, chamois ; 12e, gris argentin. Pour le petit état-major départemental il est blanc avec le numéro du département.

Si le nombre des bataillons exige d'autres distinctions, la série se recommence dans l'ordre des couleurs ci-dessus ; mais pour les distinguer de la première, le cordonnet qui entoure le pompon est en laine blanche.

32. Pour la grande tenue le képi est orné d'un plumet. Ce plumet se compose de 7 à 8 plumes de coq noir-vert, dont les plus longues ont environ 210 millim. de développement et environ 30 millim. de large. Elles sont reliées au pied sur une tige de fil de fer redoublée (hauteur 35 millim.) pour entrer dans le gousset porte-pompon. Ces plumes assemblées à recouvrement sur leur côté sont cintrées sur leur plat et forment un bouquet compris dans un même plan vertical, et n'ayant dans sa partie la plus touffue que 5 à 6 millim. d'épaisseur. Ce plumet, qui n'est point flexible, s'incline en arc vers la gauche de l'homme et présente une largeur d'environ 20 millim. au pied ; 70 à son milieu et 100 à sa tête la plus épanouie. Sa hauteur verticale est d'environ 150 millim. au-dessus du calot.

Le plumet ne sert que pour la grande tenue. Il se porte en même temps que le pompon, et sa tige est reçue dans le même gousset et en arrière de celle du pompon, de manière que ce dernier ne soit pas masqué par le pied du plumet.

Marques distinctives des grades dans la troupe.

34. Caporal. — Deux galons parallèles en laine garance, façon cul-de-dé, largeur 22 millim., placés sur chaque avant-bras. (Voir les tracés des manches, planche 41.)

35. Sergent. — Un seul galon en or, façon dite à lézardes, largeur 22 millim., sur chaque avant-bras.

36. Fourrier. — Soit sergent, soit caporal, outre les galons de l'un de ces grades, il porte comme marque distinctive de cet emploi un galon à lézardes en or, largeur 22 millim., placé obliquement sur le haut de chaque bras en plongeant de dehors en dedans. Distance de la couture d'emmanchure au galon : en dehors, 99 millim. ; en dedans, 150 millim.

37. Sergent-major. — Deux galons parallèles semblables à celui du sergent, sur chaque avant-bras.

38. Tambours et trompettes. — Autour du collet et des parements de la tunique un galon de laine à lozanges tricolores en 22 millim. de large.

39. Manière de placer les galons. — Tous les galons de grades sont cousus en plein et arrêtés dans les coutures des manches. Ils sont appliqués sans aucun liséré de couleur tranchante. Plusieurs galons parallèles sont séparés entre eux par des intervalles de 3 millim.

40. Sur les avant-bras le galon se pose en ligne droite oblique plongeant de dehors en dedans. Son bord intérieur part de la couture de devant de la manche à 10 millim. au-dessus du bas du parement avec lequel il fait un angle de 25 degrés et il va rejoindre la couture postérieure de la manche à environ 90 millim. au-dessus du même bord.

Un second galon se pose au-dessus du premier à 3 millim. d'intervalle.

41. Adjudant-sous-officier. — Porte les marques distinctives de sergent-major surmontées d'un troisième galon en or.

Les tresses qui garnissent les coutures verticales de son képi et la ganse de cocarde sont mélangées de 2/3 d'or et de 1/3 de garance. La tresse qui orne le bord supérieur du bandeau est en argent, métal opposé au bouton, largeur 3 millim. Le calot porte un nœud hongrois comme pour sous-lieutenant, mais il est mélangé de 2/3 d'or et de 1/3 de garance.

Équipement.

§ 1er. — *Grand équipement.*

42. Ceinturon. — En cuir noir, avec plaque en cuivre, mais sans coulants de support, du modèle affecté à l'infanterie de ligne.

43. Porte-baïonnette. — En cuir noir, du modèle affecté à l'infanterie pour l'usage des fusils d'ancien modèle transformé.

44. Bretelle de fusil. — En cuir noir, modèle d'infanterie.

45. Fourreau de baïonnette. — Approprié à l'arme délivrée.

46. Pour tambours. — Ceinturon comme pour soldat (art. 42). — Caisse et ses accessoires.

§ 2e. — *Petit équipement.*

47. Souliers. — Du modèle général.

48. Guêtres en cuir. — Du modèle affecté à l'infanterie de ligne.

49. Cravate. — En tissu de coton bleu de ciel, du modèle affecté aux troupes de ligne.

50. Musette en toile. — Du modèle d'étui de tunique-musette affectée à l'infanterie de ligne.

OFFICIERS

Habillement et coiffure.

51. Tunique. — Semblable en tout à celle de la troupe, mais elle est en drap fin et plus ajustée au corps (voir le modèle, planche 13, nos 1 et 2) ; les boutons sont dorés. Il n'y est ajouté aucun ornement ni accessoires autres que les marques distinctives de grade décrites ci-après, art. 63.

Voir ci-dessus sa description art. 1er et suivants.

52. Pantalon. — Confectionné en drap fin et du reste absolument semblable à celui de la troupe (art. 16 et suiv.). Il se porte avec des sous-pieds en cuir noir mobiles au moyen de boutons placés au bas à l'intérieur.

53. Képi. — Absolument semblable quant à la forme et aux dimensions à celui de la troupe (art. 33). Il est confectionné en drap fin. — Sa visière est également taillée dans le cuir verni à l'avance et sans gorge adhérente.

54. Les tresses de laine garance qui garnissent le contour supérieur du bandeau, les coutures montantes du turban et celles qui contournent le calot renfoncé sont remplacées par des tresses en or, façon dite au boisseau de 3 millim. de large. — La jonction de la visière avec le bandeau est recouverte par une tresse en or, façon dite chainette en petite milanaise tordue, de 3 millim. de grosseur.

55. Au-dessus du bandeau, il est placé comme au képi de troupe une tresse. Elle est en or et indique le grade de sous-lieutenant.

Pour lieutenant, il y est mis...... 2 tresses.
Pour capitaine................... 3 —
Pour chef de bataillon........... 4 —

56. Pour capitaine adjudant-major le rang du milieu est en argent. — Pour capitaine-major le premier rang à partir du bandeau est également en argent.

57. Les tresses placées sur les coutures verticales du turban sont simples pour sous-lieutenant et lieutenant; pour capitaine, elles sont doubles, et pour officiers supérieurs de tout grade elles forment trois rangs. Elles s'arrêtent sous la tresse horizontale la plus élevée sans paraître dans les intervalles des autres. Quels que soient les grades ou les fonctions de l'officier, ces tresses verticales sont du même métal que le bouton de l'uniforme.

58. Sur le calot est un nœud hongrois formé avec la même tresse, indépendamment de celle qui entoure la circonférence. Il est fait d'un seul brin pour sous-lieutenant, lieutenant et capitaine, et à deux brins pour chef de bataillon.

59. La cocarde est en plaqué d'argent avec zone extérieure peinte en rouge et le centre en bleu. L'argent figure le blanc entre les deux. — La ganse est faite de deux brins redoublés en tresse carrée de filé d'or de 4 millim. de grosseur.

Pour chef de bataillon, elle est en petites torsades d'or mat et des mêmes dimensions. — Le bouton est doré.

60. Le pompon est en tout semblable à celui de la troupe, fond et cordonnet de la même couleur, mais le numéro est doré.

61. Pour chef de bataillon et capitaine-major (pour adjudant-major, quand il y a lieu à la création de ces dernières fonctions), il se compose d'une sphère recouverte en drap bleu foncé, diamètre 30 millim., portant sur le devant le numéro du département comme ci-dessus.

Elle est surmontée d'une flamme en chardon de laine également sphérique légèrement aplatie, de 45 millim. de diamètre transversal, séparée de la sphère par un collet de 6 millim. de haut sur 7 millim. de diamètre, coquillé en laine.

Cette flamme est partagée horizontalement en deux parties égales, celle du haut, écarlate; celle du bas, blanche ainsi que le collet.

62. Le plumet de grande tenue, pour officier, est le même que la troupe; mais pour chef de bataillon, il est mélangé de plumes écarlates, de blanches et de bleues.

Son pied est garni d'une olive de 20 millim. de diamètre en petites torsades d'or mat de 2 millim. de grosseur.

Pour chef de bataillon et capitaine-major, ce plumet se porte sans pompon à cause de la forme de celui de ces grades, le pied du plumet de capitaine-major est garni d'une olive en cordonnet d'or.

Marques distinctives des grades et fonctions d'officiers.

63. Les différents grades d'officiers sont indiqués par un nœud hongrois placé sur chaque manche de la tunique immédiatement au-dessus du parement.

Ces nœuds sont faits en tresse d'or de 3 millim. de large, façon dite au boisseau.

Pour sous-lieutenant, ils sont à un seul brin.
Pour lieutenant, à deux brins.
Pour capitaine, à trois.
Pour chef de bataillon, à quatre. (Voir planche 13.)

Pour adjudant-major le brin du milieu, et pour le capitaine-major, celui qui, à sa naissance, est le plus près du parement, sont en argent, métal opposé au bouton. Leur sommet s'élève au-dessus du bord supérieur du parement à 130 millim., pour sous-lieutenant et lieutenant; à 220 millim., pour capitaine; à 270 millim., pour chef de bataillon.

64. Ceinturon. — En cuir verni noir composé d'une bande de ceinture, de deux bélières et d'une plaque de fermeture; le tout du même modèle que pour les officiers d'infanterie de ligne.

Ce ceinturon sert pour toutes les tenues. Il est destiné à porter le sabre décrit ci-après (art. 73 et 74).

65. Dragonnes. — Semblables à celles des officiers d'infanterie de ligne.

67. Gants, bottines, col — Comme pour les officiers d'infanterie de ligne.

ARTILLERIE DE LA GARDE MOBILE

Habillement et coiffure.

Tunique.

68. Semblable à celle de l'infanterie décrite ci-dessus, art. 1er à 15 inclus, sauf les modifications ci-après :

Collet (art. 9) et parements (art. 10). Sont en drap écarlate au lieu de garance.

Pattes d'épaules (art. 11). Sont en drap du fond avec passe-poil écarlate.

Boutons (art. 13). Des mêmes formes et dimensions, demi-bombés (diamètre des gros, 23 millim. sur 5 de bombés, id. des petits, 17 millim. sur 4). De même en cuivre-tomback, mais ils sont estampés de deux canons croisés, avec la même légende autour : Garde nationale mobile.

Pantalon.

69. De la même coupe et de la même confection que celui de l'infanterie décrit ci-dessus, art. 16 et suiv., sauf les différences ci-après :

70. Il est confectionné en drap bleu foncé pareil à celui de la tunique. Dans la couture du côté il y a un passe-poil en drap écarlate, et de chaque côté de ce passe-poil, à 5 millim. de distance, est appliquée une bande de drap écarlate de 30 millim. de largeur apparente, soit sur le devant et sur le derrière du pantalon, c'est-à-dire pareil à celui de l'artillerie de ligne.

L'entrée de la poche de cuisse est placée le long et en arrière de la bande postérieure, qui, en cet endroit, est débordée par un liséré en drap bleu, pour la garantir du frottement.

Képi.

71. Semblable à celui de l'infanterie décrit ci-dessus, art. 20 et suivants, sauf les différences ci-après :

72. Le bandeau (art. 23) est en drap bleu foncé comme le turban. Il est orné sur le milieu d'une grenade en drap écarlate découpée, hauteur, 30 millim.

73. Le cordonnet qui garnit les coutures (art. 26) et la ganse de cocarde (art. 29) sont en laine écarlate au lieu de garance.

74. Le pompon est de la même forme et des mêmes dimensions que pour l'infanterie (art. 30). Il porte comme ce dernier le numéro du département auquel appartient la batterie.

Sa couleur indique le numéro de la batterie dans le département de la même manière que pour les bataillons d'infanterie (art. 31).

Le plumet de grande tenue est aussi le même que pour l'infanterie et ne se porte non plus jamais sans le pompon.

Marques distinctives des grades et fonctions dans la troupe.

75. Premier canonnier. — Un galon de laine écarlate, façon cul-de-dé, largeur 22 millim., placé sur chaque avant-bras.

76. — Artificier. — Sur l'avant-bras droit seulement deux galons de laine écarlate comme ci-dessus placés parallèlement à 3 millim. de distance l'un de l'autre.

77. Brigadier. — Comme artificier, mais sur les deux avant-bras.

78. Maréchal des logis. — Sur chaque avant-bras un galon d'or façon dite à lézardes, largeur 22 millim.

79. Fourrier. — Soit brigadier, soit maréchal des logis, outre les galons de l'un de ces grades, il porte comme marque distinctive de son emploi un galon d'or de la même espèce placé obliquement plongeant de dehors en dedans. (Voir ci-dessus, art. 36.)

80. Maréchal des logis chef. — Sur chaque avant-bras, deux galons d'or à lézardes, largeur 22 millim. placés parallèlement l'un au dessus de l'autre, à 3 millim. d'intervalle.

81. Trompette. Autour du collet et des parements de la tunique, un galon de laine, largeur 22 millim., à losanges tricolores.

82. Manière de placer ces galons. — Comme dans l'infanterie. Voir ci-dessus, art. 34 et 40.

Équipement.

§ I. — Grand équipement.

83. Ceinturon en cuir noir, avec plaque en cuivre et sans coulants de support. Modèle affecté à l'infanterie de ligne.

84. Porte-sabre en cuir noir, du modèle affecté à l'infanterie de ligne pour porter le sabre du modèle de 1831.

85. Pour trompette. — Ceinturon et porte-sabre comme canonnier, et une trompette avec son cordon, du modèle général.

II. *Petit équipement.*

86. Souliers, guêtr s. cravate, musette en toile, tels qu'ils sont affectés à l'infanterie. (Voir ci-dessus, art. 47 et suiv.)

....

Décret du 16 mars 1852 sur l'uniforme de la garde nationale sédentaire de Paris.

LOUIS NAPOLÉON, président de la République française, sur le rapport du Ministre de l'Intérieur,

Décrète :

L'habillement, la coiffure, l'équipement et l'armement des corps d'infanterie et de cavalerie de la garde nationale sont déterminés ainsi qu'il suit :

INFANTERIE
Habillement.

Art. 1er. — Tunique. En drap bleu, boutonnant droit sur la poitrine au moyen de neuf gros boutons, et tombant à 100 millimètres au-dessus du genou : passe-poil écarlate. Collet droit, en drap bleu ; passe-poil écarlate, fermé par trois agrafes ; brandebourg appliqué sur le milieu et de chaque côté du collet, en galon cul-de-dé de 12 millimètres et demi de large, espacé de 2 millimètres ; largeur totale, 27 millimètres, et longueur, 90 millimètres ; macaron du diamètre de 23 millimètres, en cordonnet de fil blanc ; frange en fil sortant du dessous du macaron, de 20 millimètres, posé sur chaque brandebourg à son extrémité. Parements en drap bleu ; passe-poil écarlate, ouvrant sur le côté au moyen d'une fente de 120 millimètres, avec passe-poil écarlate, fermant par deux petits boutons, dont l'un traverse le parement au-dessous du passe-poil et l'autre à vingt-deux millimètres, obliquement, au-dessus du parement. Ce parement présente une pointe sur le milieu de la manche ; hauteur courante du parement, 55 millimètres, et, à la pointe, 150 millimètres. Les jupes de la tunique ont été toujours de la même façon que pour l'infanterie de ligne. Brides d'épaulettes, à fond bleu sur doublure en drap bleu, larges de 12 millimètres. Épaulettes, en fil blanc, doublées en bleu avec ressorts et agrafes, bouton à aigle fixé sur la boutonnière ; longueur de patte, 125 millimètres ; largeur du patte, 60 millimètres ; écusson bombé ; largeur, 105 millimètres ; hauteur, 48 millimètres ; tournantes roulées, avec une guipure au milieu et à trois franges de 90 millimètres ; grosseur, deux millimètres ; grosseur du bouton, 15 millimètres.

Pantalon. Drap bleu, coupé droit et large, tombant naturellement sur les cous-de-pied, rond par le bas et sans ouverture ; bande en drap écarlate de 40 millimètres de large tout fini.

LA GUERRE de 1870 et 1871 a fait subir un grand changement au costume de la garde nationale.

A Paris comme en province on a adopté la même tunique que celle de la garde nationale mobile, sauf la modification du collet tombant au lieu de droit (voir la gravure) ; même drap et même confection indiquée plus haut et dont nous donnons le modèle tracé au cinquième, qui peut servir aussi bien pour la garde nationale sédentaire que pour la garde nationale mobile. (Voir la planche 14, nos 1 et 2.)

La capote a été la même pour toute l'armée : infanterie de ligne, garde mobile, garde nationale sédentaire, bataillons de marche, corps-francs, francs-tireurs, éclaireurs, sauf que les officiers y avait adapté une pèlerine et un capuchon, et avaient leurs marques distinctives suivant leur grade, avec des galons posés au-dessus du parement, en suivant la coupe du parement. (Voir le modèle.)

Pour qu'il soit facile aux tailleurs de faire ce genre de costume, nous donnons les modèles de tous les costumes qui sont désignés ci-dessus. (Voir pour cela la Table des matières.)

CAVALERIE DE LA GARDE NATIONALE
Habillement.

2. Tunique en drap bleu, boutonnée au milieu avec jupe collante, portant en longueur la moitié de la hauteur du corsage, prise des boutons de la taille au sommet du collet. Passe-poils écarlates au dos et sur le devant. Trois rangs de boutons semi-sphériques, plaqués en argent, 15 de chaque côté et 13 au milieu ; les deux derniers du bas sont plats. Au bas de la taille, quatre boutons portés sur une soubise. Brides d'épaulettes en drap bleu à passe-poil rouge, et une patte du côté du sabre pour soutenir le ceinturon.

Collet écarlate, fermé de trois agrafes, avec brandebourgs de 60 millimètres de longueur formant boutonnières, et macarons avec franges ; le tout en fil blanc. Le galon du brandebourg est de 50 millimètres de large.

Manches avec passe-poils écarlates, depuis la couture du dos jusqu'aux poignets. Parements écarlates à pointes, de 50 millimètres sur les côtés et de 87 millimètres à la pointe, bordés d'un passe-poil blanc et fermés de deux petits boutons.

Pantalon en drap bleu avec bande de drap écarlate de 60 millimètres de largeur.

Épaulettes en fil blanc, avec agrafe et ressort, doublées et bordées en drap rouge ; le corps de 70 millimètres au milieu ; l'écusson de 192 millimètres de longueur en dedans et de 78 millimètres de largeur, non compris les tournantes. Trois tournantes, façon suisse, la frange de 100 millimètres et à graines.

Fourragère en fil blanc, garnie de trois coulants et de deux glands à poires grappées et coquillées en point de Milan, frangée à graines de 55 millimètres ; le gland de la manchette, 42 millimètres. La longueur de la fourragère est, par derrière, de 750 millimètres, non-compris le porte-mousqueton, ni la tresse pendante en guirlande sur la poitrine, d'une épaule à l'autre. Cette tresse a 50 millimètres de largeur à son milieu. Les glands sont portés à gauche, au bouton supérieur.

Col noir sans liséré blanc.

Bottes avec éperons en fer poli, à tige ronde et droite de 50 millimètres.

Gants blancs en peau.

Schabska en drap bleu gaufré, soutaché en rouge, galon de laine rouge de 40 millimètres de largeur autour de la forme, chaînette ou jugulaire en plaqué doublée en drap rouge, rosette festonnée à tête de lion en plaqué, en avant, plaque à rayons en plaqué avec aigle dorée au milieu, visière cerclée en plaqué. Point de couvre-nuque. Hauteur totale par derrière de l'angle du pavillon au bas du schabska 220 millimètres, même hauteur par devant, y compris la visière, le pavillon de 200 millimètres sur chaque côté.

Plumet rouge tombant de 300 millimètres de hauteur, en grandes plumes de coq.

Pompon en cordonnet, forme demi-sphérique, de couleur différente pour chaque escadron.

CORPS FRANCS ET FRANCS-TIREURS

Les corps francs, francs-tireurs, les *Amis de la France*, soit ceux de Paris et de la province, ont adopté les costumes les plus variés des uniformes.

OFFICIERS.

Les officiers de tous les corps francs ont en général adopté le même costume que les officiers de la garde nationale mobile, sauf quelques petites modifications des couleurs du drap. Les grades distinctifs sont les mêmes, sauf la pose des galons, en suivant la coupe des parements.

SOLDATS.

Le costume des soldats des corps francs, dans Paris, diffère peu du costume de la garde nationale mobile, à part une ceinture rouge ou bleue portée sur la vareuse en dessous le ceinturon. Mais le costume des corps francs dispersés en province est très-varié. Les uns ont la vareuse pareille à celle des mobiles, d'autres des blouses et des paletots plus ou moins foncés.

Pour la variété des uniformes, nous citerons l'armée du général Garibaldi, qui représentait les compagnies franches du moyen âge. La singularité de leurs figures et de leurs équipements, l'infinité du variété des types et des costumes circulant dans la ville et les environs de Dijon pendant l'armistice en est une preuve frappante.

Italiens, Polonais, Espagnols, Grecs, francs-tireurs de toutes nuances et de tout pelage, panachés, chamarrés, travestis de toutes les manières, tous différents d'armes et de costumes, depuis les peaux d'ours jusqu'aux éclaireurs gris de Capréra ; tous les grades, tous les âges, toutes les couleurs, les basanés du Midi, les noirs de l'Afrique, les blonds de la Vendée aux longs cheveux coupés sur le devant de la tête, tous armés de fusils de toutes provenances, de revolvers, de poignards, de couteaux ; les uns en longues bottes et longs manteaux retroussés sur l'épaule, les autres en vareuses, souliers ou bottes, les uns chantant et insouciants, les autres calmes et résignés, forment le spectacle le plus émouvant qui ait jamais attiré l'attention du peintre ou du philosophe.

La conclusion en est, en empruntant le mot de Voltaire : « Ne dites pas de mal de Nicolas Boileau. » (Ne dites pas non plus de mal de Joseph Garibaldi.)

Pour extrait : F. LADEVÈZE.

MODÈLE DES COSTUMES DE PRÉFETS ET DE SOUS-PRÉFETS

AVEC GRANDE ET PETITE TENUE — Modèle du décret de 1873.

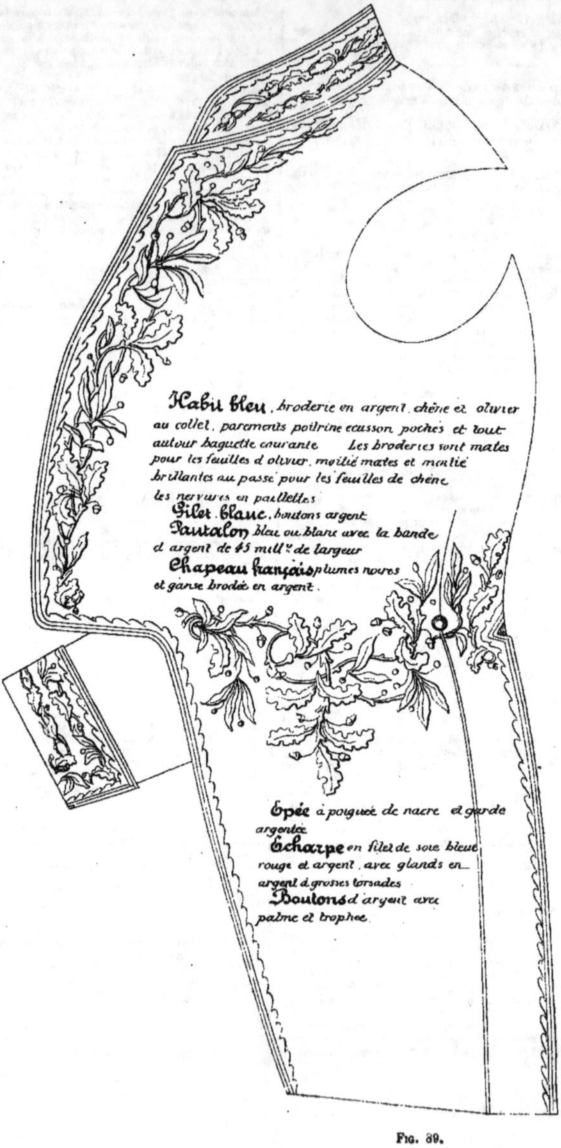

Fig. 89.

FIG. 89,

Modèle de l'habit de préfet, nouvelle tenue de 1873. — Suivre l'explication qui est sur le modèle,

MODÈLE DE LA TUNIQUE D'INFANTERIE DE LIGNE

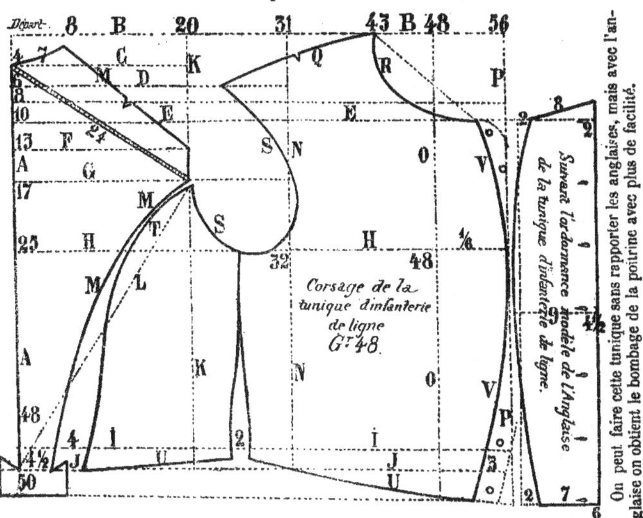

Fig. 92. — Modèle du corsage de la tunique de l'infanterie de ligne, tracé au 5° pour la proportion de 48 de demi-grosseur de poitrine. Pour l'explication, voir p. 73. Pour en faire la reproduction, c'est la même explication que pour les habits civils.

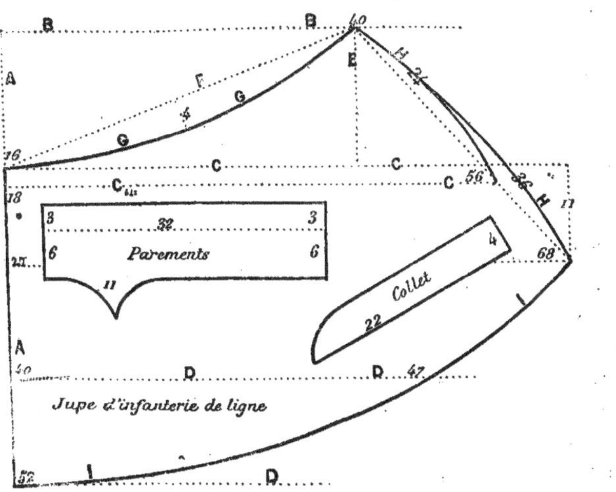

Fig. 93. — Modèle de la jupe de la tunique. Pour la reproduire de grandeur naturelle, il faut tracer les mêmes lignes et poser les mêmes chiffres qui sont sur le tracé. — Partant de l'équerre formée par ces deux lignes, on pose, en descendant la ligne A le tiers de 48, puis 18, 22, 40 et 52.

MODÈLE DE LA CAPOTE DES OFFICIERS DE LIGNE

FIG. 93 *bis*.

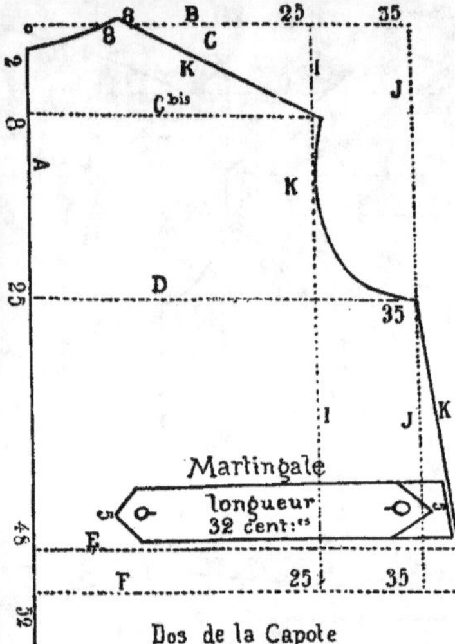

Dos de la Capote
d'Off: d'Infanterie de ligne
avec capuchon et pèlerine.
1872

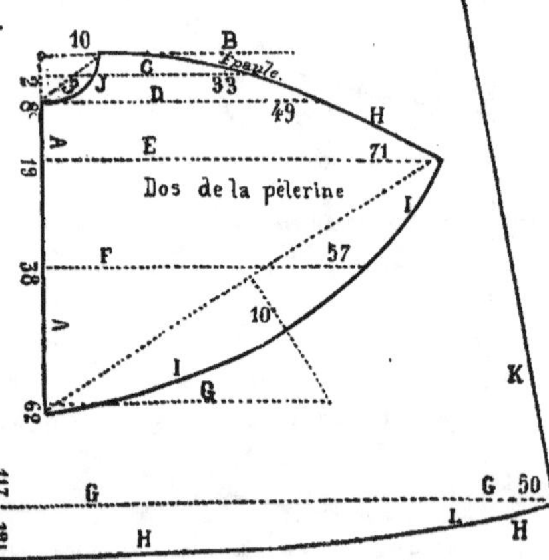

FIG. 94.

Fig. 93 bis.

Ces deux figures représentent les officiers de l'infanterie de ligne avec la tunique et la capote.

Fig. 94, 95, 96 et 97.

Ce sont les modèles de la capote de l'infanterie de ligne, des chasseurs à pied et du génie, d'après la nouvelle tenue du décret de 1871.

Fig. 94.

Modèle du dos de la capote, tracé au 5e pour la proportion de 51 centimètres de demi-grosseur de poitrine.

Pour en faire la reproduction de grandeur naturelle, on trace d'équerre les lignes A et B, puis on pose régulièrement les chiffres qui sont le long des lignes indiquées sur les tracés, et l'on trace les lignes par ordre alphabétique, soit : A, B, C, D, E, F, G, H, I, J, K. Le dos de la pèlerine se trouve dans le tracé du dos, il est tracé au 10e.

MODÈLE DE LA CAPOTE DES OFFICIERS DE LIGNE

Fig. 95.

Modèle de devant de la capote des officiers d'infanterie de ligne, pouvant servir à tous les corps, depuis les décrets de 1871 et de 1872.

Pour en faire la reproduction de grandeur naturelle, on pose régulièrement les mêmes chiffres et on trace les mêmes lignes qui sont sur le tracé, soit I bis qui représente la largeur de la carrure, puis on trace les lignes par ordre alphabétique, qui sont : C, D, E, F, G, H, I, J, K, L, M, N, O, P, Q, R.

Le devant de la pèlerine est tracé au 10ᵉ dans le modèle du grand tracé.

Pour tracer la pèlerine, on doit poser régulièrement les mêmes chiffres qui sont sur le tracé.

Si l'on désire faire de ce modèle une capote plus grande ou plus petite, il suffira de suivre le tableau des mesures qui se trouve page V, ou bien au moyen de l'échelle de proportion dont nous donnons le modèle page 11 ; l'échelle de proportion est connue presque par tous les tailleurs.

La capote de l'artillerie est pareille à celle-ci, sauf que la pèlerine est l'ancienne rotonde.

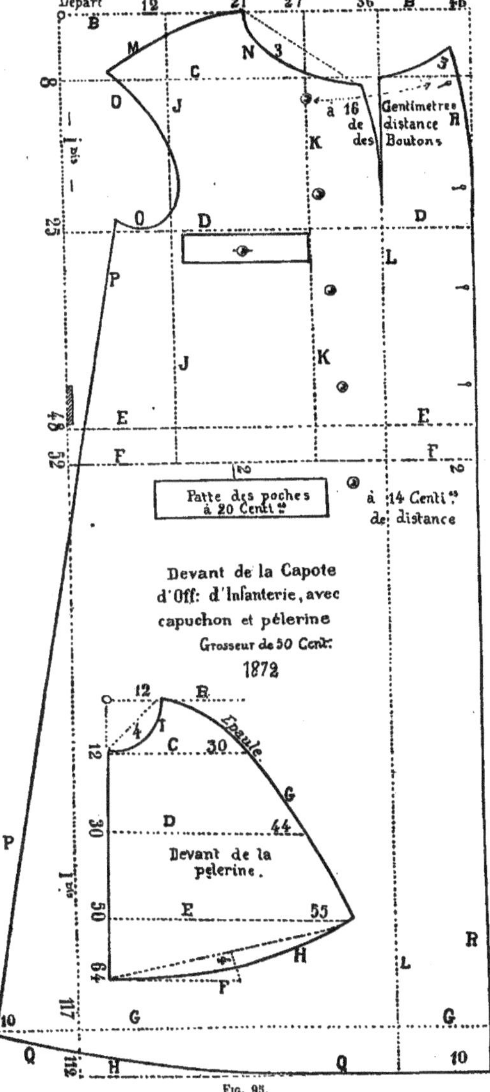

Fⁱᵍ. 95.

MODÈLE DE LA CAPOTE DES OFFICIERS DE LIGNE

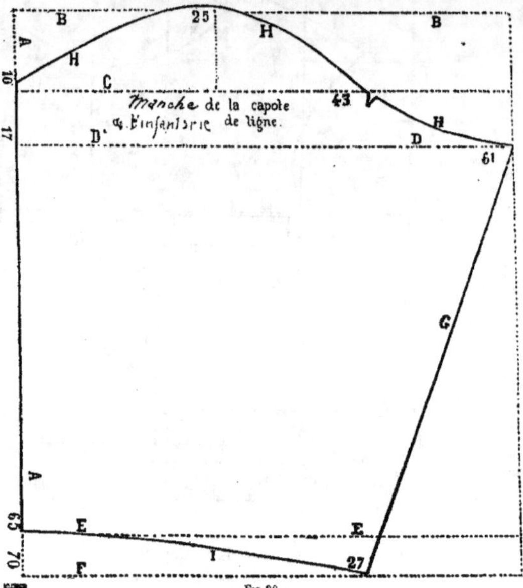

Fig. 96.

Fig. 96.

Ce tracé est le modèle de la manche de la capote.

Pour la reproduire, il faut poser régulièrement les mêmes chiffres, et tracer les mêmes lignes qui sont sur le tracé.

La coche qui se trouve sur la ligne C représente la couture de l'avant-bras.

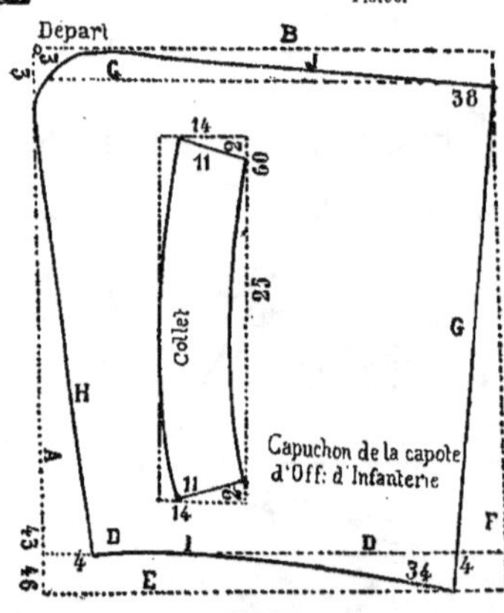

Fig. 97.

Fig. 96.

Ce tracé est le modèle du capuchon de la capote.

Pour le reproduire, il faut poser régulièrement les mêmes chiffres et tracer les mêmes lignes qui sont sur le tracé.

La ligne G est le devant du capuchon; la ligne H est le derrière du capuchon dont il est abattu de 4 centimètres sur la ligne D, mais on peut le faire en mettant de l'ambu dans toute l'encolure.

Le collet est dans le tracé du capuchon.

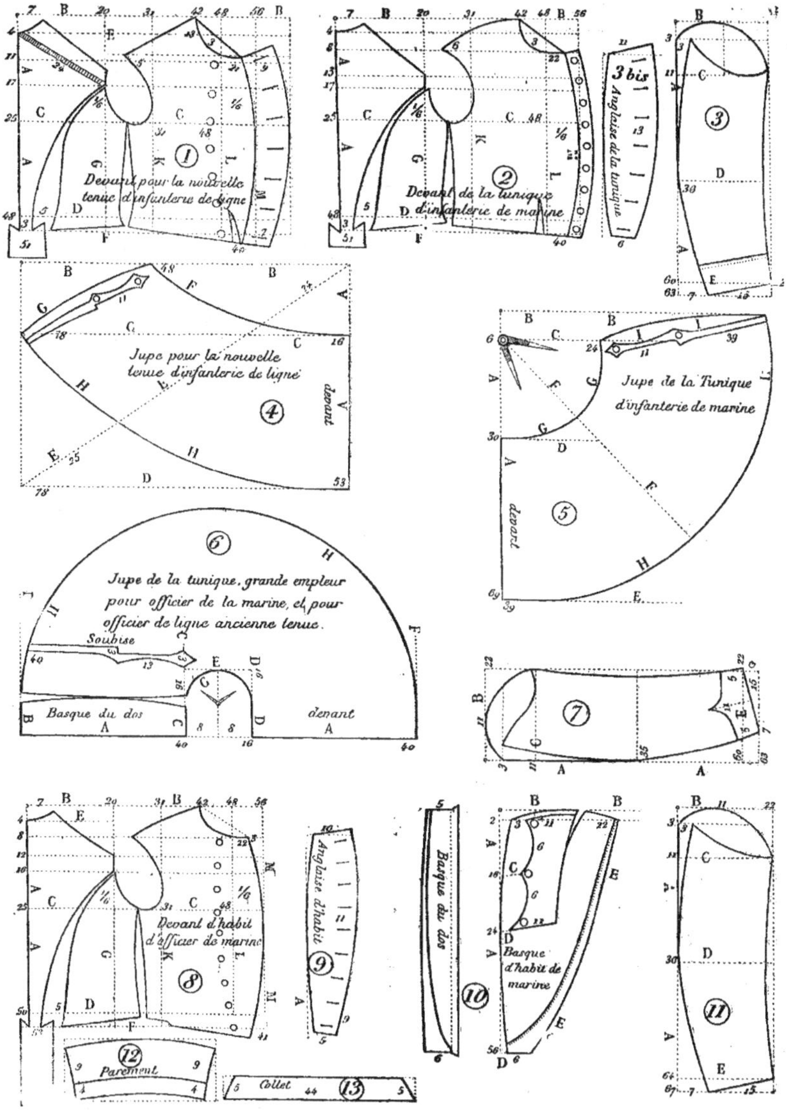

Les modèles qui sont dans cette page: n°s 1, 2, 3, 4 et 5, sont tracés au 10° pour faire la tunique de l'infanterie de marine (Pour l'explication, voir page 75). — N°s 8, 9, 10, 11, 12 et 13 sont les modèles pour faire l'habit des officiers de l'équipage de marine. (Pour l'explication, voir page 72).

MODÈLE DES UNIFORMES DES OFFICIERS DE L'ARTILLERIE, D'APRÈS LE DÉCRET DE 1872

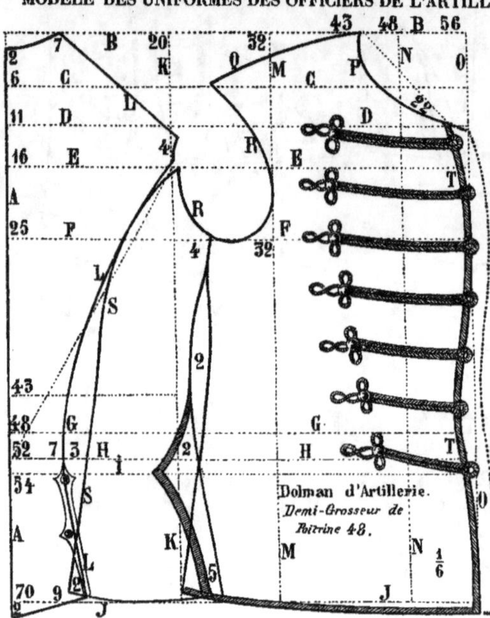

Fig. 98.

Fig. 98 bis.

Officiers d'artillerie.

Fig. 98.

Ce modèle est le tracé du dolman de l'artillerie, tracé au cinquième pour la proportion de 48 c. de demi-grosseur de poitrine.

Pour en faire la reproduction de grandeur naturelle, il faut suivre l'explication d'après les modèles, page 4.

Le dolman de l'artillerie se ferme droit sur la poitrine; le côté gauche s'engage sous celui de droite de 4 centimètres, au moyen d'une bande rapportée dans toute la longueur du devant.

Le pantalon est suivant l'ancien modèle.

La capote de l'artillerie est pareille à celle qui est expliquée pour l'infanterie de ligne.

Collet de la veste.

Fig. 99 bis.— Modèle de la veste de soldat de cavalerie, tel c qu'elle doit être achevée.

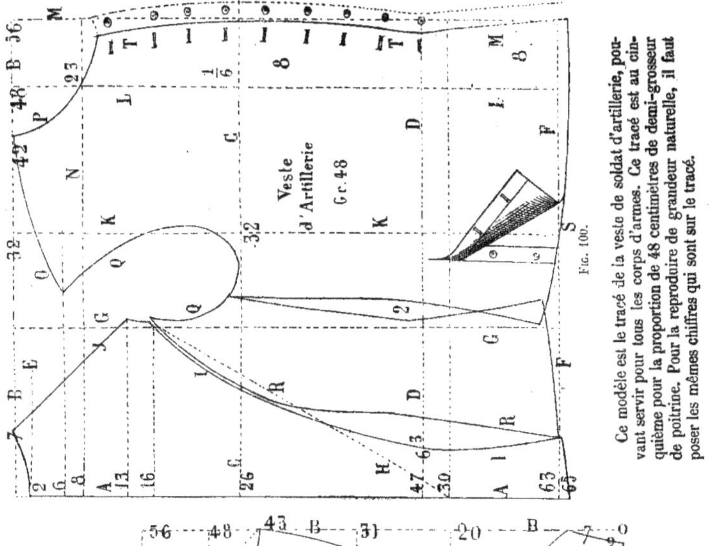

Ce modèle est le tracé de la veste de soldat d'artillerie, pouvant servir pour tous les corps d'armes. Ce tracé est au cinquième pour la proportion de 48 centimètres de demi-grosseur de poitrine. Pour la reproduire de grandeur naturelle, il faut poser les mêmes chiffres qui sont sur le tracé.

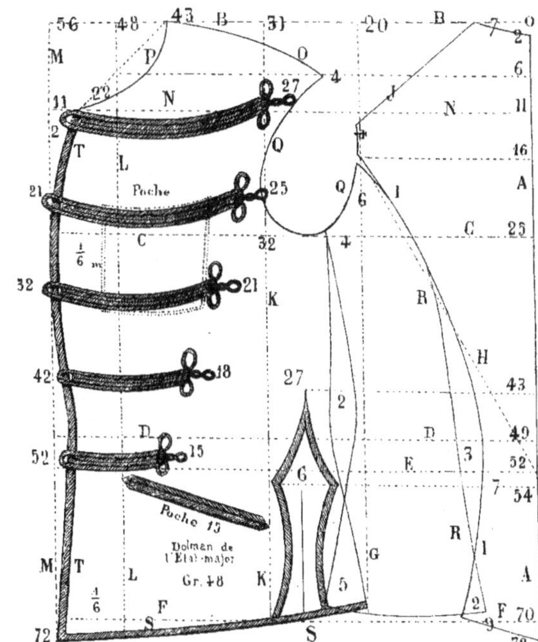

FIG. 101. —Modèle du dolman pour les officiers de l'état-major (Décret de 1872). Ce modèle est tracé au cinquième pour la grosseur de 48.

MODÈLE DES UNIFORMES DES CHASSEURS ET DES HUSSARDS

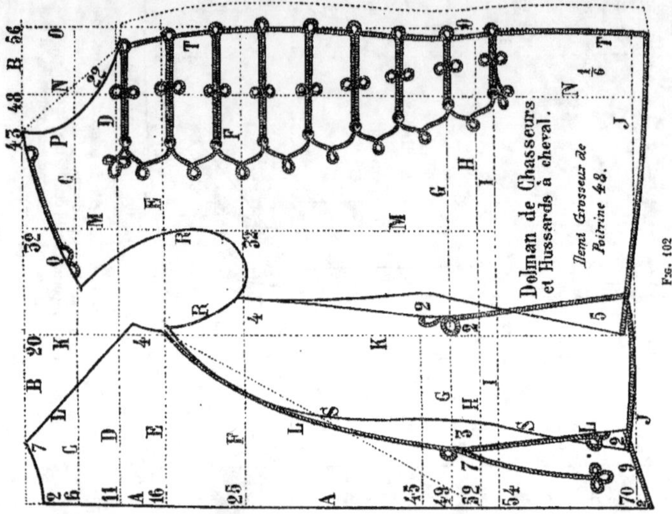

Fig. 102.

Modèle du dolman des chasseurs et des hussards tracé au cinquième pour la proportion de 48 centimètres de demi-grosseur de poitrine.

Le dolman est confectionné en drap bleu de ciel; sa longueur est telle qu'il descend à 20 centimètres au-dessous des hanches, et ne peut jamais s'engager sous la selle.

Il se ferme droit sur la poitrine, le côté gauche s'engageant sous celui de droite, de 4 centimètres au moyen d'une bande rapportée dans toute la longueur du devant. Les brandebourgs sont formés de deux brins de soutache de 6 millimètres de largeur, en *poil de chèvre* noir pour les chasseurs et blancs pour les hussards.

Le collet des chasseurs est en drap garance, celui des hussards en drap garance.

Le pantalon de troupe en drap garance est garni, sur les coutures latérales externes, d'un passe-poil en drap bleu de ciel.

Le pantalon des officiers est en drap garance fin et orné d'un passe-poil semblable, accompagné de chaque côté à 5 millimètres de distance, d'une bande du même drap bleu de ciel, largeur apparente de 2 centimètres, remployée en dessous et cousue le bord à points perdus.

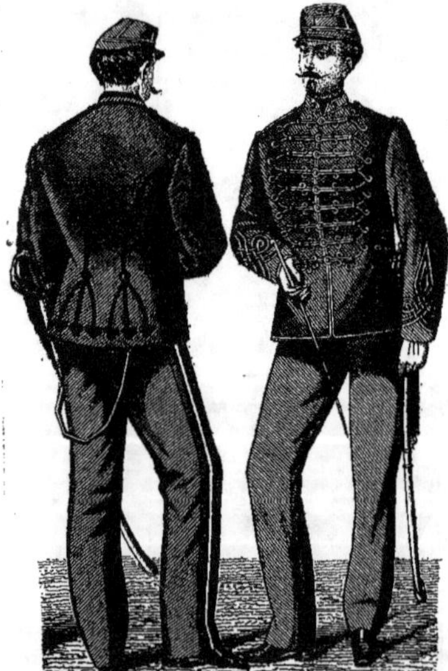

Fig. 102 *bis.*
Officiers de chasseurs et de hussards (décret de 1872).

MODÈLE DU MANTEAU DE CAVALERIE ET DE LA CAPOTE D'INFANTERIE DE LIGNE.

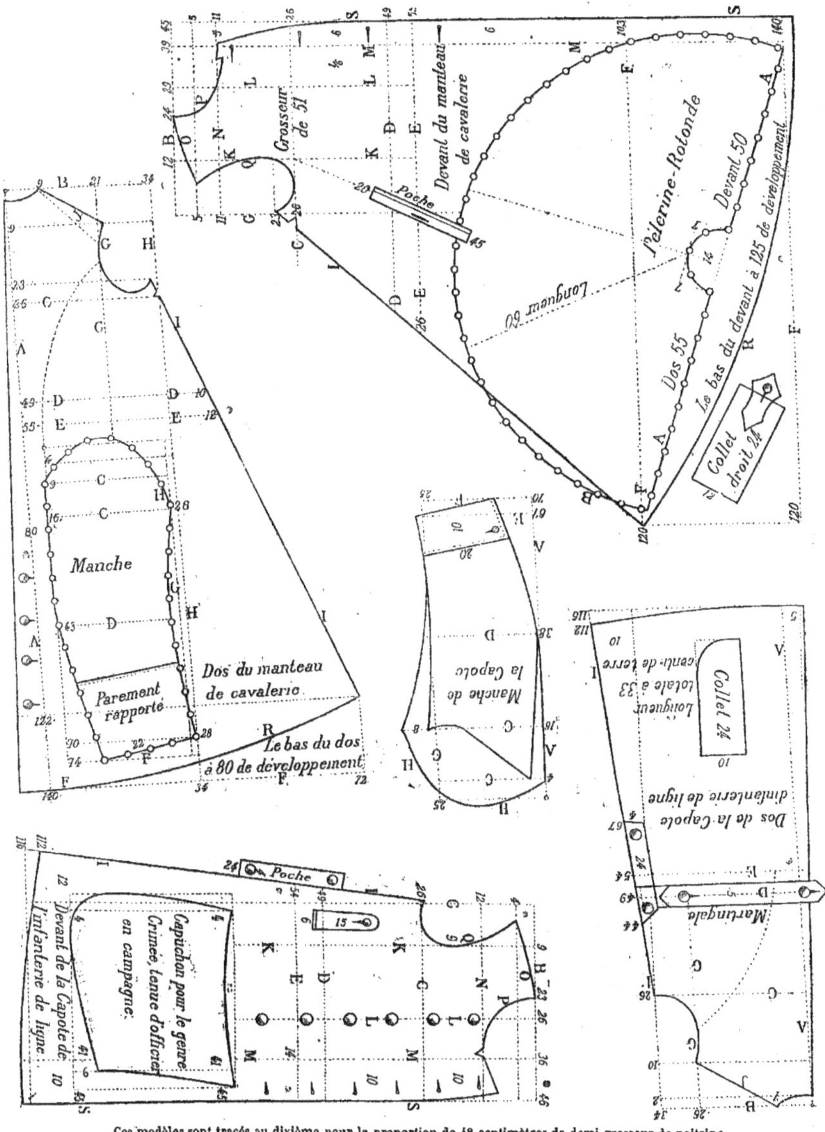

Ces modèles sont tracés au dixième pour la proportion de 48 centimètres de demi-grosseur de poitrine.
Chaque modèle contient le nom de patron, tel qu'il doit être pour son usage.

COSTUMES DES AVOCATS ET AGRÉÉS

Fig. 103. — Ces deux figures représentent le costume d'avocat, vu de dos et de devant.

Fig. 104. — Ces deux figures représentent le dos et le devant du costume des agréés du tribunal de commerce.

MODÈLES DES COSTUMES D'AVOCATS ET D'AGRÉÉS DU TRIBUNAL DE COMMERCE

dos à 8 fini

Devant de Chaperon à 65

Attache de
la queue de
la robe

Dos de chaperon

Fini 30

Dos de la robe
d'avocat

Longueur 130

Poche

La queue doit s'attacher au ruban qui part de l'emmanchure

Devant de
l'habit pour agrée
de tribunal
de commerce

④

Devant de
la robe
d'avocat

Collet 48

②

Poche

Basque
d'habit d'agrée
au tribunal
de commerce

⑤

Première
manche de
la robe
d'avocat

Grande manche
de robe d'avocat
longueur 78
largeur 65
le haut est
plissé et arrêté
de 5 centimêtres

③

Manche de l'habit
d'agrée

⑥

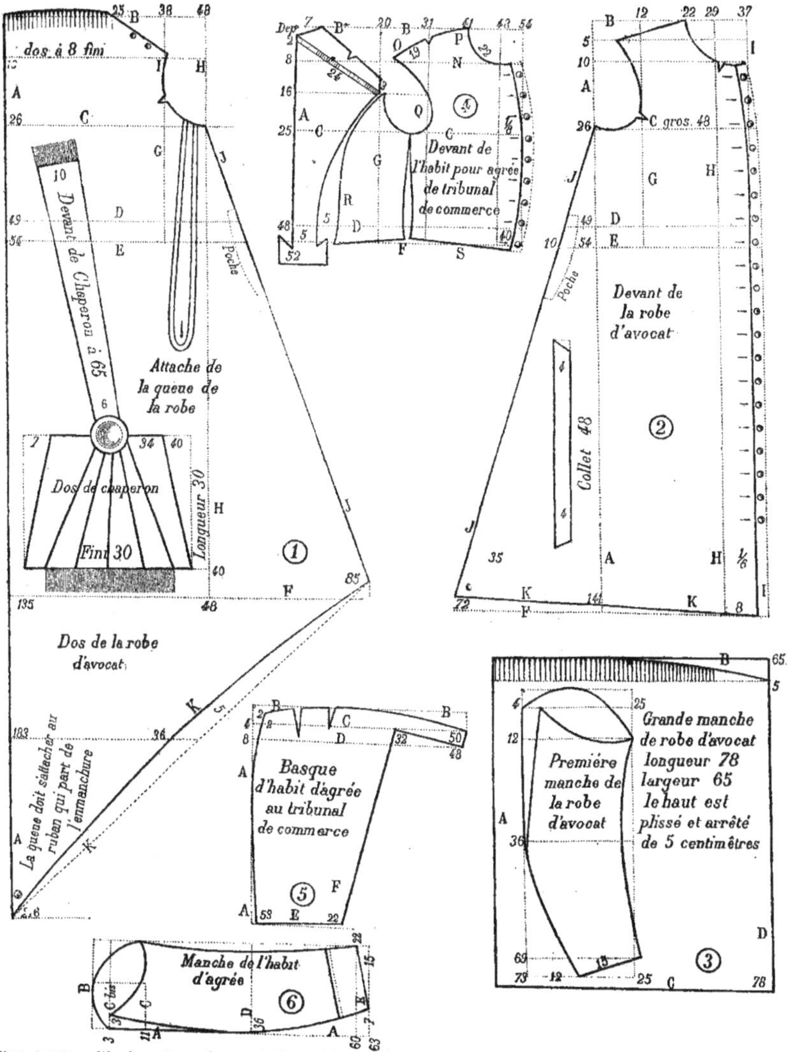

Nos 1, 2 et 3, modèles des costumes des avocats. Ces modèles sont tracés au dixième pour la proportion de 48 centimètres de demi-grosseur de poitrine. — Nos 4, 5 et 6, modèles pour les costumes des agréés du tribunal de commerce. Ces costumes sont tracés au dixième pour la proportion de 48 centimètres de grosseur.

LE MUSÉE DES TAILLEURS ILLUSTRÉE

MODÈLE DE LA SOUTANE ET DE LA DOUILLETTE POUR CURÉ.

Collet de la douillette

⑥

Collet

Devant
de la soutane

①
Devant et dos
de la soutane pour Curé
Grosseur 48 de poitrine.

②
Chanteau

Jupe de la soutane pour Curé
Grosseur 48 de poitrine.

Départ

③
Manche

④
Dos du pardessus
de la douillette
pour Curé

⑤
Devant du pardessus
de la douillette
pour Curé

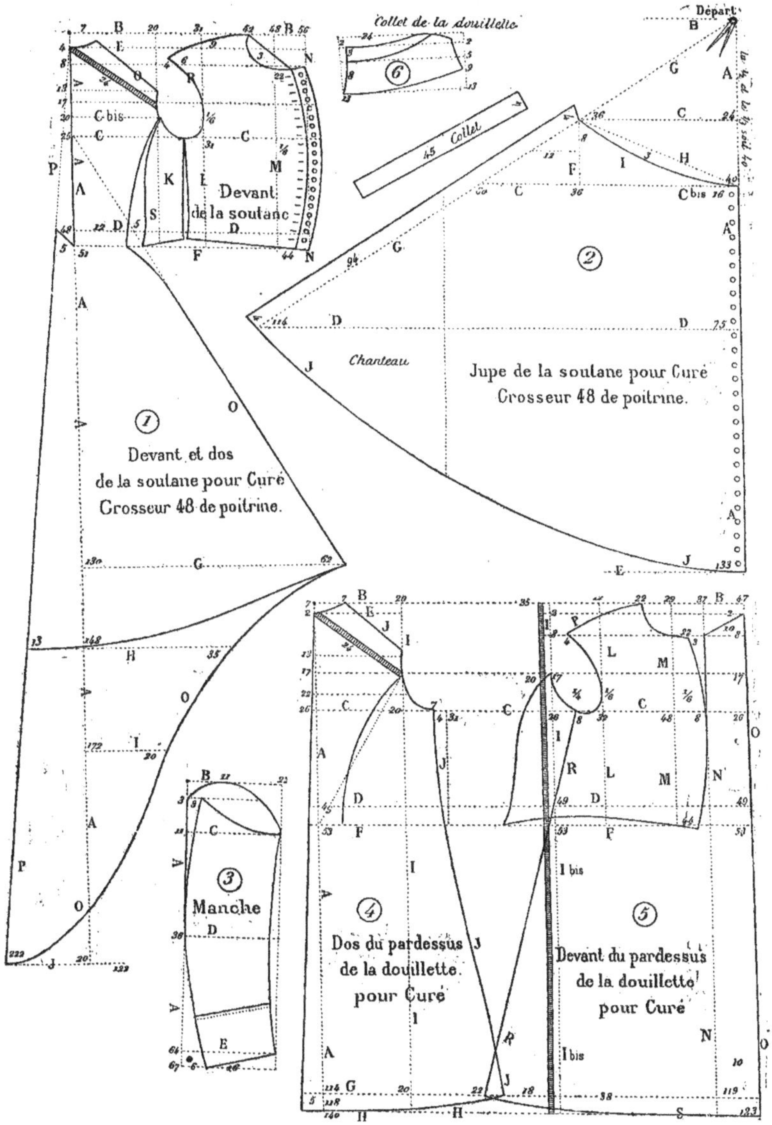

Ces modèles sont tracés au dixième pour la proportion de 48 centimètres de demi-grosseur de poitrine.
Pour les faire de grandeur naturelle, il faut suivre l'explication, à la page des observations, qui se trouve à la fin de la *Méthode.*

MODÈLE DE L'HABIT ET DE LA CAPOTE POUR SUISSE.

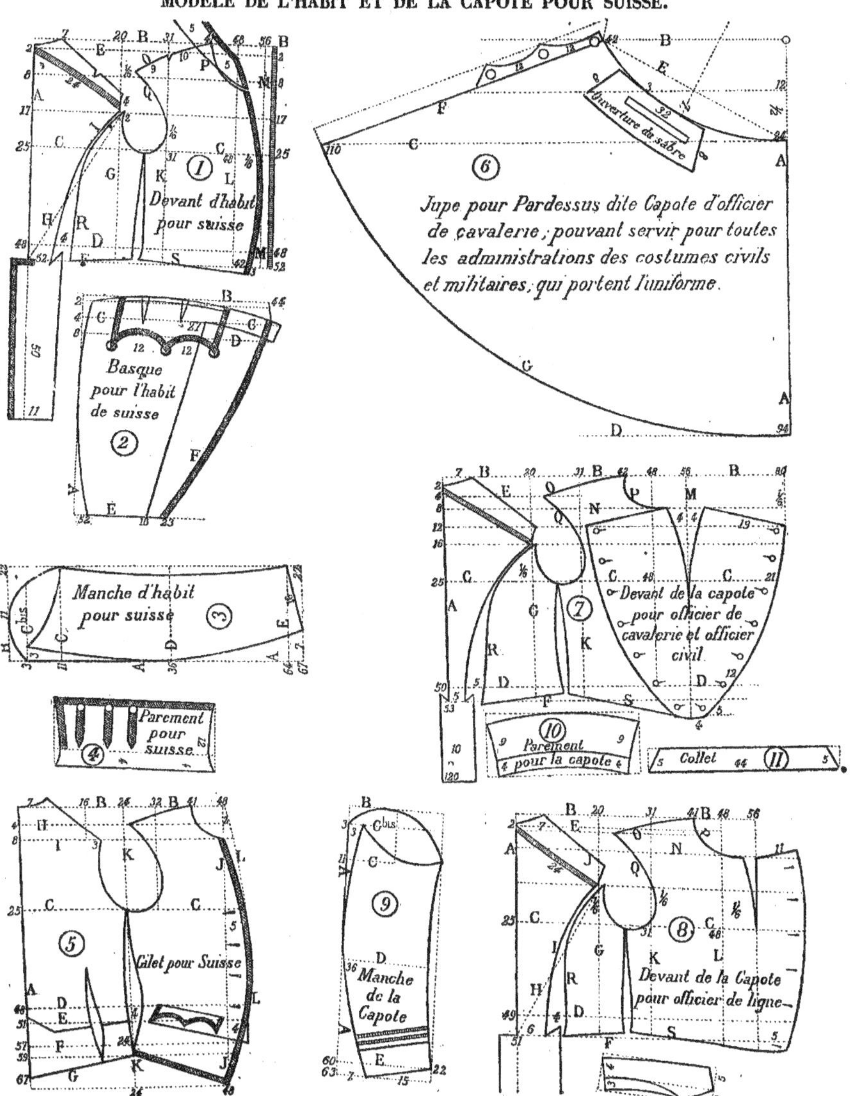

Le modèle de la capote de suisse peut servir pour tous les uniformes comme petite tenue. Voir la page des observations à la fin de la *Méthode*.

MODÈLE DE L'ÉQUIPAGE DE MARINE.

L'explication de l'équipage de marine se trouve ci-contre, mais, pour le corps des officiers (Voir page 72). Les marins portent le paletot twine croisé à deux rangées, des boutons avec des ancres sur les devants du collet.

ÉQUIPAGES DE MARINE.

Art. 48. — Le costume déterminé par les articles ci-dessus est obligatoire jusqu'au grade de sous-chef inclusivement ; toutefois, les directeurs, chefs et commis pourvus de grades dans les différents corps de la marine, ou remplissant d'autres fonctions, peuvent continuer de porter l'uniforme et les marques distinctives des corps dont ils font partie.

Art. 49. — Les costumes des divers agents appartenant à la marine et non spécifiés au présent décret sont réglés d'après la double assimilation des corps et des grades, par notre ministre secrétaire d'État au département de la marine et des colonies.

Art. 50. — Sont et demeurent abrogés les ordonnances, décrets et décisions antérieurs relatifs à l'uniforme des différents corps de la marine.

Équipages de la marine. — Costumes de matelots.

forme des officiers, moins les épaulettes.

EFFETS DES OFFICIERS.

Caban en drap bleu, doublé de drap écarlate, sans capuchon et portant sur les manches les marques distinctives du grade.

Ceinturon de sabre de grande tenue, un galon d'or traversé par trois raies écarlates.

Belières en pareil galon, mais plus étroite.

Pour les officiers de tout grade, plaque en cuivre doré dont le modèle sera déterminé.

De grande tenue, gland d'or, cordon en soie noire.

De petite tenue, cordon et aline de soie noire.

La blouse de flanelle bleue est pour les matelots. Cette blouse est faite semblable aux chemises de toile que l'on fait dans bien des contrées.

La blouse de toile bleue ou de toile grise, que l'on porte presque dans toutes les corporations, est faite de la même façon.

Le modèle ci-contre est tracé au dixième, pour la proportion de quarante-huit de demi-grosseur de poitrine.

La manche est dessinée sur le tracé de la chemise ; cette manche est coupée carrée en rapportant une petite pièce sous le bras formant le soufflet. Les épaulettes sont appliquées sur le corsage de la largeur de 4 centimètres, et la longueur est de 20 c.

Tout ce qui dépasse au delà des épaulettes doit être froncé ou plissé, à seule fin que la manche arrive aux épaulettes. Le col est assez large pour le rabattre à volonté. Pour arrondir l'encolure, on fait une fente dans les épaulettes, et l'on y place un soufflet de 5 à 6 centimètres. (Voir le modèle.)

Pour en faire la reproduction de grandeur naturelle, on doit poser régulièrement les mêmes chiffres qui sont sur le tracé.

INSPECTEURS ET LIEUTENANTS DES PORTS DE COMMERCE.
GRANDE TENUE.

Chapeau à claque bordé de galons noirs unis, ganse plate et cocarde nationale.

Capote courte de drap bleu français croisée sur la poitrine avec deux rangées de boutons en cuivre argenté, timbrés d'une ancre ; collet échancré pareil à la capote, avec passe-poils orange.

Pantalon bleu avec un liseré orange.

En été, pantalon blanc.

Epée, uniforme d'infanterie.

PETITE TENUE.

Capote sans les épaulettes.

En été, pantalon de nankin.

Les maitres du port portent l'uni-

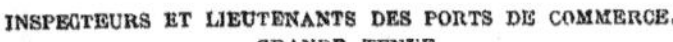

Fig. 102. — Modèle de la blouse des marins pour la petite tenue.
Pour la grande tenue, la veste croisée ou le paletot forme twine demi-ajusté.

MODÈLE DES SAPEURS-POMPIERS DE LA VILLE DE PARIS.

Pompiers en petite tenue.

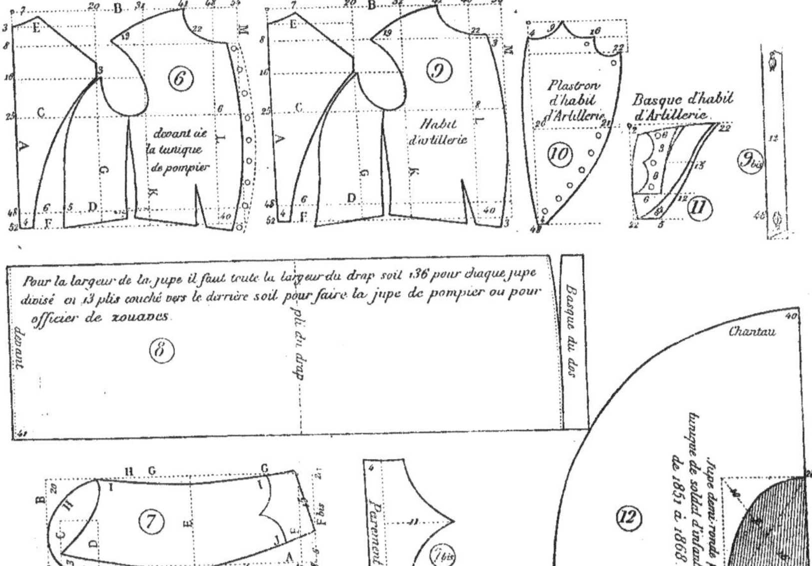

Ces modèles sont tracés au dixième pour la proportion de 48 centimètres de demi-grosseur de poitrine.
Pour les reproduire de grandeur naturelle (Voir page 75), où l'explication en est bien démontrée.
Les pompiers de la ville de Paris portent la tunique plissée; tandis que dans plusieurs départements
on fait les jupes pareilles à celles des soldats.
La gravure à 10 figures représente les pompiers de Paris en grande tenue.

14

MODÈLES DES DIFFÉRENTES GROSSEURS

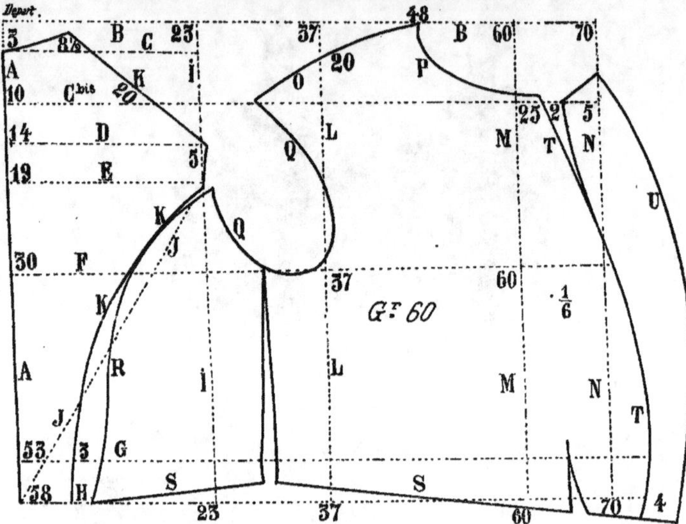

Fig. 106. — Modèle du corsage pour faire la redingote ou la jaquette pour la proportion de 60 centimètres de demi-grosseur de poitrine. Pour l'explication, voir page 4.

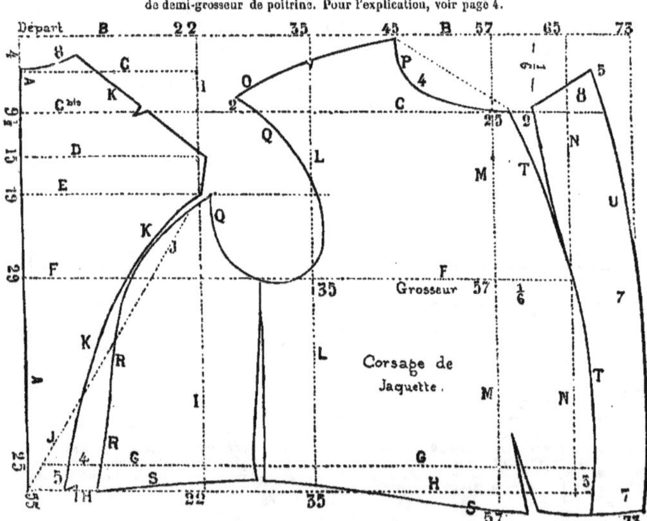

Fig. 107. — Modèle du corsage de la redingote ou de la jaquette, tracé au cinquième pour la proportion de 57 centimètres de demi-grosseur. Pour l'explication, voir page 4.

Nos 2 et 3 Officiers de Chasseurs et Hussards
Nos 6 et 7 Costumes de Bal Officiel
No 10 Officier d'Infanterie No 13 Piqueur
LE MUSÉE DES TAILLEURS ILLUSTRÉ
JOURNAL des MODES de PARIS HOMMES DAMES et ENFANTS
Publié par E. LADEVEZE
COURS DE COUPE MÉTHODE LADEVEZE 15e
No 14 Maire No 15 Amazone No 17 Costume de
Bal Officiel Nos 21 et 22 Officiers d'Artillerie
No 25 Officier d'Infanterie

MODÈLE DU PARDESSUS GROSSEUR 60

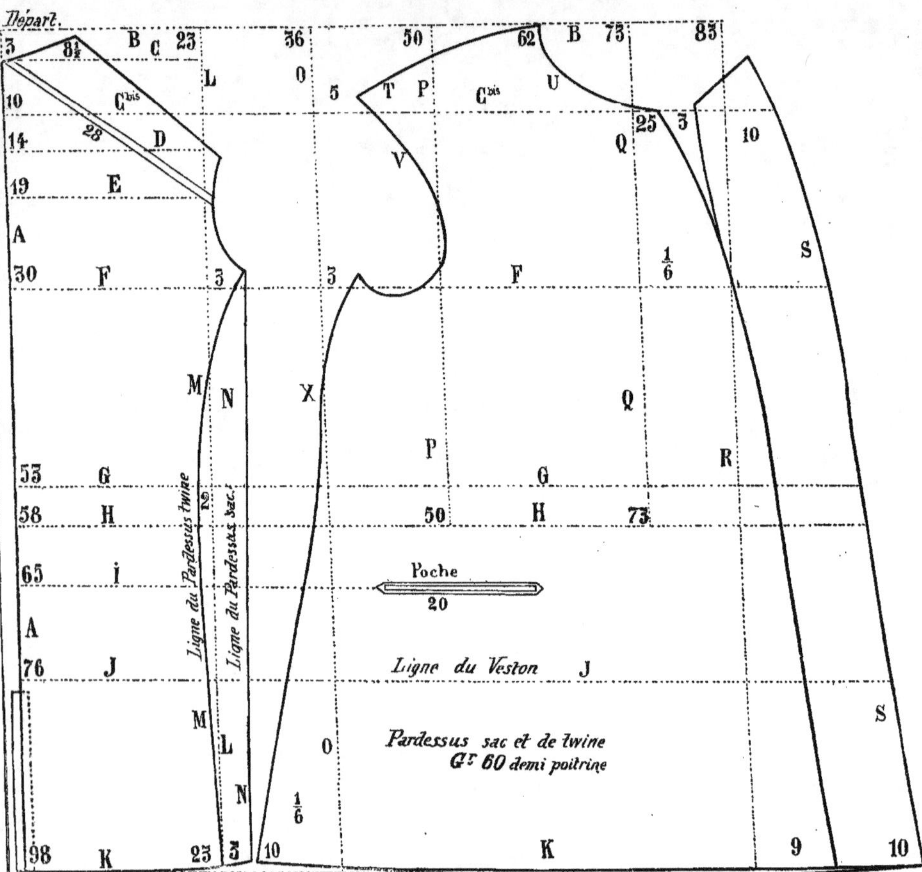

Fig. 108. — Modèle de pardessus sac et de twine, pour la proportion de 60 centimètres de demi-grosseur de poitrine. Pour en faire la reproduction de grandeur naturelle, on trace d'équerre les lignes A et B, puis on pose régulièrement les mêmes chiffres qui sont sur le tracé, et l'on trace les lignes par ordre alphabétique, soit A, B, C, D, E, F, G, H, I, J, K, L, M, N, O, P, R, S, T, U, V et X, qui terminent le tracé.

MODÈLE DU PARDESSUS GROSSEUR 57

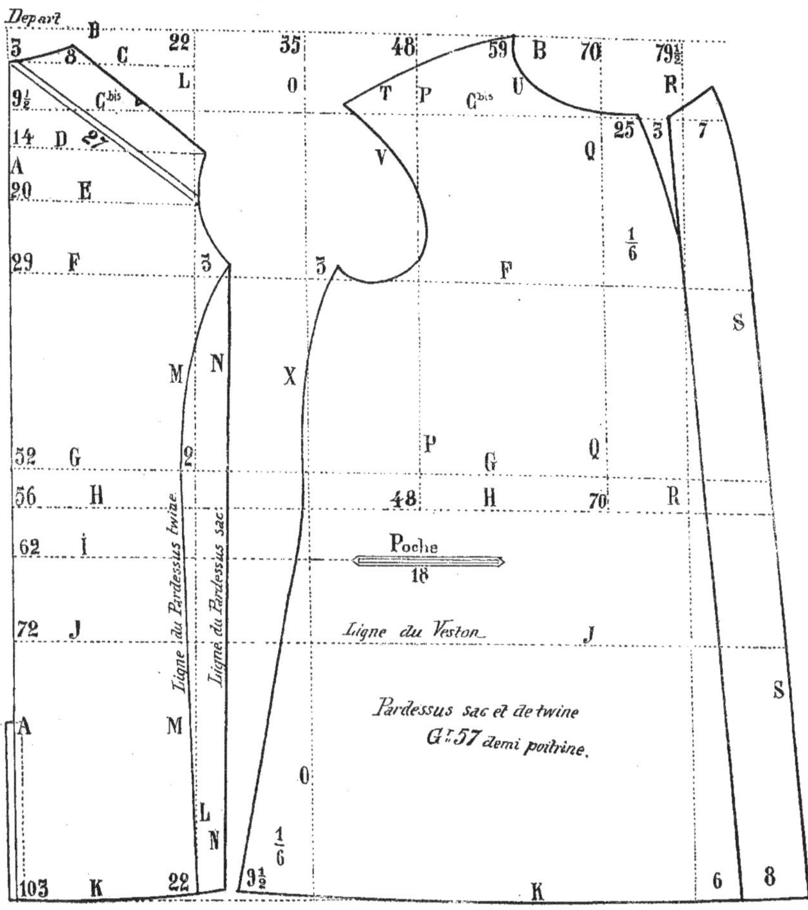

Fig. 109. — Modèle du pardessus sac et du twine, pour la proportion de 57 centimètres de demi-grosseur de poitrine. Pour en faire la reproduction de grandeur naturelle, on doit poser régulièrement les mêmes chiffres et les mêmes lignes qui sont sur le tracé.

MODÈLES DES DIFFÉRENTES GROSSEURS

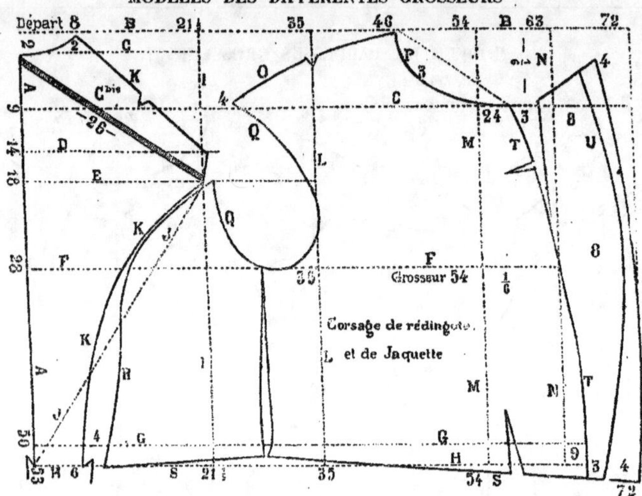

Fig. 110. — Modèle de paletot ou jaquette, tracé au cinquième pour la proportion de 54 centimètres de demi-grosseur de poitrine. Pour en faire la reproduction de grandeur naturelle, on doit poser régulièrement les mêmes chiffres qui sont sur le tracé, puis on trace les lignes par ordre alphabétique, sauf de comparer les mesures de celui pour qui la jaquette devra être faite. Le pardessus se trouve page 24.

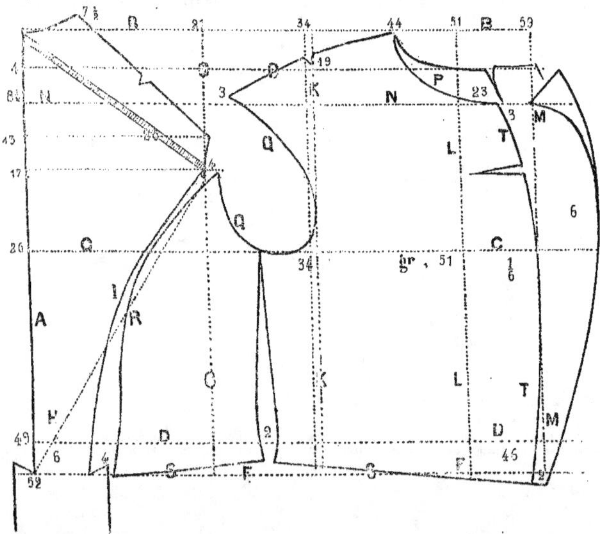

Fig. 111. — Modèle du corsage de la jaquette, tracé au cinquième pour la proportion de 51 centimètres de demi-grosseur de poitrine. Pour en faire la reproduction de grandeur naturelle, on doit poser régulièrement les chiffres et l'on trace les lignes qui sont sur le tracé. Le pardessus est page 23.

MODÈLES DES DIFFÉRENTES GROSSEURS

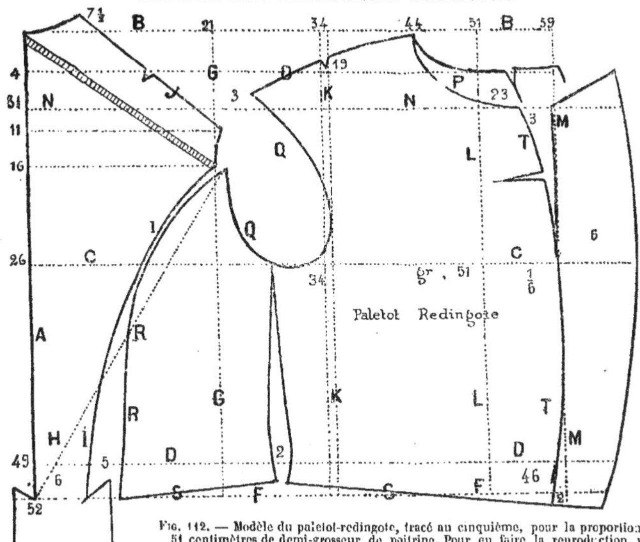

Fig. 112. — Modèle du paletot-redingote, tracé au cinquième, pour la proportion de 51 centimètres de demi-grosseur de poitrine. Pour en faire la reproduction, voir p. 10, fig. 14. Le modèle du pardessus est page 23.

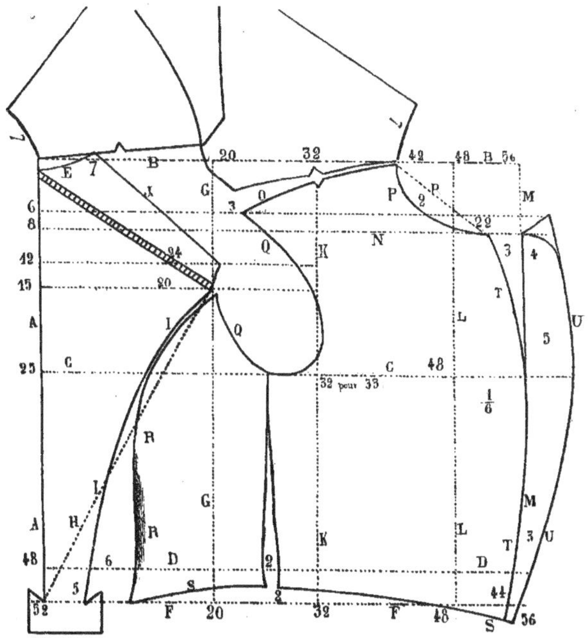

Fig. 113. — Modèle du corsage du pardessus à taille pour la grosseur de 48.

MODÈLES DES DIFFÉRENTES GROSSEURS

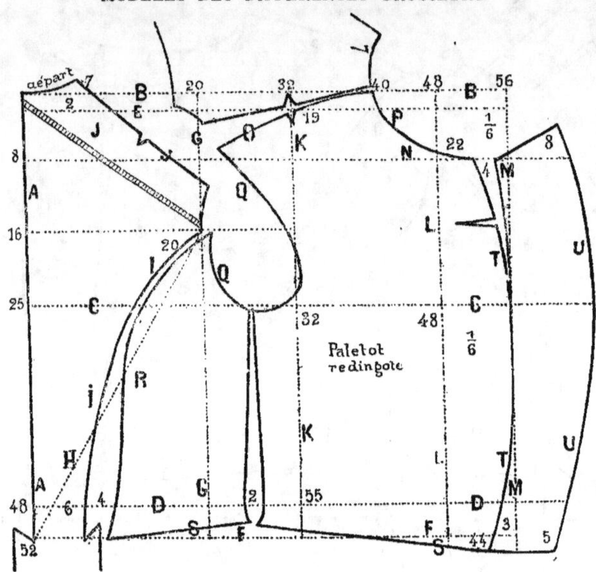

Fig. 114. — Modèle du corsage de la redingote droite, tracé au cinquième pour la proportion de 48 centimètres de demi-grosseur de poitrine. Pour en faire la reproduction, on doit suivre l'explication de la figure 4 et 5, ou bien de poser régulièrement les mêmes chiffres qui sont sur le tracé. Le modèle de pardessus est p. 14.

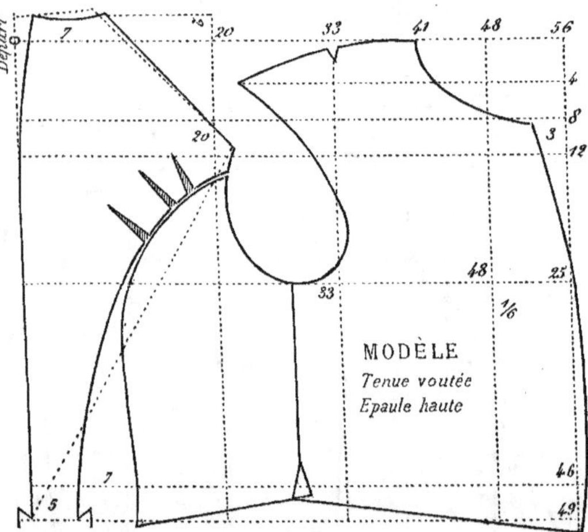

Fig. 115. — Modèle d'application pour démontrer le dos des hommes qui ont la conformation très-voûtée ; les suçons qui paraissent au bas de la carrure ne sont que le simulacre de ce qu'il faut faire au patron avant de couper sur le drap, afin de faire changer la position du patron, pour bien emboîter le dos des clients qui sont voûtés.

MODÈLES DES DIFFÉRENTES GROSSEURS

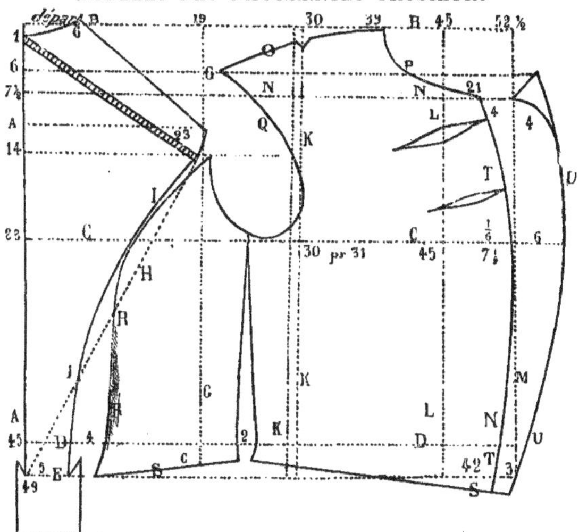

Fig. 116. — Modèle du corsage de la jaquette ou de la redingote, avec la cassure rentrée. Ce modèle est tracé au cinquième pour la proportion de 45 centimètres de demi-grosseur de poitrine. Pour le reproduire de grandeur naturelle, on doit poser régulièrement les mêmes chiffres qui sont sur le tracé. Le modèle du pardessus est page 22.

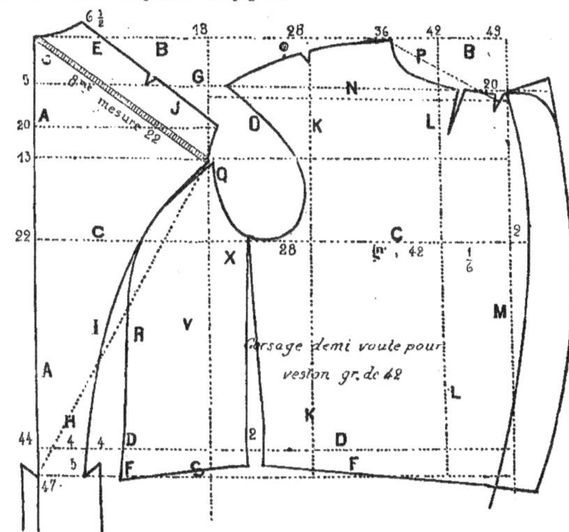

Fig. 117. — Modèle de la jaquette ou redingote, tracé au cinquième pour la proportion de 42 centimètres de demi-grosseur de poitrine. Pour en faire la reproduction, on pose régulièrement les mêmes chiffres et l'on trace les mêmes lignes qui sont sur le tracé, puis on peut suivre l'explication pages 4 et 5. Le pardessus est à la page suivante.

LA MÉTHODE LADEVÈZE
Cours de Coupe du Tailleur de Paris
est au prix de 16 f·s pour la France. Envoi franco
COURS de COUPE à forfait. 50 f·s

LE MUSÉE DES TAILLEURS ILLUSTRÉ
JOURNAL des MODES de PARIS pour HOMMES, DAMES et ENFANTS
Publié par F. LADEVÈZE, Tailleur Professeur de Coupe 56, r. J. J. Rousseau en face la Poste, à Paris
Prime d'une belle gravure de livrée à douze figures

EL METODO LADEVEZE
Traducido al Español. Titulo
CURSO DE CORTE DEL SASTRE de PARIS
Precio invariable Para España 70 R·s Para America 4 p·s F·s
Pour le mois de MARS nous servirons la gravure
de MARS et d'AVRIL ensemble.

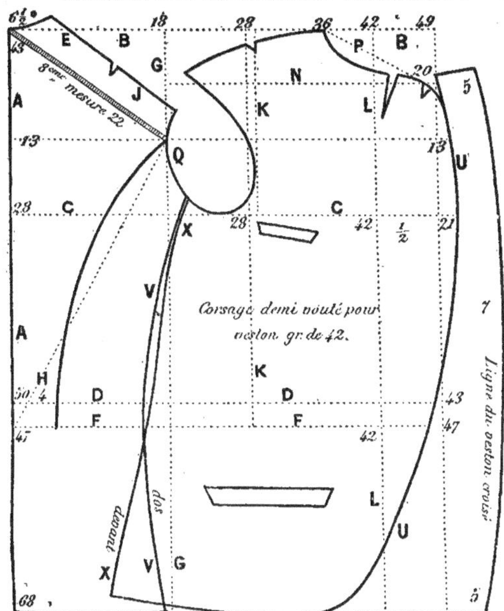

Fig. 118. — Modèle du veston, tracé au cinquième pour la proportion de 42 centimètres de demi-grosseur de poitrine. Pour le reproduire, il faut le tracer tel que le modèle l'indique; sauf de comparer les mesures du client, ou celles du tableau.

MODÈLES DES COSTUMES D'ENFANTS

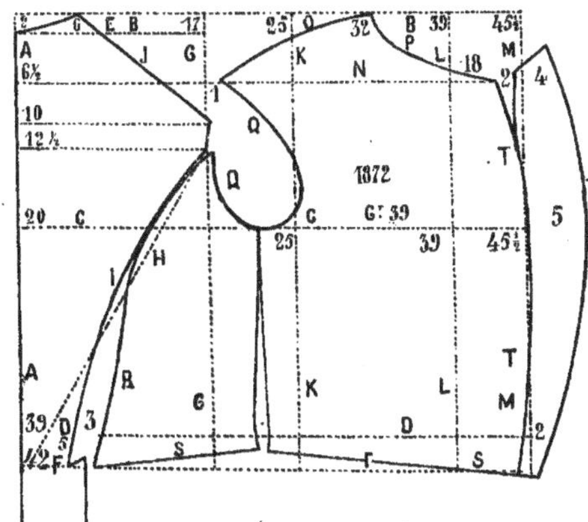

Fig. 119. — Modèle de jaquette ou de redingote, tracé au cinquième pour la proportion de 39 centimètres de demi-grosseur de poitrine. Pour en faire la reproduction, on doit poser régulièrement les mêmes chiffres et tracer les mêmes lignes qui sont sur le tracé.

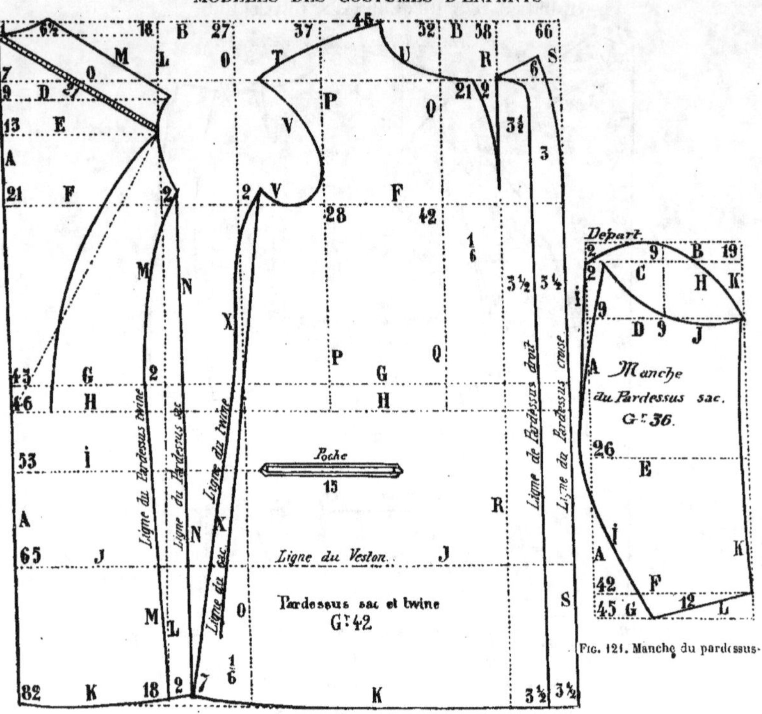

Fig. 120. — Modèle du pardessus de forme sac ou twine, tracé au cinquième pour la proportion de 42 centimètres de demi-grosseur de poitrine.

Fig. 121. Manche du pardessus.

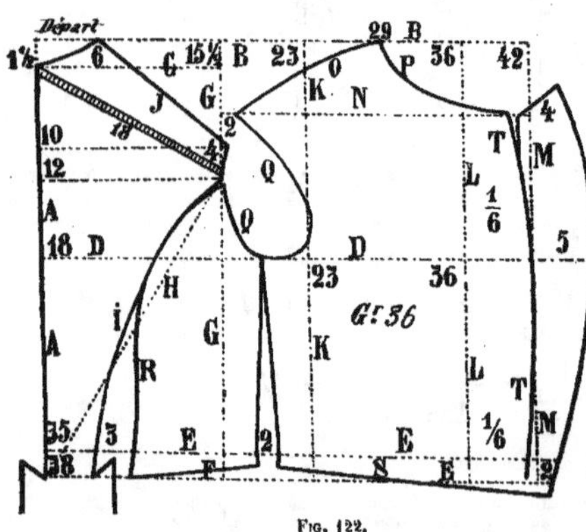

Fig. 122.

Fig. 123.

Fig. 122 et 123. — Ce sont les modèles de la jaquette, tracé au cinquième pour la proportion de 36 centimètres de demi-grosseur de poitrine. Pour en faire la reproduction de grandeur naturelle, on trace d'équerre les lignes A et B, puis on pose régulièrement les mêmes chiffres qui sont sur les tracés, et on trace les lignes par ordre alphabétique, sauf de comparer les mesures du client.

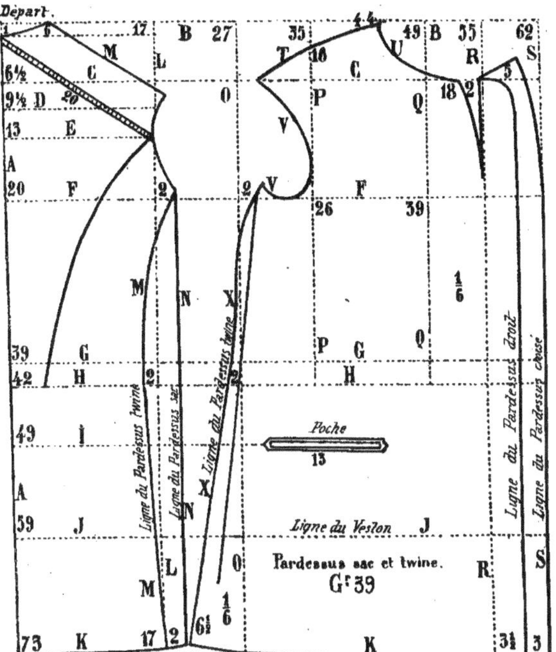

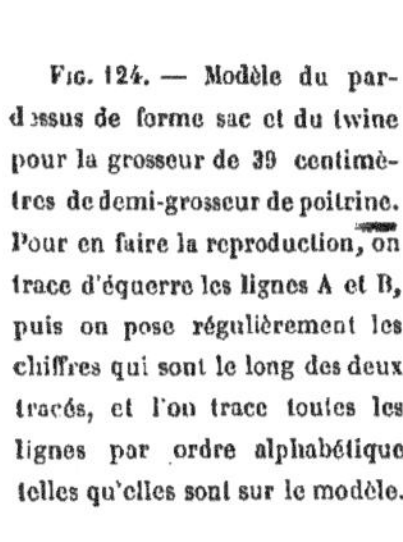

Fig. 124. — Modèle du pardessus de forme sac et du twine pour la grosseur de 39 centimètres de demi-grosseur de poitrine. Pour en faire la reproduction, on trace d'équerre les lignes A et B, puis on pose régulièrement les chiffres qui sont le long des deux tracés, et l'on trace toutes les lignes par ordre alphabétique telles qu'elles sont sur le modèle.

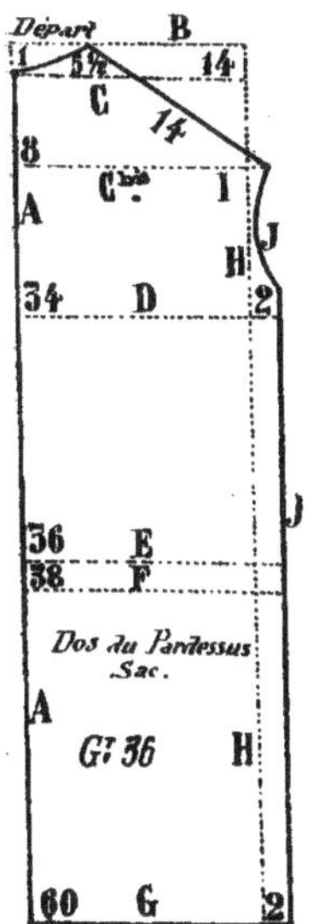

Fig. 125 et 126. — Ces deux modèles sont le dos et le devant du pardessus, forme sac, pour la proportion de 36 c. de demi-grosseur de poitrine. Pour en faire la reproduction, on pose régulièrement les mêmes chiffres qui sont sur le tracé.

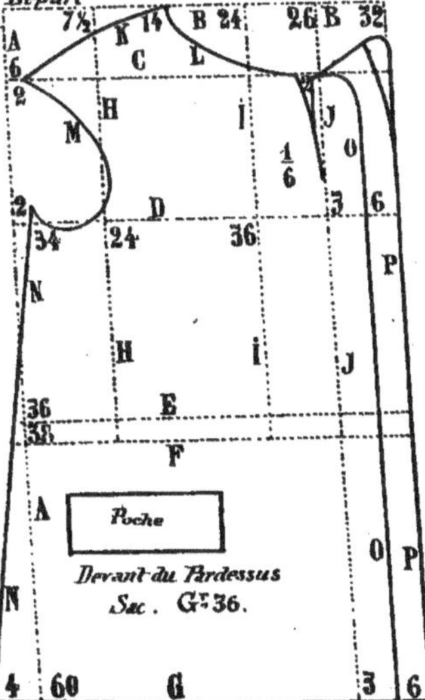

MODÈLES DES COSTUMES D'ENFANTS

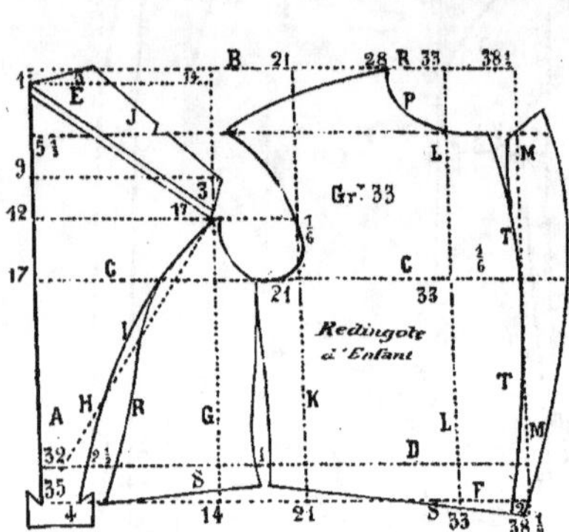

Fig. 127. — Modèle du corsage de le jaquette ou de la redingote, tracé au cinquième pour la proportion de 33 centimètres de demi-grosseur de poitrine.

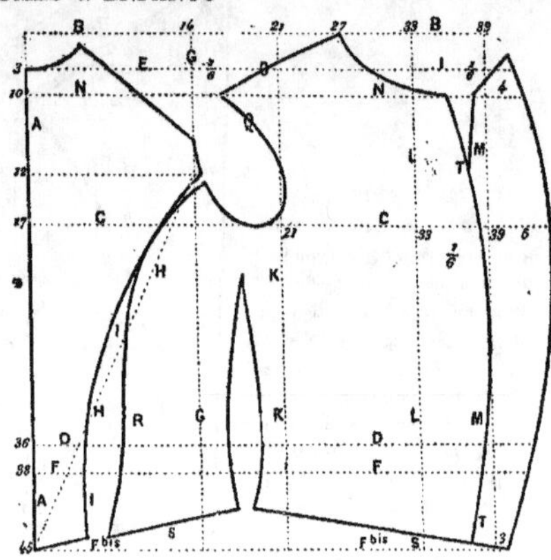

Fig. 128. — Modèle de la veste, tracée au cinquième pour la proportion de 33 centimètres de demi-grosseur de poitrine. De tous les corsages qui sont tracés dans cette méthode, il sera facile de les reproduire de grandeur naturelle, soit pour faire des redingotes, des jaquettes, des pardessus ou des vestes, en suivant les indications des chiffres qui sont sur chaque tracé.

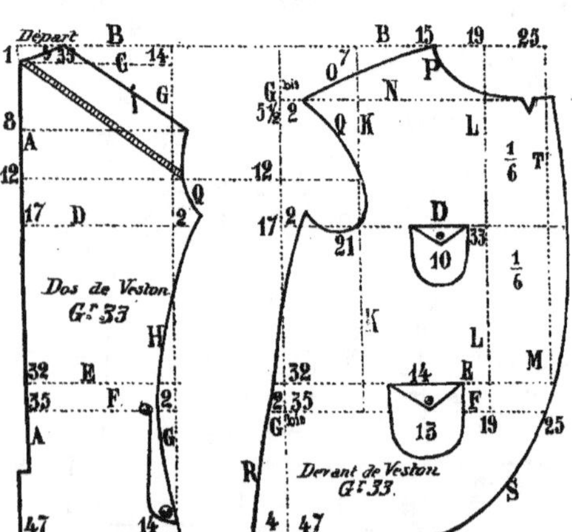

Fig. 129. — Modèle du veston, tracé au cinquième pour la proportion de 33 centimètres de demi-grosseur de poitrine. Ce même modèle peut servir aussi pour faire le Pardessus de forme sac, en tirant les lignes de la longueur que l'on désirera faire le pardessus.

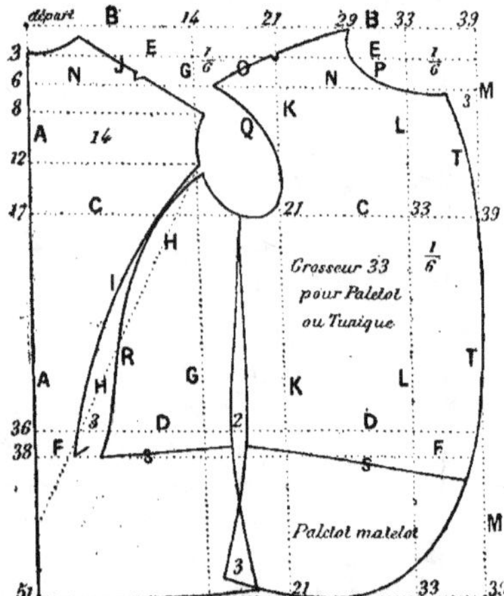

Fig. 130. — Modèle du veston, tracé au cinquième pour la proportion de 22 centimètres de demi-grosseur de poitrine.

MODÈLES DES COSTUMES D'ENFANTS

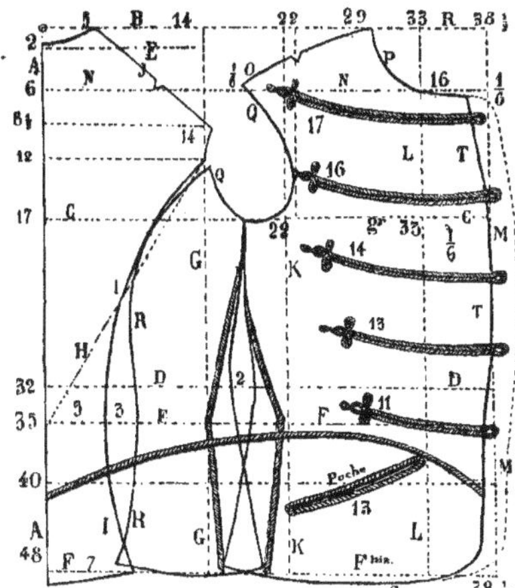

Fig. 131. — Modèle du veston hongrois pour la grosseur de 33 c.

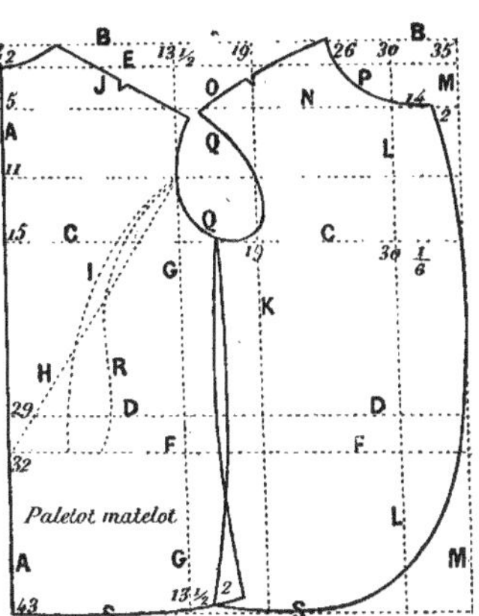

Fig. 132. — Modèle du veston dit matelot, tracé au cinquième pour la proportion de 30 centimètres de demi-grosseur de poitrine. De ce tracé, il sera facile d'en faire le pardessus, suivant la mode et le goût du genre de vêtements.

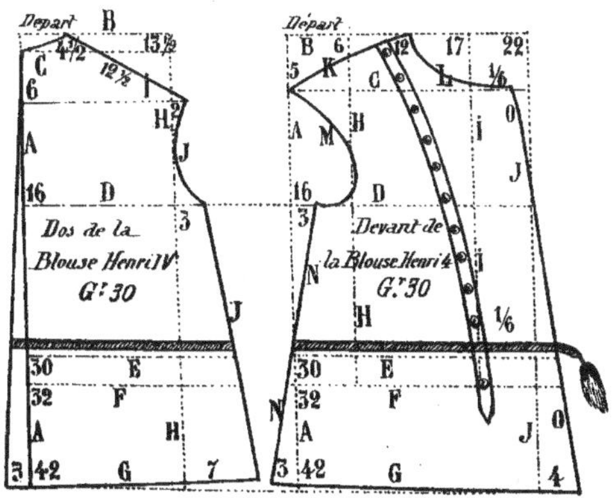

Fig. 133.

Fig. 134.

Ces deux tracés sont les modèles tracés au cinquième pour la proportion de 30 centimètres de demi-grosseur de poitrine, pour faire la blouse genre Henri IV. Pour en faire la reproduction, on doit poser régulièrement les mêmes chiffres qui sont sur les tracés, et tirer les lignes par ordre alphabétique. On serre à la ceinture au moyen d'une cordelière.

MODÈLES DES COSTUMES D'ENFANTS

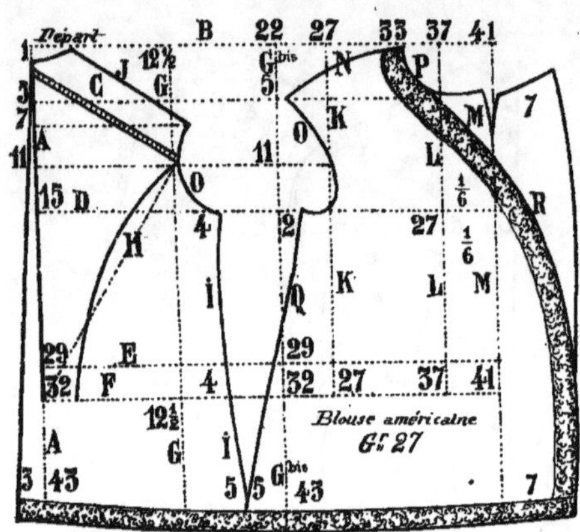

Fig. 135.

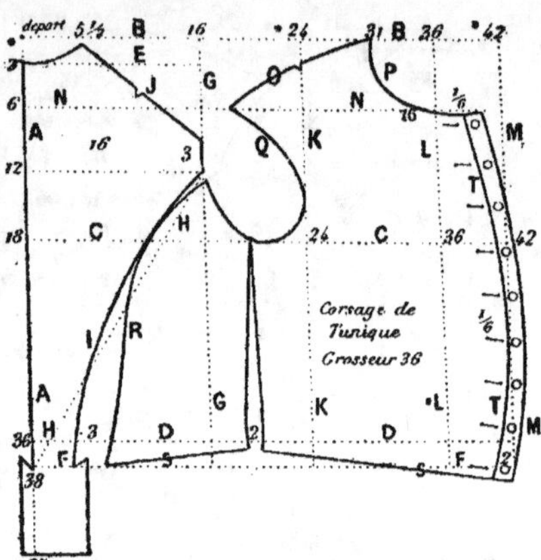

Fig. 137. — Modèle du corsage de la tunique pour collégiens, tracé au cinquième pour la proportion de 36 centimètres de demi-grosseur de poitrine. Pour en faire la reproduction de grandeur naturelle, on trace d'équerre les lignes A et B, puis on pose régulièrement les mêmes chiffres qui sont sur le tracé, en tirant les lignes par ordre alphabétique.

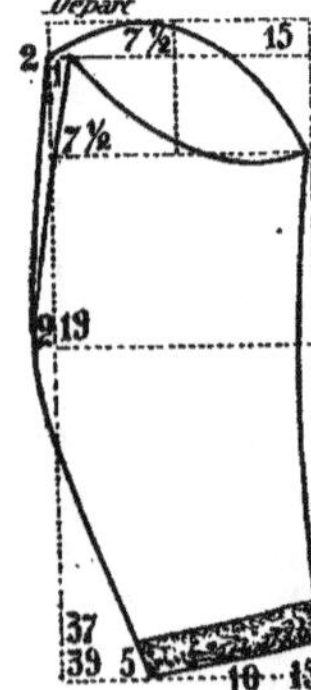

Fig. 136.

Les fig. 135 et 136 sont deux tracés pour les modèles de la blouse américaine, tracés au cinquième pour la proportion de 27 centimètres de demi-grosseur de poitrine. Pour en faire la reproduction de grandeur naturelle, on doit poser régulièrement les mêmes chiffres qui sont sur les tracés.

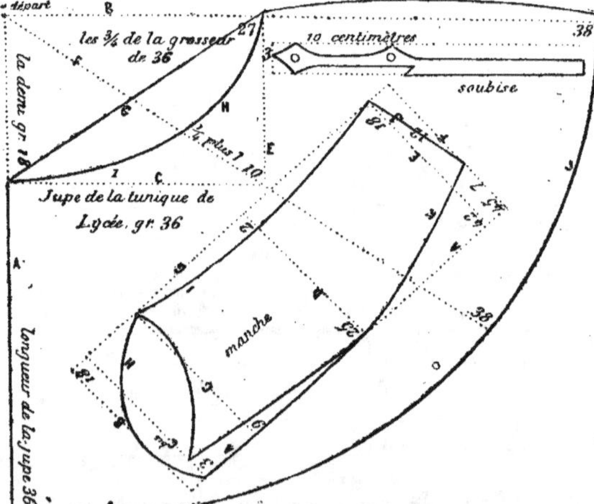

Fig. 138. — Modèle de la jupe pour la tunique, tracé au cinquième. Pour en faire la reproduction de grandeur naturelle, on trace d'équerre les lignes A et B, partant du point de l'équerre, formé par ces deux lignes, on pose, en descendant la ligne A, la demi-grosseur de poitrine qui est 18 pour 36, où l'on trace la ligne C; ensuite où trace les lignes par ordre alphabétique. Le modèle de la manche et de la soubise se trouve dans le tracé de la jupe.

MODÈLES DES UNIFORMES POUR ENFANTS

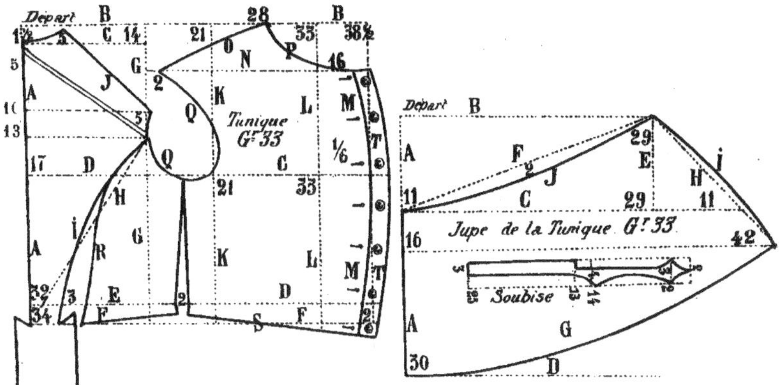

FIG. 139. — Modèle du corsage de la tunique pour collégiens, tracé au cinquième pour la proportion de 33 centimètre de demi-grosseur de poitrine. Pour en faire la reproduction de grandeur naturelle, on trace d'équerre les lignes A et B, puis on pose régulièrement les mêmes chiffres qui sont sur le tracé, en tirant les lignes par ordre alphabétique.

FIG. 140. — Modèle de la jupe de la tunique pour la grosseur de 33 centimètres de demi poitrine. Cette jupe est plate, dans le même genre que pour l'infanterie de ligne. Pour la reproduire, il faut poser les mêmes chiffres qui sont sur le tracé.

FIG. 141. — Modèle de la manche de la tunique, pour la grosseur de 33.

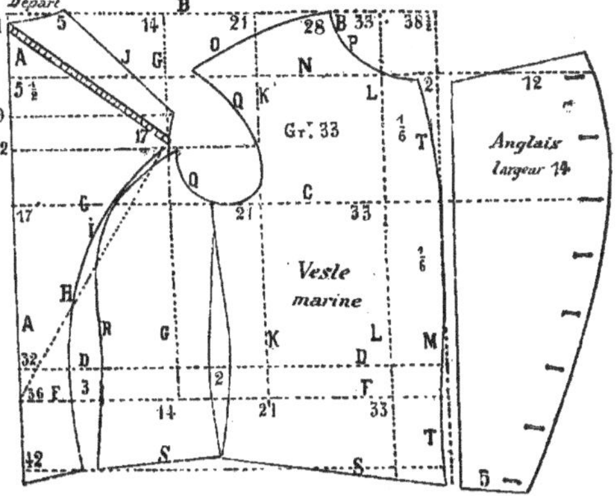

FIG. 142. — Modèle de la veste telle que les élèves du Collége de Sainte-Barbe la portent comme uniforme ; cette même veste sert de petite tenue pour les officiers de marine et les soldats de l'équipage. Cette veste est tracée au cinquième pour la proportion da 33 centimètres de demi-grosseur de poitrine. Les devants sont croisés avec une anglaise rapportée, de 12 centimètres en haut et 5 centimètres en bas, avec 8 boutonnières de chaque côté, pouvant la croiser à volonté. Pour en faire la reproduction, on trace d'équerre les lignes A et B, puis on pose régulièrement les mêmes chiffres qui sont sur le tracé. (Voir fig. 143.)

MODÈLES DES UNIFORMES POUR ENFANTS

Fig. 143.

Ces deux figures représentent : l'une la tunique,
l'autre la veste marine.

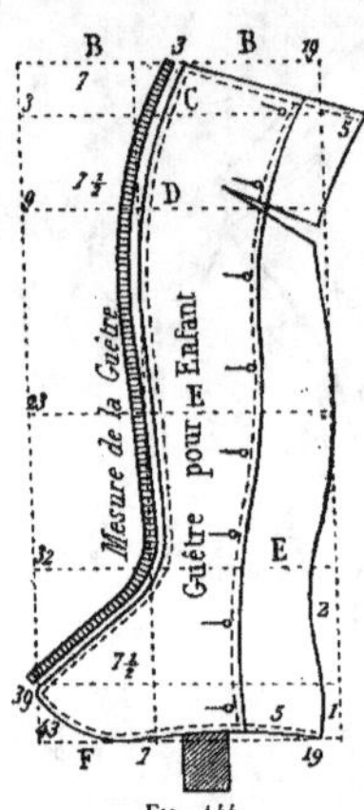

Fig. 144.

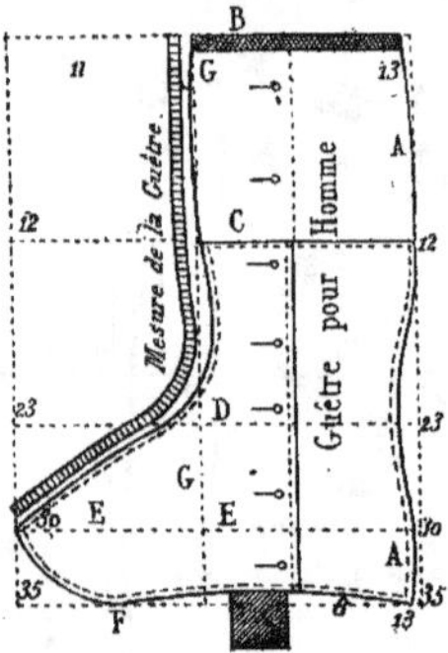

Fig. 145.

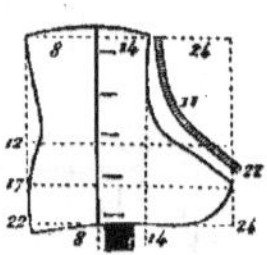

Fig. 146.

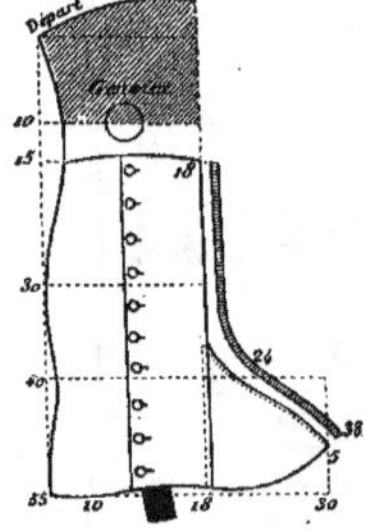

Fig. 147.

La fig. 144 est le modèle pour guêtres d'enfants, tracé au cinquième, allant au-dessus des genoux et sur le cou de pied ; le suçon qui se trouve au-dessous du jarret est pour mieux faire emboîter les genoux.

La fig. 145 est le patron de la guêtre allant jusqu'à 10 centimètres au-dessous des genoux. Ce modèle est pour les costumes de chasse et de domestiques.

La fig. 146 est le patron de la guêtre, allant à peu près à la hauteur de la bottine.

La fig. 147 est le patron de la guêtre pour les domestiques, avec les avant-pieds rapportés. Ce modèle se fait de deux formes, allant au-dessous et au-dessus des genoux, suivant le genre des livrées, que l'on peut remarquer sur les gravures de la cette *Méthode*.

MODÈLES DE L'UNIFORME DE CAVALERIE : DRAGONS ET CUIRASSIERS

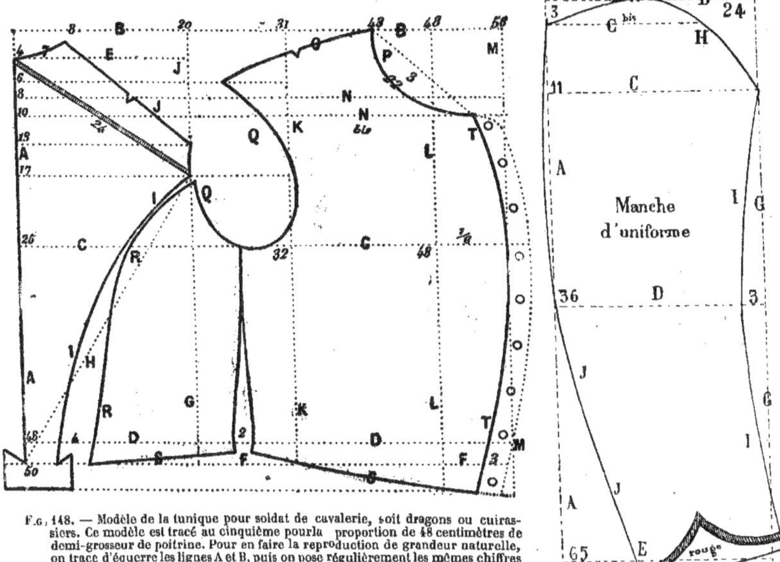

F.g, 148. — Modèle de la tunique pour soldat de cavalerie, soit dragons ou cuirassiers. Ce modèle est tracé au cinquième pourla proportion de 48 centimètres de demi-grosseur de poitrine. Pour en faire la reproduction de grandeur naturelle, on trace d'équerre les lignes A et B, puis on pose régulièrement les mêmes chiffres qui sont sur le tracé, ou bien l'on devra suivre la même explication que pour les habits civils, page 4. La tunique des dragons et des cuirassiers se boutonne droite avec une seule rangée de boutons.

Fig. 150. — Modèle de la manche de la tunique. Pour la reproduire, il faut suivre la même explication qui est pages 8 et 9, fig. 8. Le manteau de cavalerie est page 82, nos 4 et 5, mais, depuis le décret de 1871 et 1872, la cavalerie porte la capote pareille à celle de l'infanterie, sauf que la pèlerine a toujours la forme rotonde.

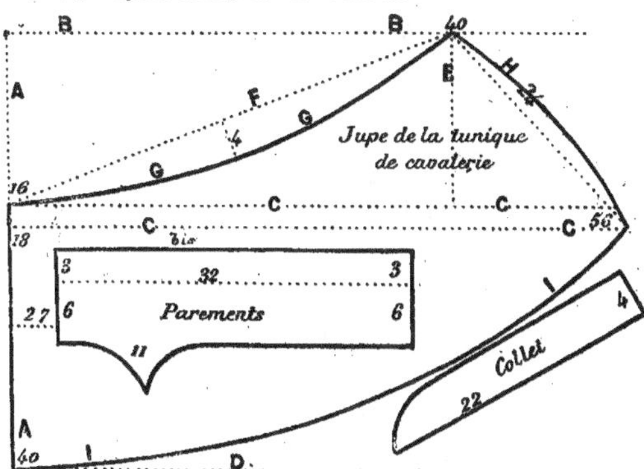

La fig. 149, modèle de la jupe pour la tunique, tracé au cinquième. Pour en faire la reproduction, on trace d'équerre les lignes A et B, puis en descendant la ligne A, on pose le tiers de 48 qui est 16, où l'on trace la ligne C, puis 48, qui fixe la longueur de derrière de la jupe par C bis, puis on pose la longueur de la jupe fixée à 40, ou bien l'on trace la ligne D. La jupe ne doit avoir que 24 de longueur.

Grade de Capitaine
d'Artillerie - État Major
Nouveau Modèle.

Hongroise
pour l'Artillerie
Nouveau Modèle d'Etat major.

MODÈLES DES GRADES DES OFFICIERS DE L'ARMÉE FRANÇAISE

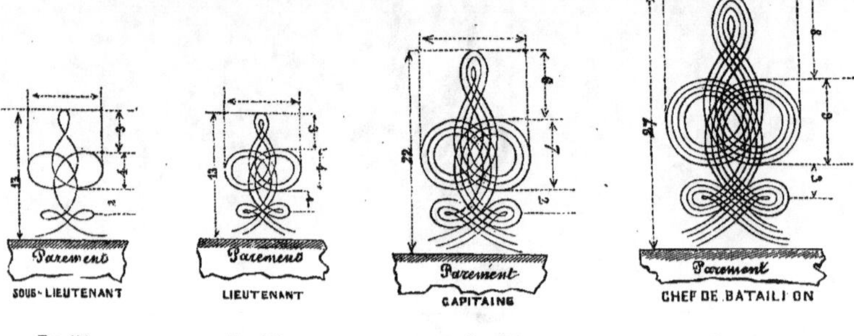

Fig. 153.   Fig. 154.   Fig. 155.   Fig. 156.

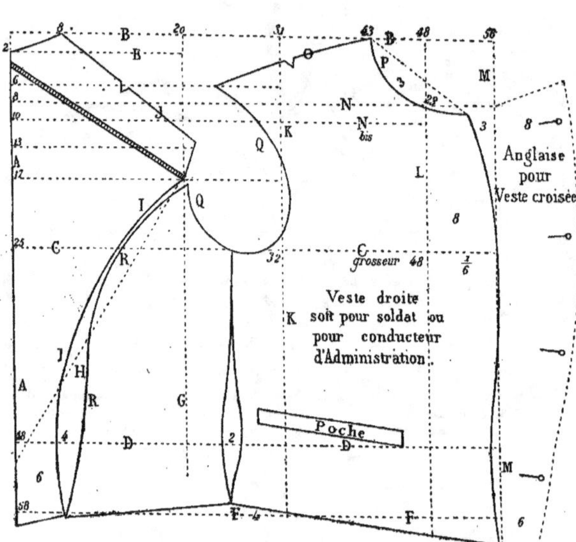

Fig. 157. — Modèle de la veste de soldat, pouvant servir pour tous les genres de vestes, soit en la faisant plus courte ou plus longue. Ce modèle est tracé au cinquième pour la proportion de 48 centimètres de demi-grosseur de poitrine, soit pour la faire droite ou croisée.

MODÈLES DU CABAN
Ancien uniforme des Officiers d'infanterie

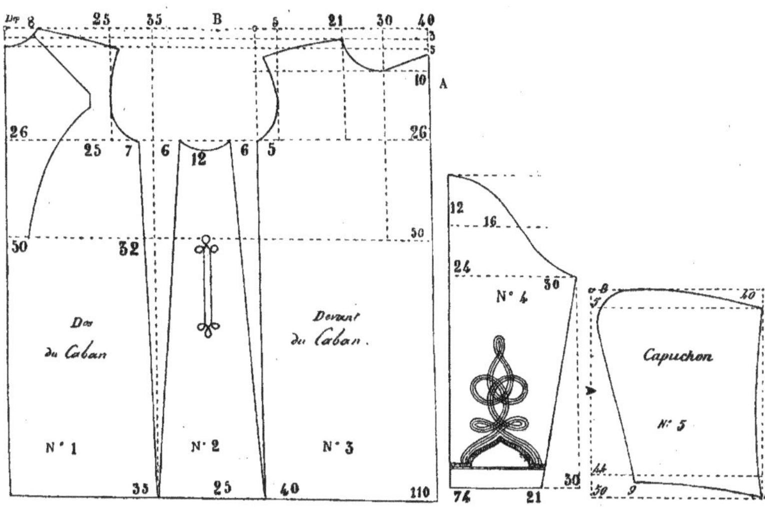

Fig. 158. — Les numéros 1, 2, 3, 4 et 5, ancien modèle du caban, dit burnouf-arabe. Ces modèles sont tracés au dixième pour la proportion de 48 centimètres de demi-grosseur de poitrine ; on remarquera le dos, le devant, et le petit côté, qui sont près les uns des autres. Pour en faire la reproduction de grandeur naturelle, on trace d'équerre les lignes A et B. Partant de la ligne A qui est le long du devant, on pose 3 qui fixe le haut de l'épaulette, puis le 1/8 moins 1 qui est 5, où l'on trace la ligne qui fixe le haut de l'épaulette du dos, et le point à la nuque, ensuite on pose 10, qui fixe l'encolure, puis on pose la moitié de 48, plus 2 cent., soit 26, qui fixe la profondeur de l'emmanchure, le chiffre 50 fixe la taille, le chiffre 110 indique la longueur totale.

Partant de la ligne A, du dos, en suivant la ligne B, on fixe le haut du dos par 8 cent., la largeur de la carrure par 25 cent., la largeur du bas du dos par 35 cent.

Pour le haut du devant, en partant de 0 on pose 5, puis 21, 30 et 40, ensuite on trace l'épaulette, l'encolure et l'emmanchure. Le petit côté par 12 cent. en haut et 25 en bas ; les poches partent de niveau des hanches ; dans le milieu du petit côté.

No 4. — C'est le modèle de la manche du burnouf, le haut de la manche est allongé pour pouvoir envelopper les épaulettes.

No 5. — C'est le modèle du capuchon. Pour en faire la reproduction de grandeur naturelle on pose les chiffres tels qu'ils sont sur le tracé.

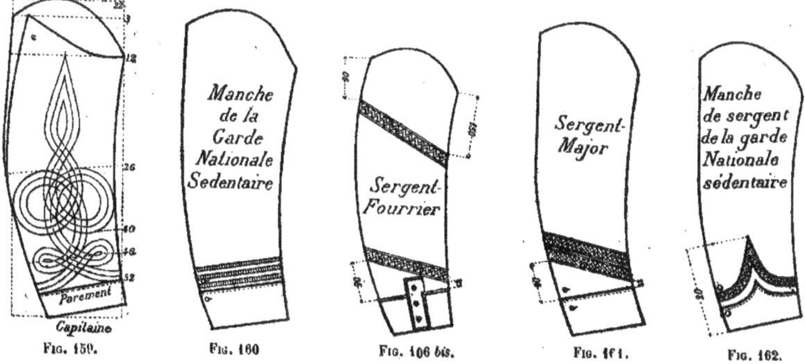

Fig. 159.   Fig. 160   Fig. 106 bis.   Fig. 161.   Fig. 162.

MODÈLE DE L'UNIFORME DE LA GARDE NATIONALE SÉDENTAIRE

Et des officiers mobiles en 1870-71

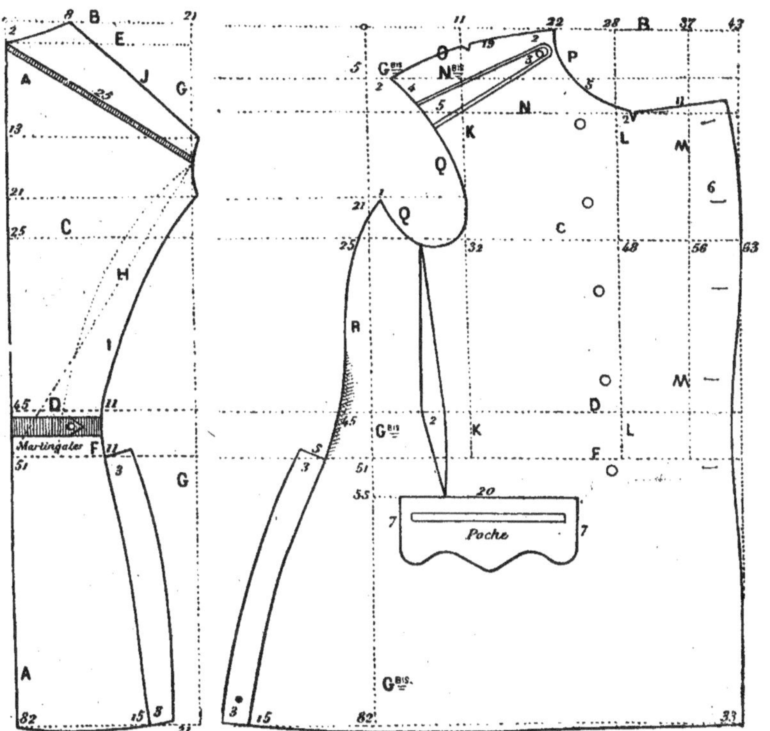

Fig. 163 et 164. — Dos et devant de la tunique des officiers des gardes mobiles en 1870. Ce modèle est tracé au cinquième pour la proportion de 48 centimètres de demi-grosseur de poitrine. Pour en faire la reproduction de grandeur naturelle, on pose les chiffres tels qu'ils sont sur le tracé. L'explication est page 77.

COSTUMES DE LA GARDE NATIONALE SÉDENTAIRE DE PARIS
TENUE DE CAMPAGNE 1871

Publié par H. Lanevœu Tailleur Professeur de coupe 53 rue J. J. Rousseau Paris

COSTUMES DE LA GARDE NATIONALE SÉDENTAIRE DE PARIS
GRANDE TENUE 1871

Publié par H. Lanevœu Tailleur Professeur de coupe 53 rue J. J. Rousseau Paris

MODÈLE DE L'UNIFORME DE LA GARDE NATIONALE SÉDENTAIRE

Et des soldats mobiles en 1870-71

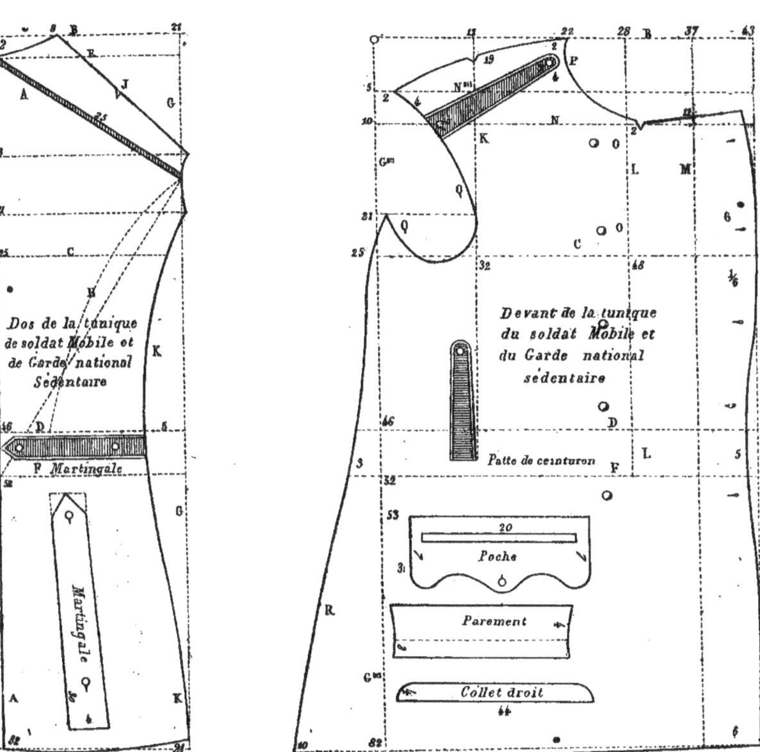

Fig. 165 et 166. — Modèle du dos et du devant de la vareuse, tel que l'uniforme des gardes nationaux la portaient en 1870. Ce modèle est tracé au cinquième pour la proportion de 48 centimètres de demi-grosseur de poitrine. L'explication est page 77, ou bien de poser les chiffres qui sont sur les tracés.

MODÈLE DE L'UNIFORME DE LA GARDE NATIONALE SÉDENTAIRE

Et des soldats les Amis de la France en 1870-71

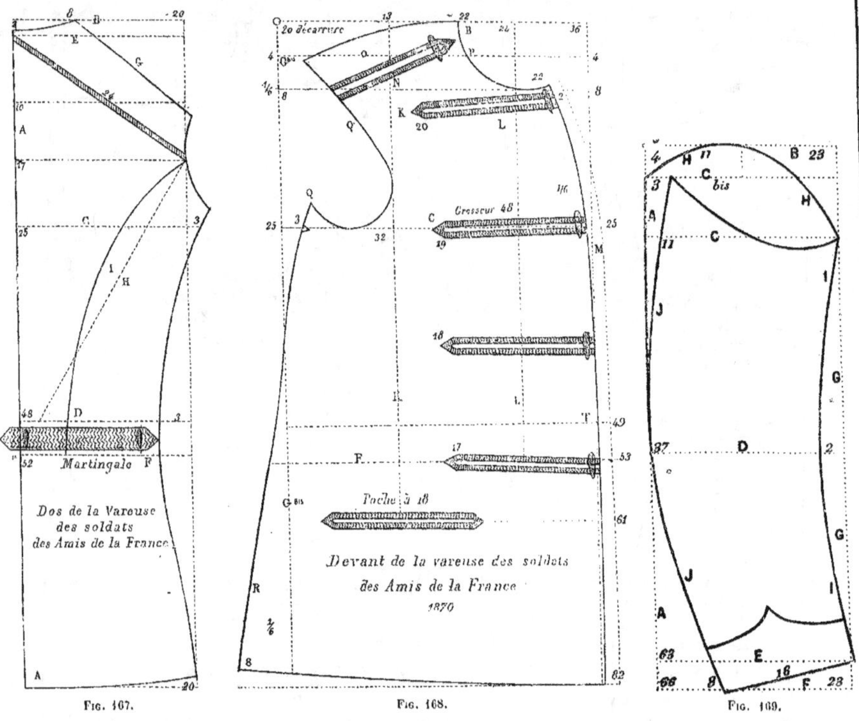

Fig. 167, 168 et 169. — Modèle du dos, du devant et de la manche de la vareuse telle que les Francs-tireurs et les Amis de la France portaient l'uniforme en 1870 et 1871. La couleur du drap indiquait les variations des divers corps qui faisaient partie de l'armée en 1870 et 1871.

Ces modèles sont tracés au cinquième pour la proportion de 48 centimètres de demi-grosseur de poitrine. Pour en faire la reproduction de grandeur naturelle, on pose régulièrement les mêmes chiffres qui sont sur le tracé. L'explication des différents corps se trouve page 77.

MODÈLES DES COSTUMES D'AMAZONE

Fig. 170.

Modèle du corsage pour le costume d'amazone. Il est tracé au cinquième, d'après le système des mesures prises à une conformation de 48 centimètres de demi-grosseur de poitrine.

Pour prendre les mesures à une dame, il faut opérer de la même manière que pour homme. (Voir pour cela le tableau des mesures, page 3.) Les mesures sont les mêmes pour les vêtements de femmes que pour les hommes, sauf la mesure des hanches à terre, que l'on peut se passer de prendre.

La coupe du corsage d'amazone n'est pas plus difficile que le corsage d'un habit. On suivra la même explication en posant les mesures telles qu'on les aura prises.

Pour faire la reproduction de ce modèle, il suffira de poser les mêmes chiffres qui sont sur le

17

MODÈLES DES COSTUMES D'AMAZONE

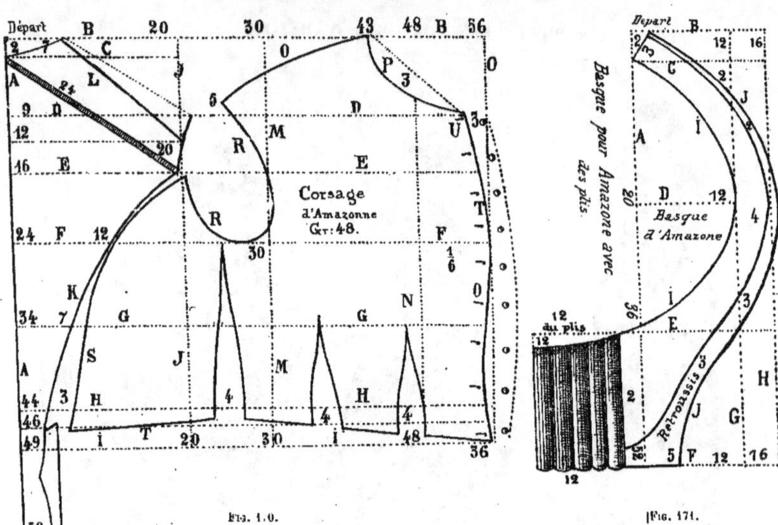

tracé et de tirer les lignes par ordre alphabétique. Si de ce corsage on désirait faire un par-dessus ou un pince-taille, il suffira de prolonger les lignes dans le même genre que pour les vêtements d'homme.

Modèle de la basque du corsage d'amazone. Ce modèle est pour faire la basque avec des plis, mais on peut la faire unie suivant le goût de celle qui portera le costume.

Pour en faire la reproduction, on trace d'équerre les lignes A et B, puis on pose régulièrement les mêmes chiffres qui sont sur le tracé.

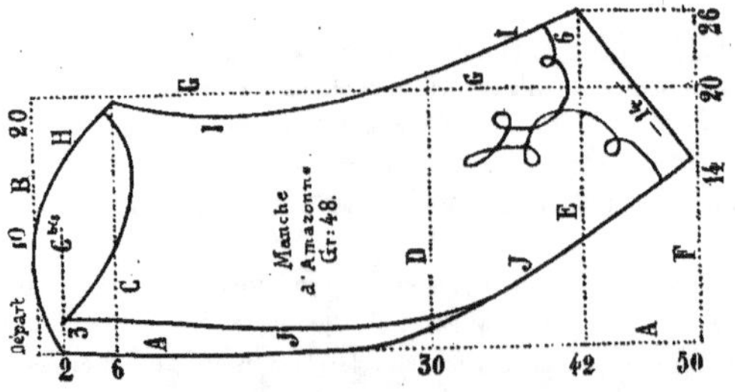

Modèle de la manche pour amazone.

Pour en faire la reproduction de grandeur naturelle, on doit procéder de la même façon que pour la manche des habits.

(Page 9)

MODÈLES DES JUPES POUR COSTUME D'AMAZONE

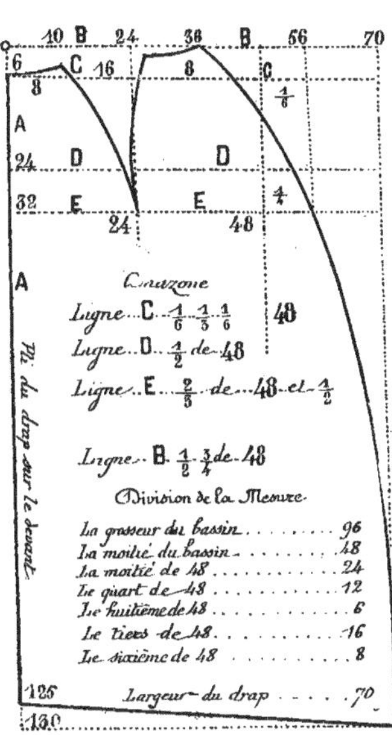

Fig. 173.

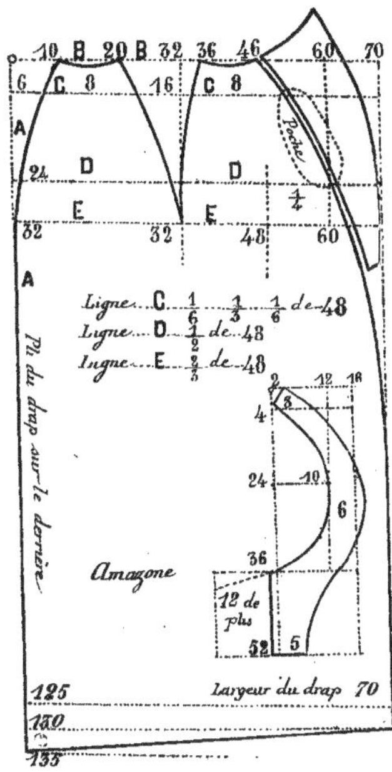

Fig. 174.

Modèle du devant de la jupe d'amazone. Elle est tracée au dixième pour la proportion de 48 centimètres de demi-grosseur, mesure prise sur le fort des hanches et sur le ventre.

Pour en faire la reproduction de grandeur naturelle, on trace d'équerre les lignes A et B. La ligne A, qui est le pli du drap, et la lettre G indiquent la largeur du drap.

Partant ensuite de la ligne B en descendant la ligne A, on pose le 1/8 de 48, puis la moitié de 48, les 2/3 de 48, la longueur totale qui est de 125 et 130, et l'on trace une ligne en face de chaque chiffre, soit C, D, E, F et G qui est la largeur de la moitié de la jupe.

Ensuite, sur la ligne B, on fixe le suçon par le tiers de 48, qui est de 16, et l'on fixe le haut de la jupe par 36, de ce point on trace la ligne en arrondissant sur la ligne G, qui termine le tracé.

Modèle du derrière de la jupe d'amazone. Pour en faire la reproduction, on trace d'équerre les lignes A et B, la ligne A est le pli du drap qui est le milieu de la jupe. Pour en faire la reproduction, on pose le long de la ligne A le 1/8 de 48, la moitié de 48, les 2/3 de 48 et la longueur de la jupe qui est fixée à 135. La jupe d'amazone doit avoir environ 150 derrière et 130 sur le devant. Sur la ligne B on fixe le haut par deux suçons, et l'on ajoute une souspatte que l'on boutonne en dedans de la ceinture. La poche se trouve dans la couture de la sous-patte qui doit être du côté droit.

MODÈLE DU GILET POUR DAMES POUVANT SERVIR POUR AMAZONE
et autres toilettes

Fig. 175.

Modèle du gilet pour da-
mes, pour la mesure de
48 centimètres de demi-
grosseur de poitrine et de 36
de ceinture. Ce gilet est fait
pour deux formes différentes :
la ligne J fixe le gilet court
pouvant servir pour ama-
zone, la ligne L fixe le genre
Louis XV. Pour en faire la
reproduction de grandeur
naturelle, on trace d'équerre
les lignes A et B; puis on
pose régulièrement les mêmes chiffres qui sont sur le
tracé, et l'on tire les lignes
par ordre alphabétique,

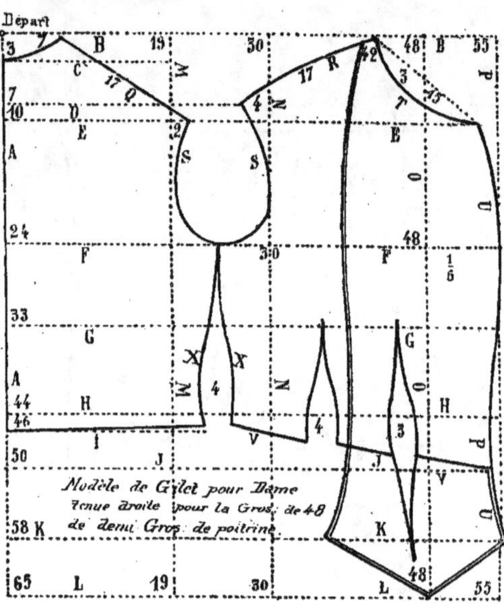

Fig. 175.

Fig. 176 et 177.

Modèle du devant et du derrière du pantalon pour
amazone, il est tracé au cinquième pour la proportion
de 48 centimètres de demi-grosseur du bassin et 32 de
ceinture.

Ce modèle est tracé d'après les mesures suivantes :

N. 1. Partant de la hanche allant jusqu'aux genoux, 50.
N° 2. Longueur totale allant jusqu'au talon, 95.
N° 3. Mesure de l'entre-jambe, 70.

> Pour bien prendre cette mesure sans mesurer les
> jambes, on peut la prendre très-juste en mesurant la
> longueur des bras, partant du milieu du dos en face de
> l'écarrure, en suivant le bras jusqu'à la jointure du poi-
> gnet, telle qu'on la prend pour la longueur des manches,
> qui se trouve représentée par les mesures n°s 11, 12 et 13,
> sur le tableau, en prenant la mesure de cette façon, on
> peut être sûr que la mesure de l'entre-jambe se trou-
> vera juste, en général elle est pareille à celle de la lon-
> gueur des bras.

N° 4. Ensuite la grosseur de la ceinture est de 64, dont la
moitié est de 32.
N° 5. La grosseur du bassin prise sur le fort du postérieur,
passant sur le ventre, la mesure est de 96, dont la moitié
est de 48.

N° 6. Grosseur de la cuisse, 60; moitié 30.
N° 7. Largeur du genou, 50; moitié 25.
N° 8. Largeur du pantalon, 40; moitié 20.°
Division ou partage de la mesure du bassin de 96 c.
La division est faite sur 48, qui est la moitié de 96 c.
La moitié de 48 est de 24 c.
Le quart de 48 est de 12 c.
Le huitième de 48 est de 6 c.
Le douzième de 48 est de 4 c.
Le tiers de 48 est de 16 c.
Le sixième de 48 est de 8 c.

Pour reproduire le pantalon d'après ces mesures, il
faut procéder de la même manière que pour les pantalons des hommes, sauf qu'il faut faire un fort suçon sur
le haut du devant pour bien emboîter le ventre ; à part
cela on peut suivre la même explication qui se trouve
page 51, figure 64.

Pour fixer la pointe de l'enfourchure, c'est par le
sixième ou le huitième de 48.

La figure 177 est le derrière du pantalon, il est tracé
sur le devant comme l'on trace tous les pantalons, en
haut du derrière il y a deux forts suçons pour bien emboîter les hanches.

MODÈLE DU PANTALON D'AMAZONE

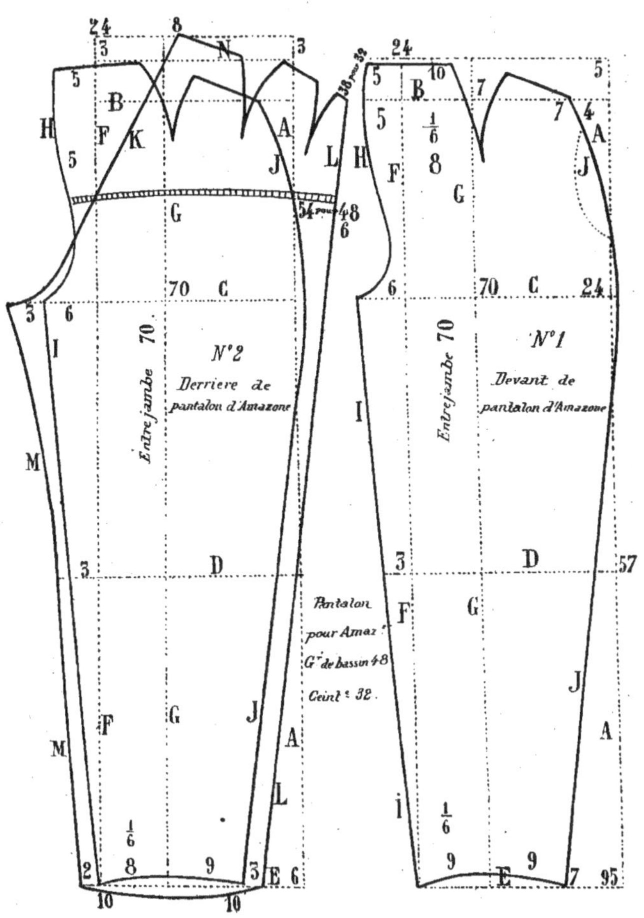

Fig. 177.   Fig. 176.

(Voir les explications page 126.)

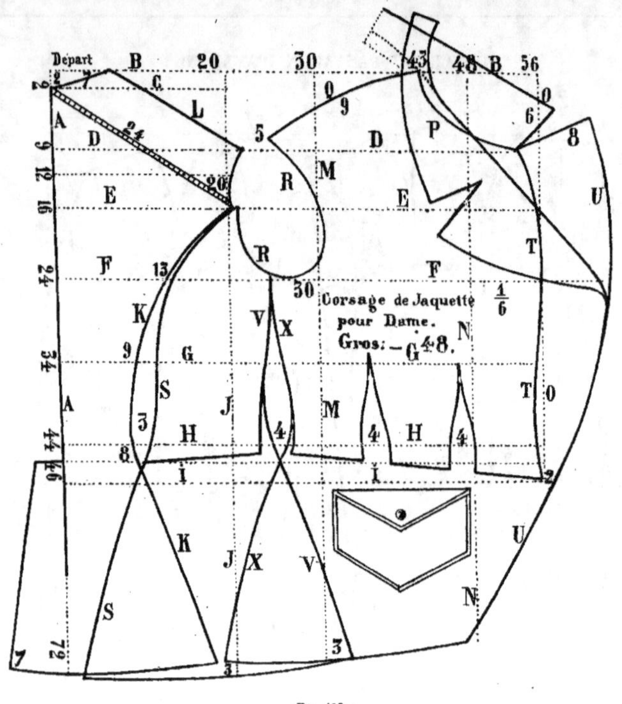

Fig. 178.

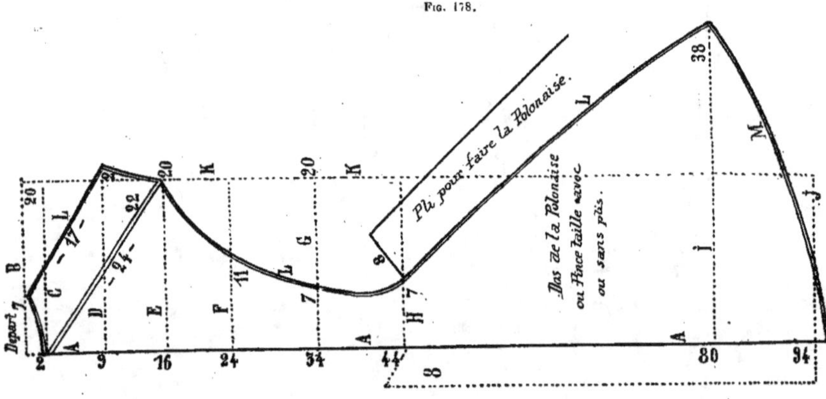

Fig. 179. — Modèle du dos du pince taille [tracé au cinquième pour la proportion de 48. On remarquera que le tracé du pince-taille n'est autre chose que le tracé de la jaquette prolongé, suivant la mode.

MODÈLE DE LA JAQUETTE POUR DAME

Fig. 178. — Ce modèle est le patron de la jaquette pour dame, il est tracé au cinquième pour la proportion de 48 centim. de demi-grosseur de poitrine et de 34 de demi-grosseur de ceinture.

Pour en faire la reproduction de grandeur naturelle, on trace d'équerre les lignes A et B; partant de l'équerre formée par ces deux lignes, on pose en descendant la ligne A les chiffres suivants: 2, 9, 12, 16, 24, 34, 44, 46, 49 et 72 qui fixent la longueur: puis on trace les lignes C, D, E, F, G, H, I.

Pour faire une jaquette d'une autre dimension, il suffira de prendre les mesures de la grosseur que l'on désirera faire; puis on prolonge les lignes J, M, N, suivant la longueur que l'on désirera faire. La ligne K doit être assemblée avec la ligne S, la ligne V est pour être assemblée avec la ligne X.

Les poches se font suivant le goût ou la mode du jour. Les manches pour les jaquettes de dame ne diffèrent en rien des manches des autres costumes, d'ailleurs la figure de la gravure représente la jaquette vue du dos, par laquelle on peut remarquer le genre telles qu'elles se font pour l'hiver de 1874.

MODÈLES DU PINCE-TAILLE POUR DAME

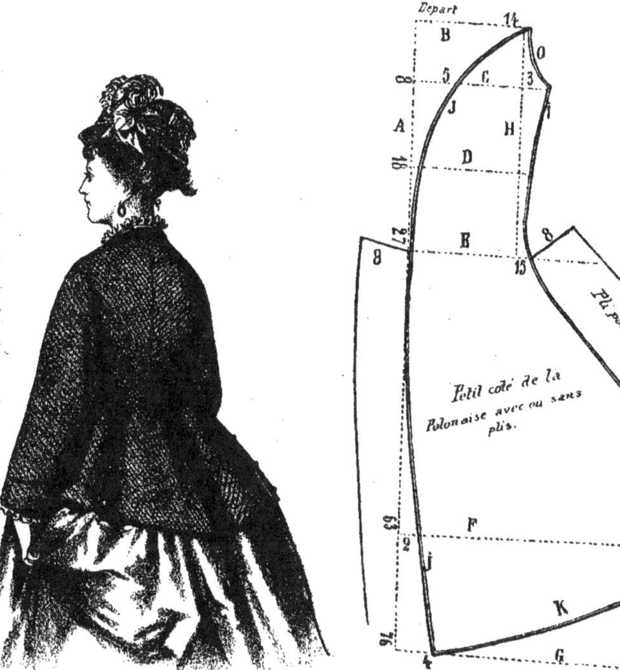

Jaquette, vue du dos.

Fig. 180. — Petit côté du pince-taille.

MODÈLES DU PINCE-TAILLE POUR DAME

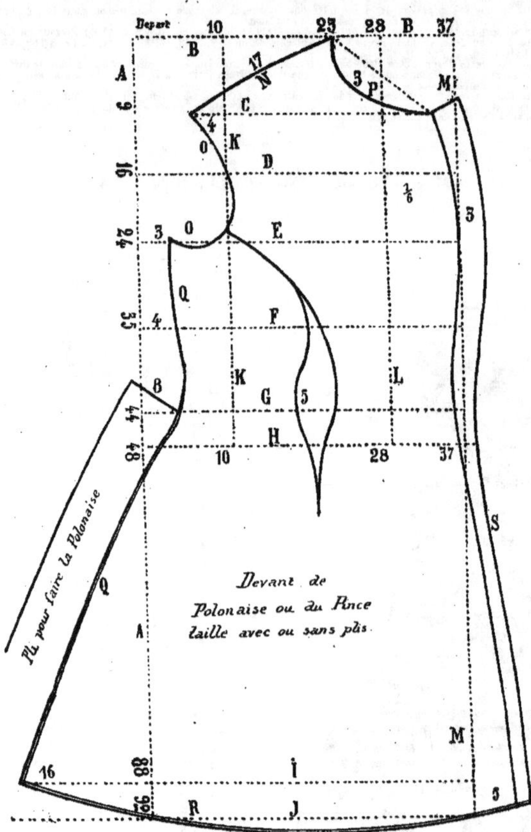

Fig. 181. — Modèle du devant du pince-taille.

Pour reproduire ces trois figures (fig. 179, 180 et 181) de grandeur naturelle on doit poser régulièrement les mêmes chiffres qui sont sur les tracés et de tirer les lignes par ordre alphabétique.

MODÈLES DU PALETOT-SAC POUR DAME

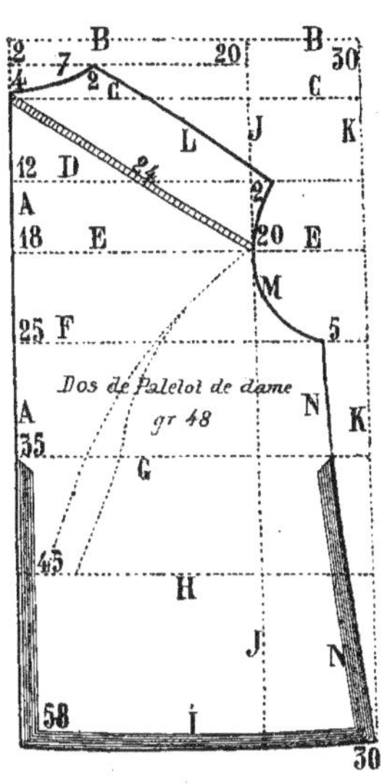

Fig. 182.

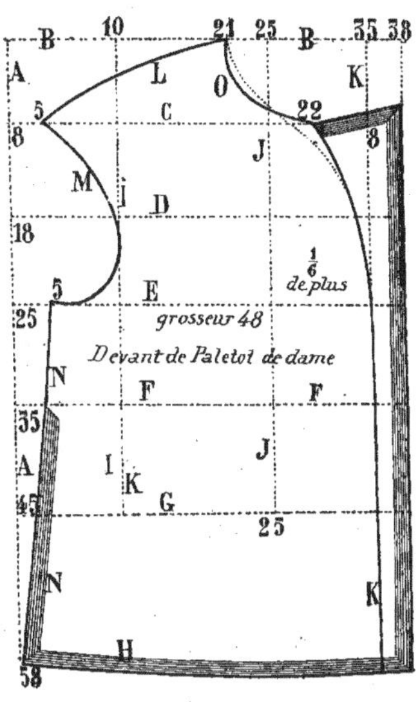

Fig. 183.

Ces deux figures sont le dos et le devant du paletot-sac pour dame; il est tracé au cinquième. Pour en faire la reproduction, on trace d'équerre les lignes A et B, puis on pose régulièrement les mêmes chiffres qui sont sur les tracés, et l'on tire les lignes par ordre alphabétique, ou en suivant la pose des mesures.

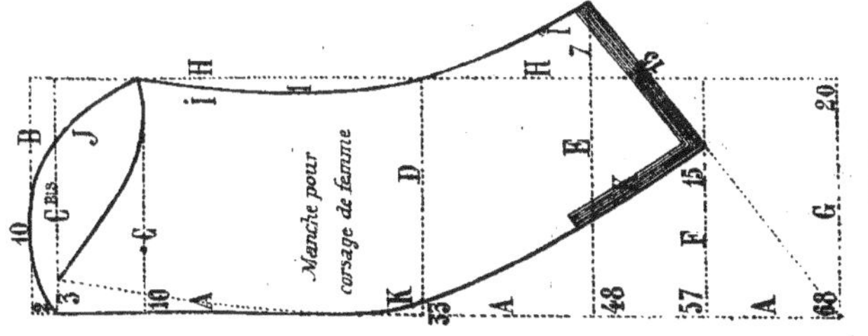

Fig. 184.

Ce modèle est le tracé de la manche du paletot-sac. Pour la reproduction de grandeur naturelle, on doit poser régulièrement les mêmes chiffres qui sont sur le tracé.

18

MODÈLE DE LA ROTONDE POUR DAME

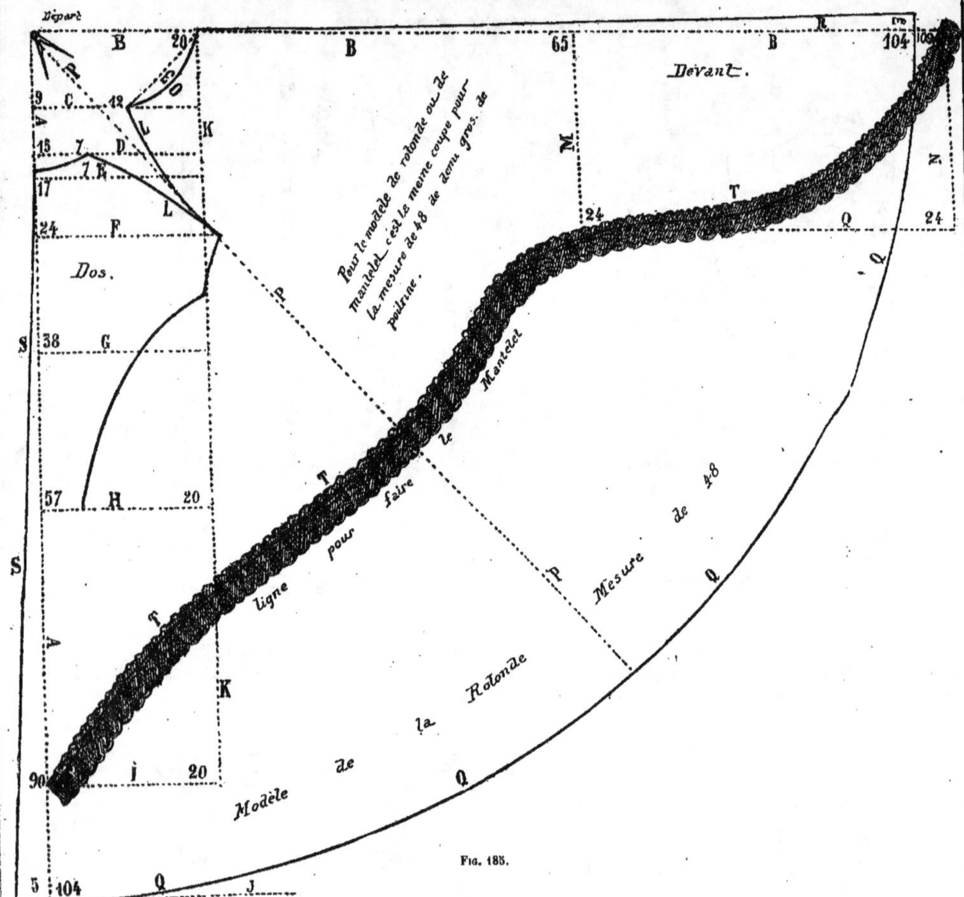

Ce modèle est le patron de la rotonde, tracé au cinquième, pour la proportion de 48 centimètres de demi-grosseur de poitrine. Pour en faire la reproduction de grandeur naturelle, on trace d'équerre les lignes A et B, puis on pose régulièrement les mêmes chiffres qui sont sur le tracé. La ligne Q indique le bas de la rotonde; la ligne T indique la forme du mantelet. Pour reproduire cette rotonde sur d'autres grosseurs il faudra faire usage de l'échelle de proportion, ou par les mesures.

MODÈLE DES COSTUMES DE LIVRÉES

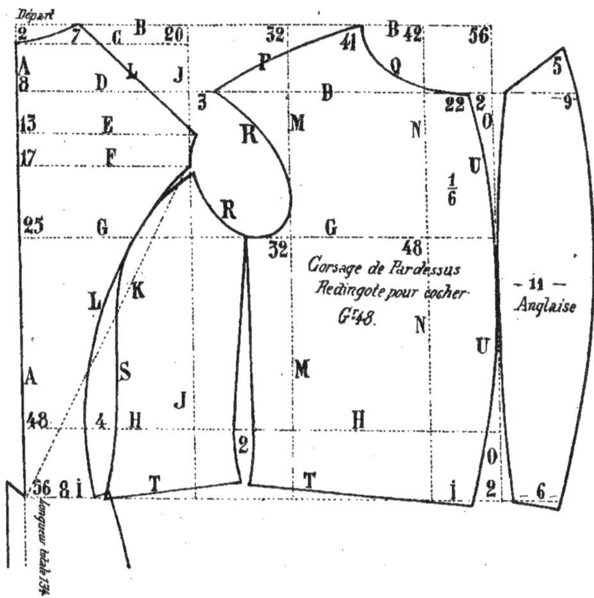

Fig. 186.

Modèle du corsage du pardessus du cocher. Ce patron est tracé au cinquième, pour la proportion de 48 centimètres de demi-grosseur de poitrine. Pour en faire la reproduction, on doit suivre la même explication qu'aux pages 4 et 5, ou de poser régulièrement les mêmes chiffres qui sont sur le tracé. Pour l'habit des grandes livrées, voir l'habit de suisse, page 97 ; ce genre d'habit peut servir pour toutes les grandes livrées.

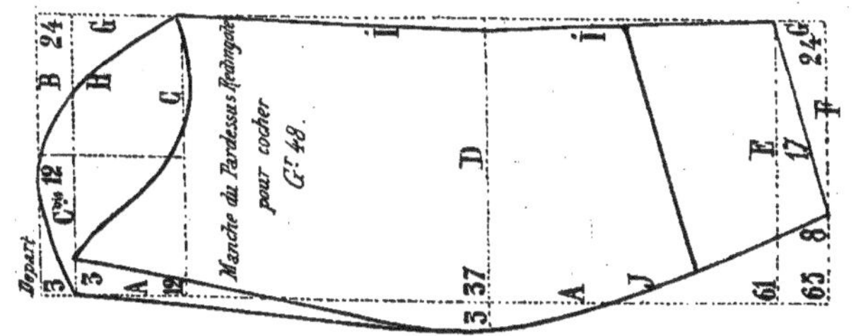

Fig. 187.

Ce modèle est le patron de la manche du pardessus. Pour la reproduire il faut poser les mêmes chiffres qui sont sur le tracé.

MODÈLES DES COSTUMES DE LIVRÉES

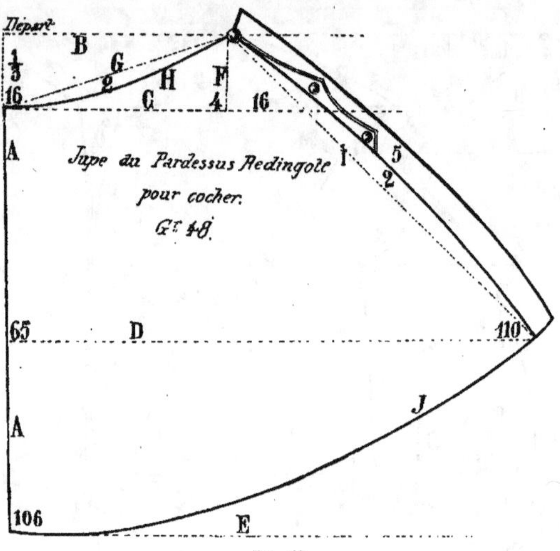

Fig. 188.

Ce modèle est la jupe du pardessus redingote pour cocher. Pour la reproduire de grandeur naturelle, on pose régulièrement les mêmes chiffres qui sont sur le tracé. Ce modèle est tracé au dixième.

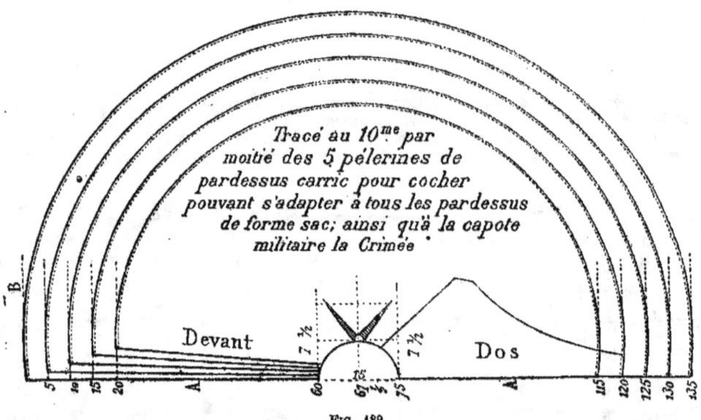

Fig. 189.

Ce tracé est le modèle du carrick, tracé au dixième, pour la proportion de 48 centimètres de demi-grosseur de poitrine. Ce modèle représente le tracé de 5 pèlerines. Pour les reproduire de grandeur naturelle, on doit poser régulièrement les mêmes chiffres qui sont sur le tracé. Le dos doit être sans couture.

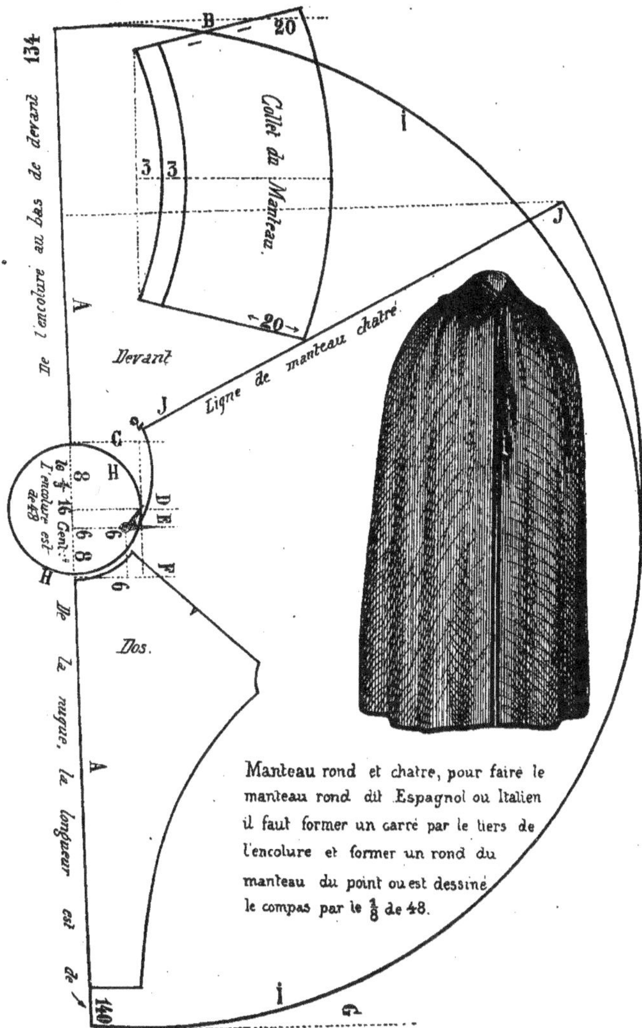

Manteau rond et chatre, pour faire le
manteau rond dit Espagnol ou Italien
il faut former un carré par le tiers de
l'encolure et former un rond du
manteau du point ou est dessiné
le compas par le $\frac{1}{8}$ de 48.

Fig. 190. — Ce modèle représente le manteau rond pour monter à cheval, les élèves de l'Ecole polytechnique le portent comme uniforme; ce manteau est également porté en Espagne et en Italie, il est également porté par le clergé, dit **manteau romain.**

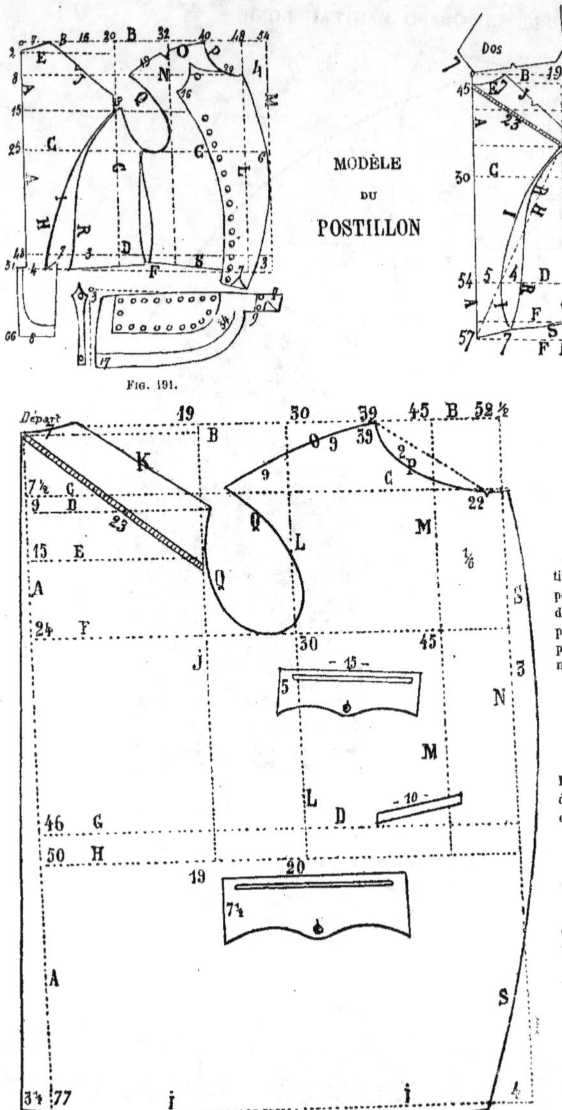

Fig. 191.

Modèle du corsage de la veste du postillon. Cette veste est tracée au dixième pour la proportion de 48 centimètres de demi-grosseur de poitrine. Pour la reproduire, il faut suivre l'explication page 4, ou de poser régulièrement les mêmes chiffres qui sont sur le tracé.

Fig. 192.

Modèle de la veste du postillon à la Daumon. Cette veste est tracée au dixième pour la proportion de 45 de demi-grosseur de poitrine.

Fig. 193.

Modèle du veston avec couture aux épaulettes seulement. Ce modèle est tracé au cinquième pour la proportion de 45 centimètres de demi-grosseur de poitrine.

Pour le reproduire, il faut poser les mêmes chiffres que ceux du tracé.

POSTILLON

Le Patron Figure 191

POSTILLON A LA DAUMON

Le Patron Figure 192

LE MUSÉE DES TAILLEURS ILLUSTRÉ

Publié par LADEVÈZE, Tailleur, Professeur de Coupe 56 rue J.J. Rousseau, Paris, en face la Poste

MODÈLES DE DORSAY ET DE PÈLERINES POUR CURÉ

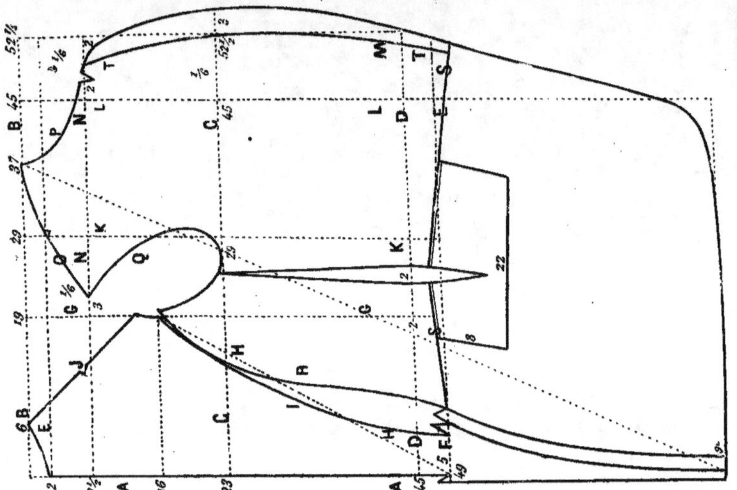

Fig. 194. — Modèle de la jaquette dorsay, sans rapporter le petit côté. Ce modèle est tracé au cinquième pour la proportion de 45 de demi-grosseur de poitrine. Pour le reproduire, il faut poser les mêmes chiffres qui sont sur le tracé.

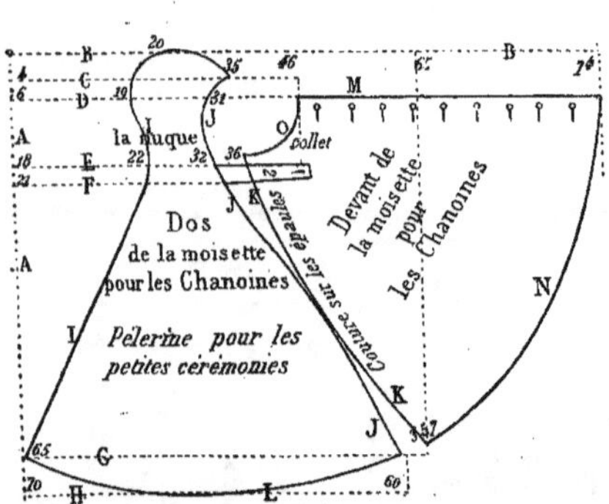

Fig. 193. — Modèle de la moisette-pèlerine pour le costume des chanoines que l'on porte dans les églises. Ce modèle est tracé au dixième pour la proportion de 48 de demi-grosseur de poitrine. Le derrière de l'encolure forme un petit capuchon qui ne sert pas.

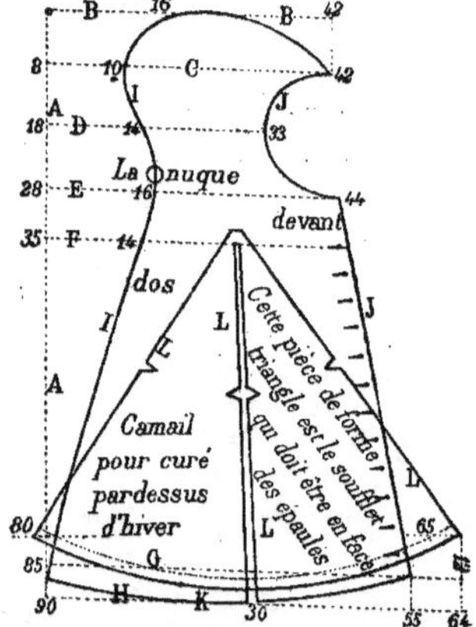

Fig. 196. — Modèle du camail pour curé. Ce genre de mantelet se porte en hiver, sans pouvoir se servir du capuchon. Ce genre de vêtement peut se faire rond, imitant la rotonde; mais la véritable façon est d'y mettre un grand soufflet en face de épaules tel qu'il est dessiné sur ce modèle.

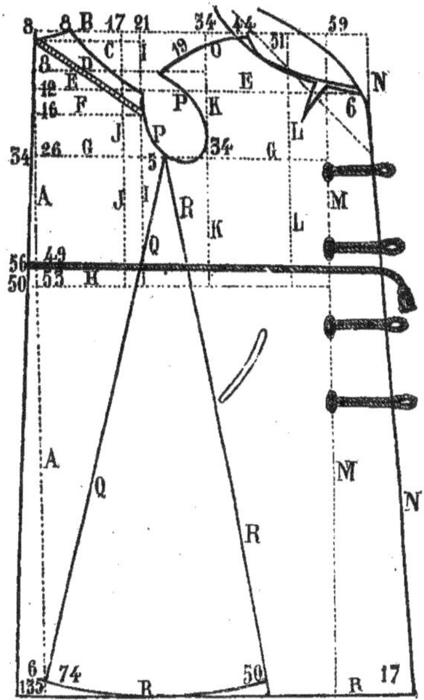

Fig. 197. — Modèle de la robe de chambre. Elle est tracée au dixième pour la proportion de 48 de demi-grosseur de poitrine. La coupe est la même que pour les pardessus de forme sac. (Voir page 14, *fig.* 17.)

Fig. 198.— Cette figure représente la robe de chambre telle qu'elle doit être lorsqu'elle est achevée.

MODÈLES DES JUPES POUR LES REDINGOTES DES DIFFÉRENTES GROSSEURS

Pour reproduire les jupes, voir l'explication page 7, figure 6.

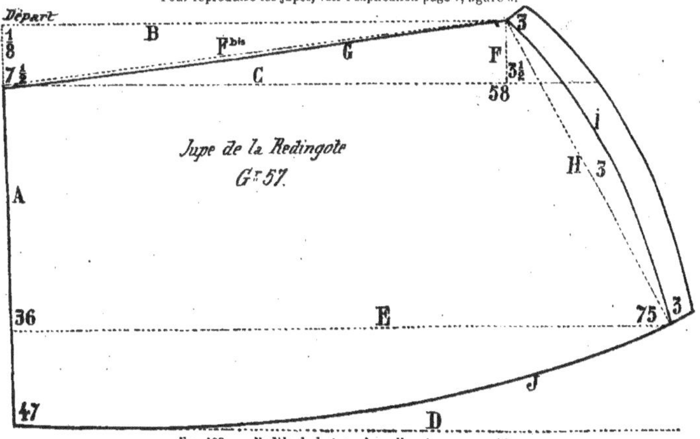

Fig. 199. — Modèle de la jupe de redingote grosseur 57.

MODÈLE DES JUPES POUR LES REDINGOTES DES DIFFÉRENTES GROSSEURS

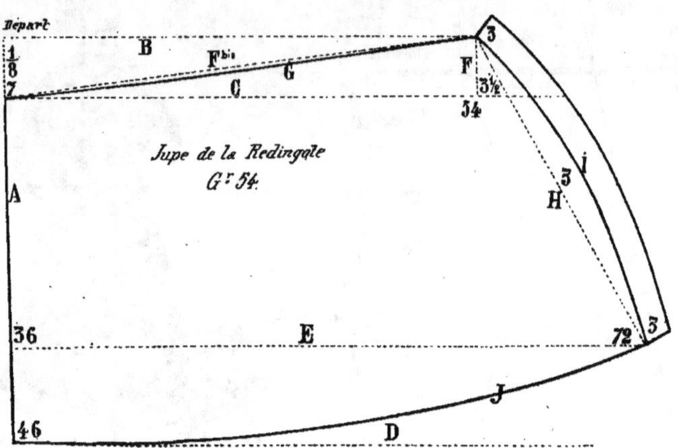

Fig. 200. — Modèle de la jupe de redingote grosseur 54.

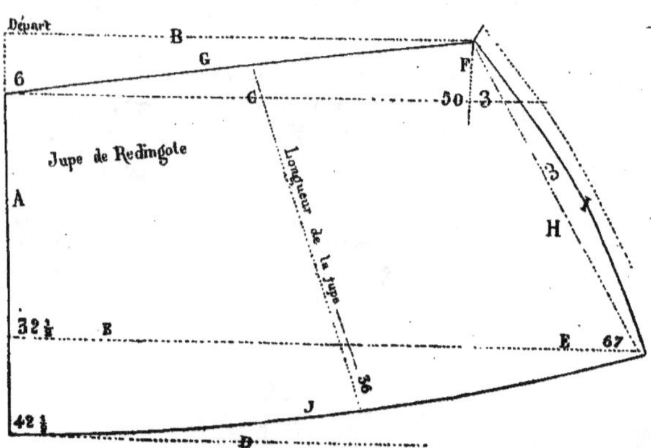

Fig. 201. — Modèle de la jupe de redingote grosseur 50.

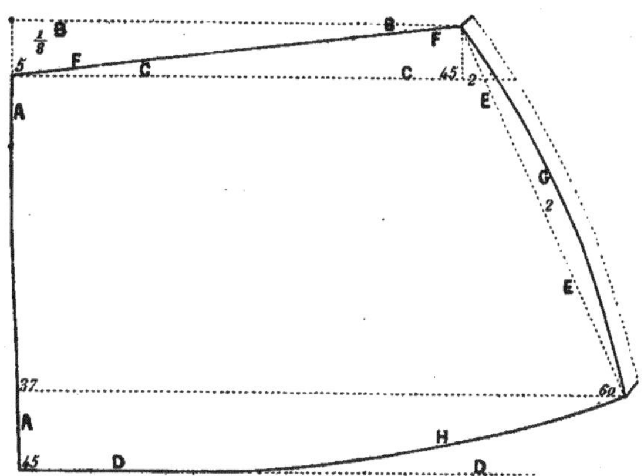

Fig. 202. — Modèle de la jupe de redingote grosseur 45.

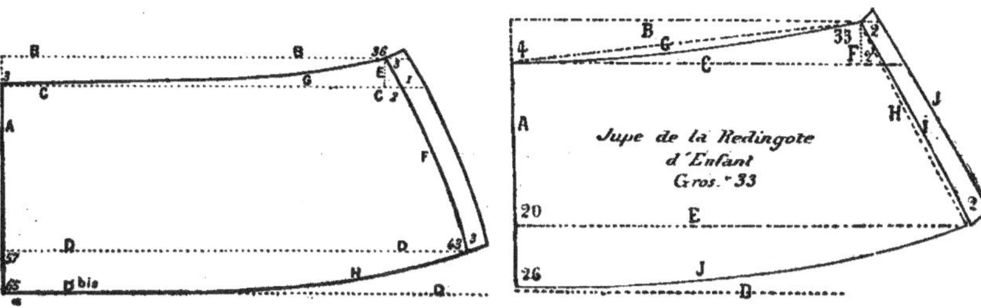

Fig. 203. — Modèle de la jupe de redingote grosseur 36.

Fig. 204. — Modèle de la jupe de redingote grosseur 33.

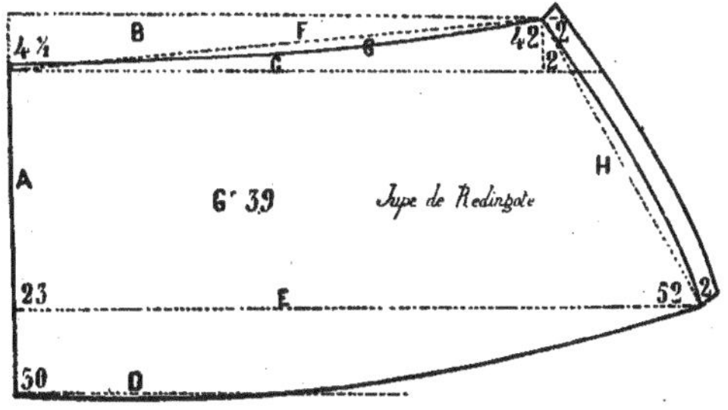

Fig. 205. — Modèle de la jupe de redingote grosseur 39.

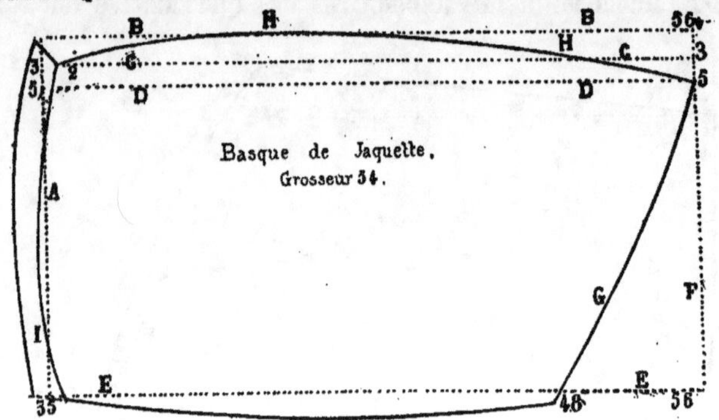

Fig. 206. — Modèle de la basque de jaquette grosseur 54.

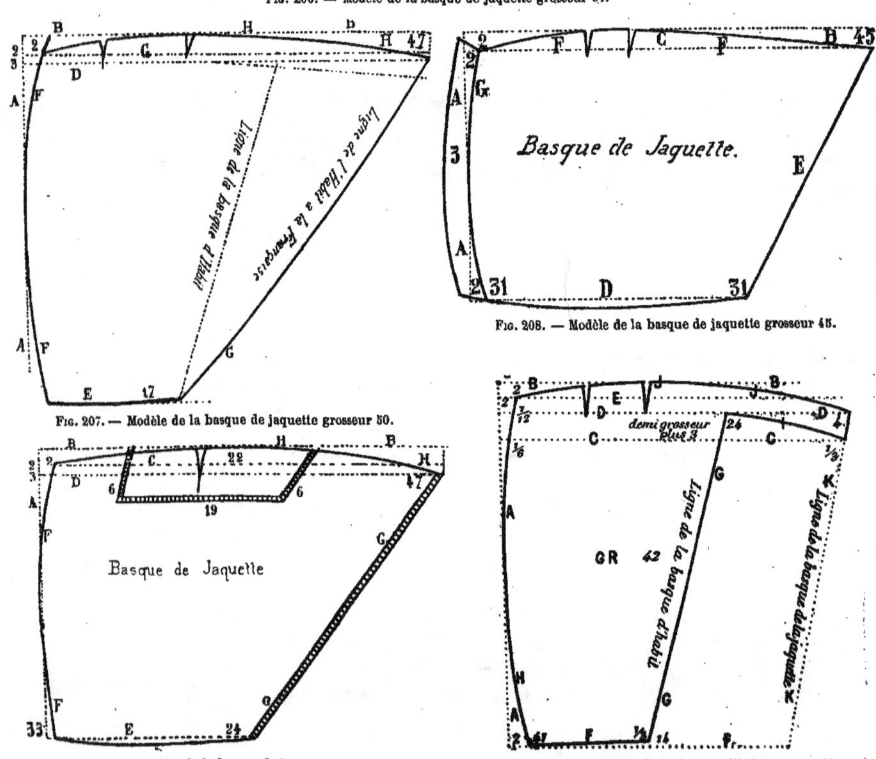

Fig. 207. — Modèle de la basque de jaquette grosseur 50.

Fig. 208. — Modèle de la basque de jaquette grosseur 45.

Fig. 209. — Modèle de la basque de jaquette grosseur 45.

Fig. 210. — Modèle de la basque d'habit grosseur 42.

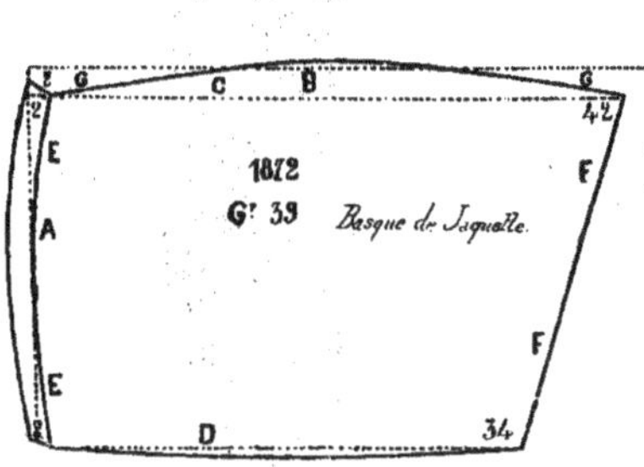

Fig. 211. — Modèle de la basque de jaquette grosseur 39.

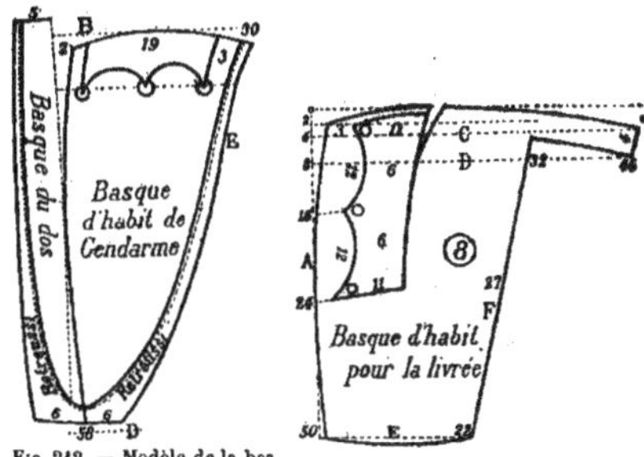

Fig. 212. — Modèle de la bas-
que d'habit de gendarme, Fig. 213. — Modèle de la basque d'habit
ancienne tenue, grosseur 48.   de livrée, grosseur 48.

MODÈLES DES MANCHES DES VÊTEMENTS POUR LES DIFFÉRENTES GROSSEURS

Pour les reproduire, voir l'explication page 8, figure 7.

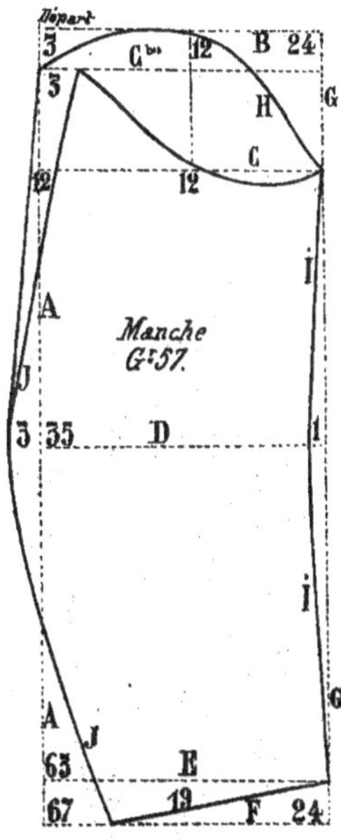

Fig. 214. — Modèle de la manche grosseur
de 57.

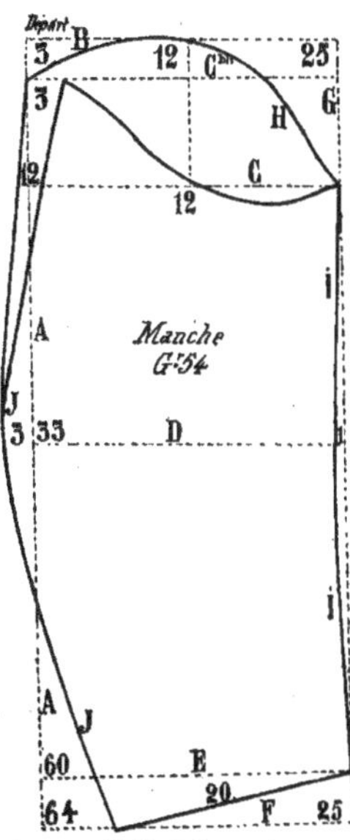

Fig. 215. — Modèle de la manche grosseur
de 54.

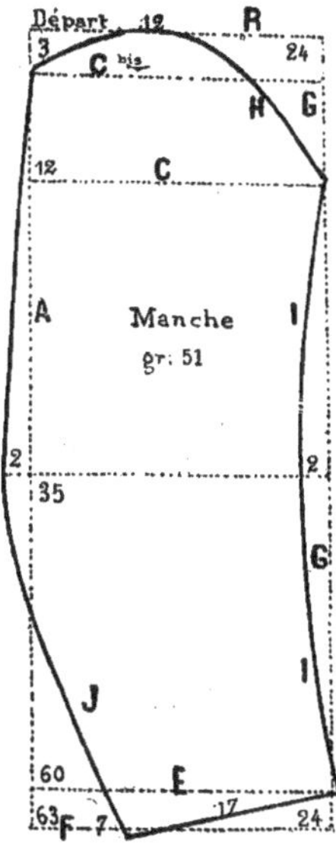

Fig. 216. — Modèle de la manche grosseur 51.

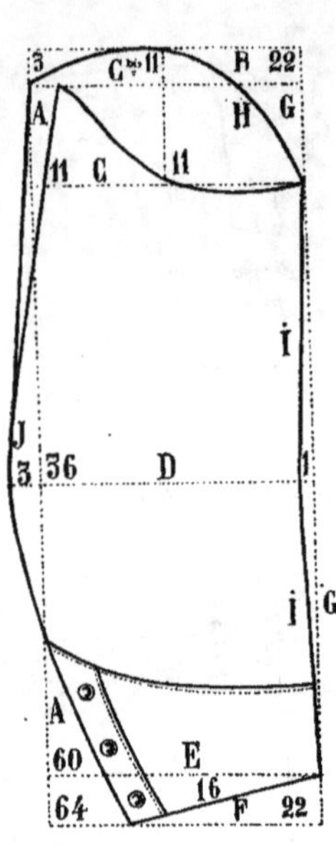

Fig. 217. — Modèle de la manche grosseur 45.

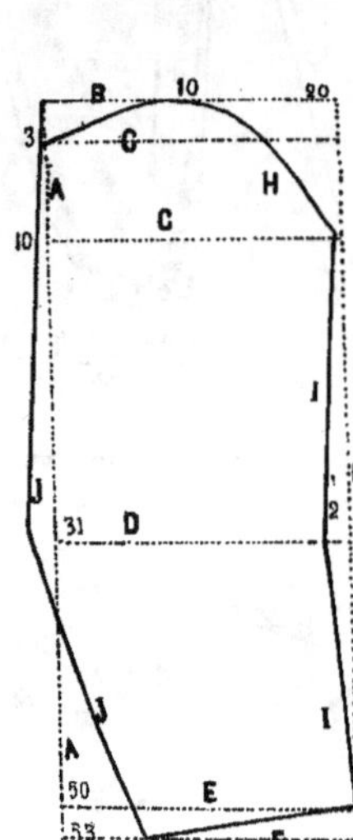

Fig. 218. — Modèle de la manche
grosseur 42.

Fig. 219. — Modèle de la manche pour la
correction des poignards lorsqu'elle
est trop courte du talon, grosseur 45.

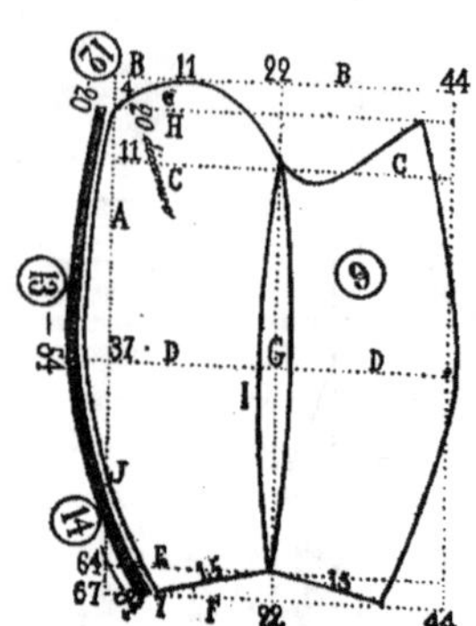

Fig. 220. — Modèle de la manche sans couture
à l'avant-bras, grosseur 45.

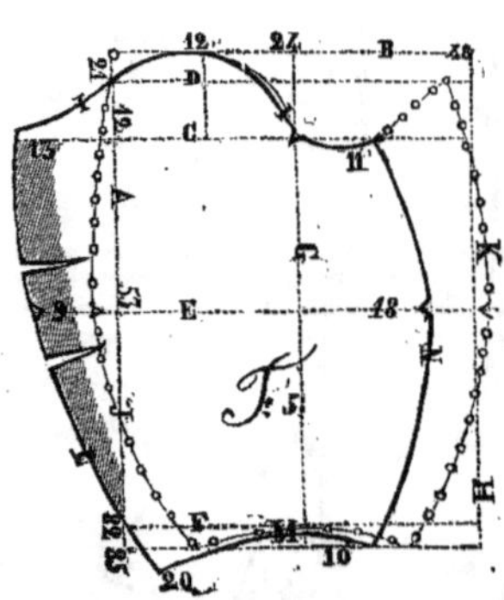

Fig. 221. — Modèle de la manche de pardessus,
grosseur 48.

Fig. 222. — Modèle de la manche
du dolman pour les hussards et
les chasseurs, pour la grosseur
de 48.

Fig. 1 et 2

Les nᵒˢ 1 et 2 représentent le conseiller général de préfecture.

Ce costume est le même pour plusieurs administrations attachées au gouvernement. Il n'y a que la broderie qui peut en faire le changement, suivant le grade ou l'emploi que l'on occupe. (Voir pour l'explication des uniformes, pages 70 et 71.)

Fɪɢ. 1.

Fɪɢ. 2.

Fig. 3 et 4.

Les nᵒˢ 3 et 4 représentent les administrations des contributions indirectes, des tabacs et des forêts.

Les changements ne s'opèrent que dans la couleur du drap et la broderie, suivant le grade. (Voir pour les uniformes, pages 70 et 71.)

Fɪɢ. 3.

Fɪɢ. 4.

FIG. 5.

FIG. 6.

Fig. 5 *et* 6.

Les *fig.* 5 et 6 représentent deux conformations différentes : pour des hommes droits ou très-renversés. (Voir l'application des mesures, page 11; *fig.* 10.)

Fig. 7.

Cette fig. représente l'homme arqué. Lorsqu'on a pris les mesures à un homme, il faut le faire mettre dans cette même position, les talons l'un contre l'autre, pour voir s'il a les jambes arquées ou cagneuses.

Les hommes qui, étant dans cette position, ont les jambes arquées; ceux qui ont les genoux qui se touchent, ou les jambes cagneuses.

Fig. 8.

Cette fig. représente l'homme gros de ventre. (Voir pour cela les modèles, page 100, *fig.* 106 et 107.)

FIG. 7.

FIG. 8.

FIG. 9.

FIG. 10.

Fig. 9 *et* 10.

Ces deux figures représentent la capote d'uniforme servant à différentes administrations. (Voir le modèle, page 97, *fig.* 6 et 7.) Cette capote est tracée au dixième pour la proportion de 48 centimètres de demi-grosseur de poitrine. Pour en faire la reproduction, on pose les mêmes chiffres que ceux du tracé.

FIG. 11.

FIG. 12.

Fig. 11 *et* 12.

Ces deux figures représentent deux conformations différentes. Le n° 11 représente la forme du pantalon à guêtre que l'on portait en 1840.

TABLEAU SYNOPTIQUE DES DIFFÉRENTES CONFORMATIONS

Fig. 13. — Représente une conformation très-renversée (voir le modèle
ci-contre).

Fig. 14. — Représente une
conformation bossue (voir le
modèle, page 103, fig. 11b).

Fig. 15. — Représente une conformation voûtée (voir le modèle ci-
contre).

Fig. 16. — Représente une conformation
se tenant de travers. Pour cela, il faut
couper deux modèles : un pour le côté
droit et un pour le côté gauche.

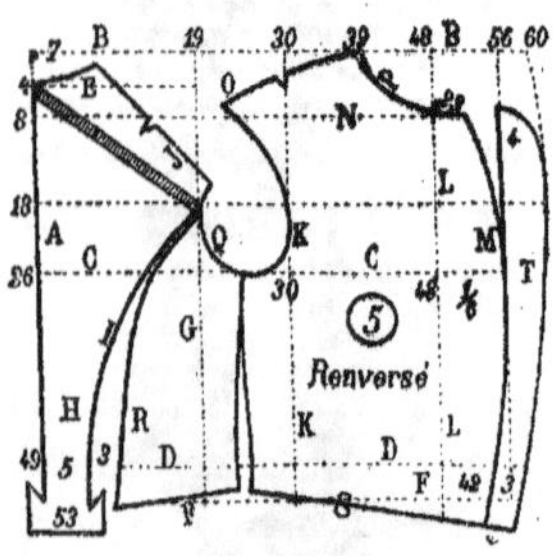

Fig. 13. — Conformation renversée.

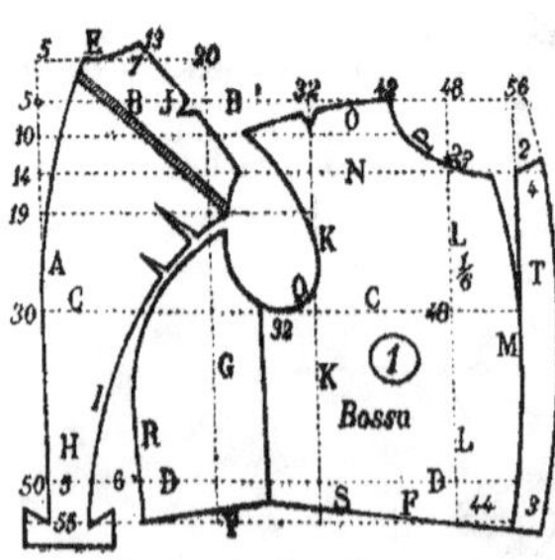

Fig. 14. — Conformation bossue.

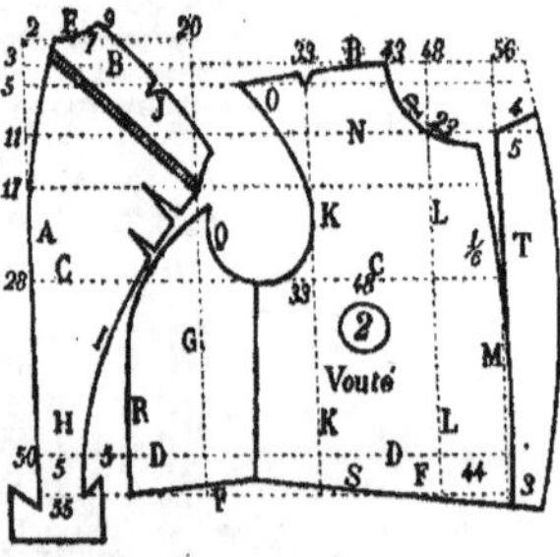

Fig. 15. — Conformation voûtée.

Fig. 17. — Cette figure représente
la conformation d'épaule haute.

Fig. 18. — Cette figure représente
la conformation d'une épaule
haute, vue du dos.

Fig. 19. — Cette figure représente la redingote
droite de 1840.

Fig. 20. — Cette figure représente le pardessus macferlan vu de devant (voir le patron, pages 18 et 19).

Fig. 21. — Cette figure représente le macferlan
vue du dos.

Fig. 22. — Cette figure représente le pardessus
Charlemagne. Le patron du pardessus de forme
sac peut servir pour ce costume, sauf les manches qui ont 90 centimètres de largeur en bas.

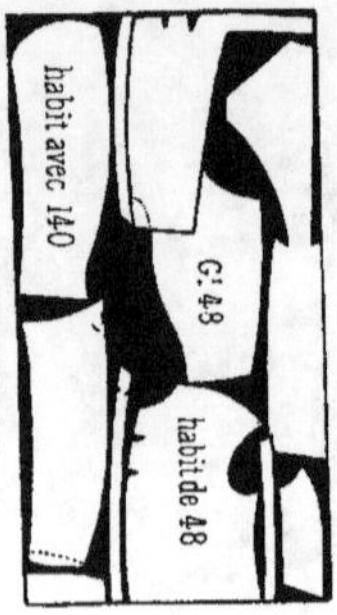

N° 1. — Coupe de l'habit.

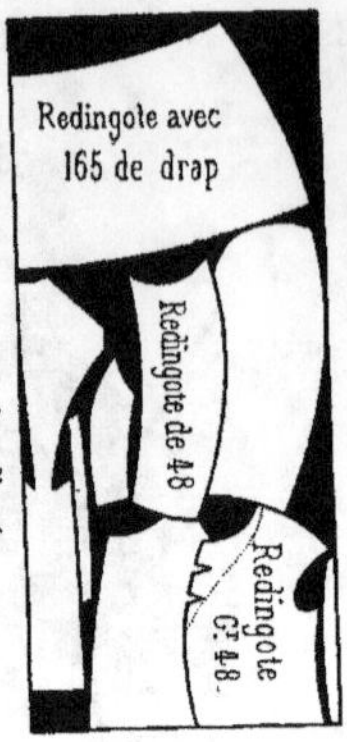

N° 2. — Coupe de la redingote.

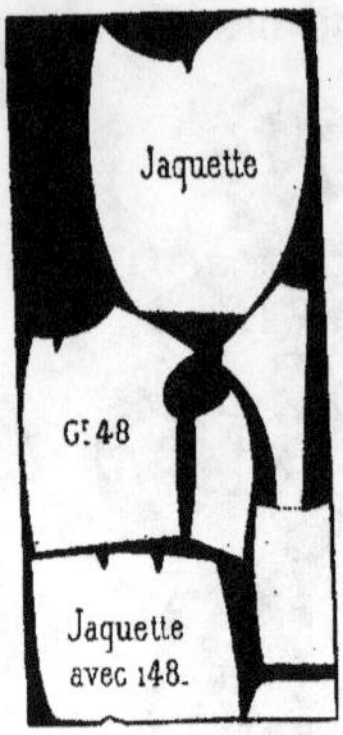

N° 3. — Coupe de la jaquette.

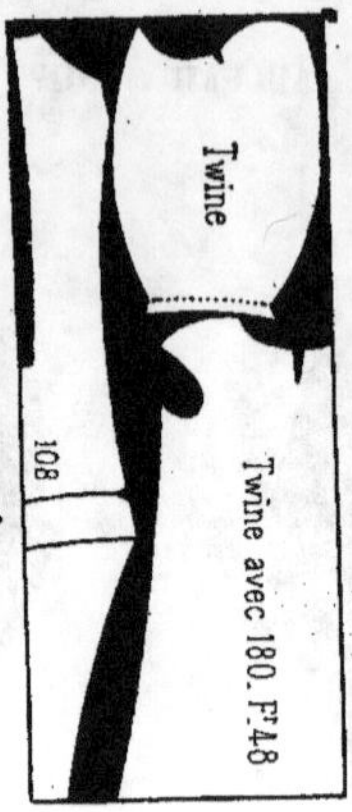

N° 4. — Coupe du pardessus.

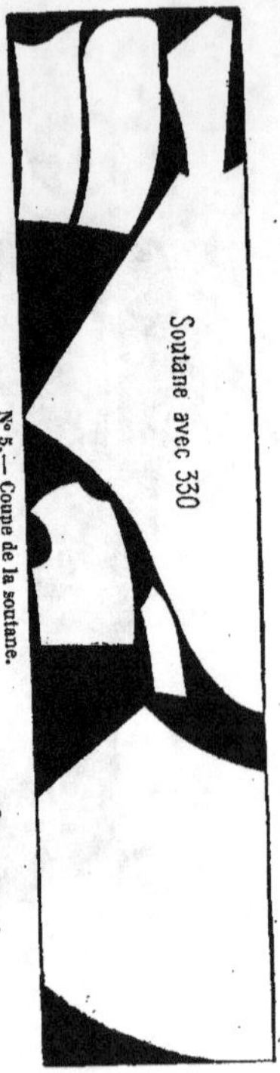

N° 5. — Coupe de la soutane.

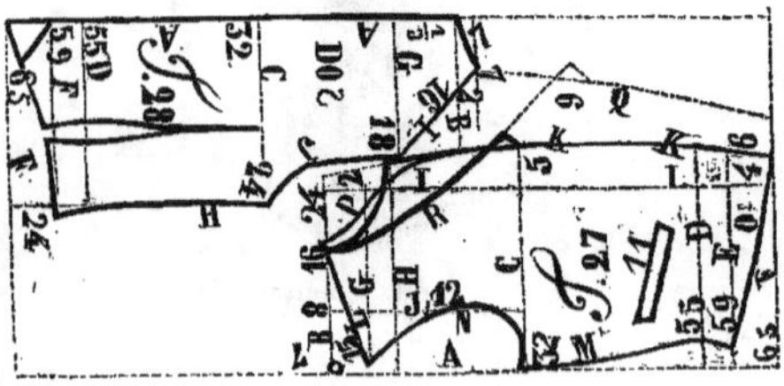

N° 6. — Coupe du gilet.

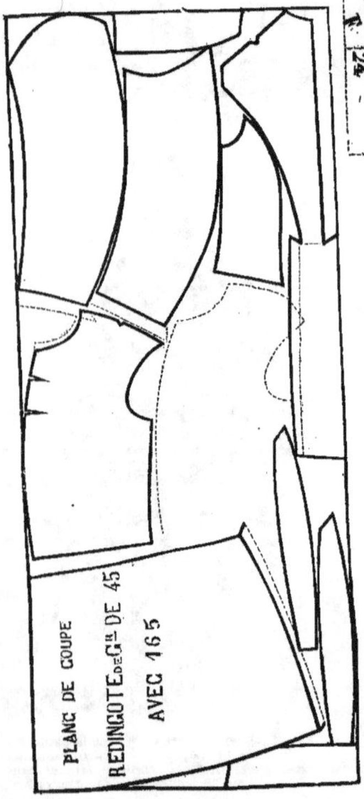

N° 7. — Coupe de la redingote à ampleur moyenne.

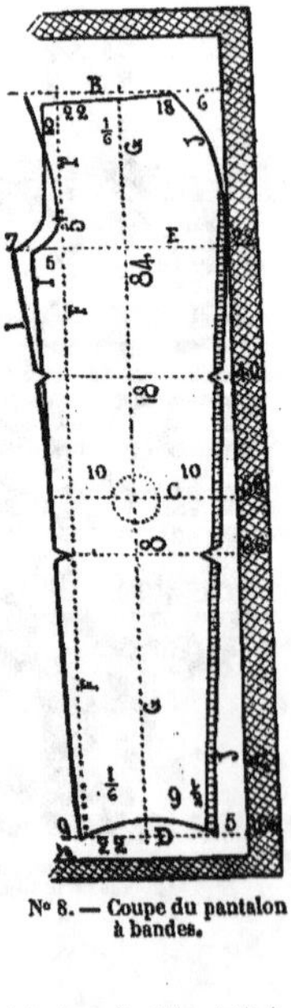

N° 8. — Coupe du pantalon à bandes.

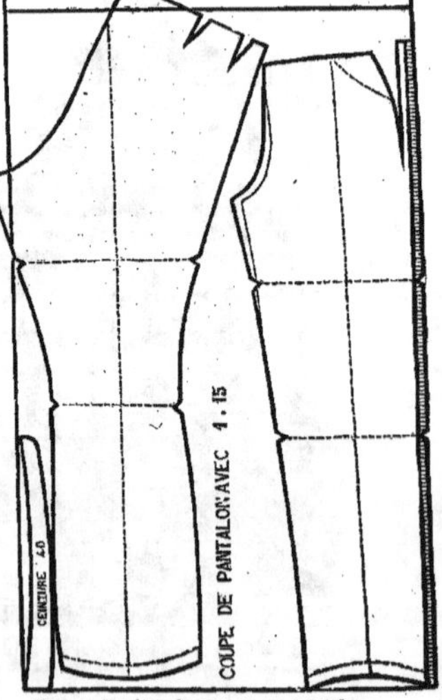

N° 9. — Manière de couper un pantalon.

OBSERVATIONS SUR LA MÉTHODE

Pour les tracés dont l'explication n'est pas donnée, il faut suivre avec attention les indications qui sont sur les patrons, où chacun se trouve reproduit par la prise des mesures.

1° L'habit de préfet, de sous-préfet, de maire, ainsi que pour les habits de toutes les administrations, la coupe est toujours la même, c'est-à-dire genre droit, semblable à celui de préfet que l'on peut voir à la gravure page 82, 83 et 84.

Le changement n'est absolument que dans la broderie, suivant le grade de l'emploi que l'on occupe.

Pour les uniformes de l'armée, les modèles et les gravures qui sont dans la méthode donnent assez de détails pour pouvoir faire n'importe quel genre d'uniforme, en suivant avec attention les indications qui sont sur les modèles et le tableau des mesures qui est au commencement de cet ouvrage.

La soutane, dont le modèle est page 96, doit se reproduire par l'application de la mesure et l'explication pareille à celle de l'habit qui est pages 4 et 5, sauf que la largeur du dos à la taille est de 12 cent., c'est-à-dire le quart de la grosseur de 48.

La jupe est très-ample; pour la reproduire de grandeur naturelle, on trace d'équerre les lignes A et B. Partant du point de départ, on pose en descendant la ligne A, la moitié de 48 qui est 24, où l'on trace la ligne C, puis le tiers de 48 qui est de 16, soit en tout 40, là on trace la ligne C bis, et de ce point on pose la longueur de la jupe suivant l'usage de ce vêtement.

La douillette doit se couper telle que l'on coupe les pardessus de forme sac, sauf que le dos est un peu plus cintré pour la douillette. Le devant est également pareil à ceux des pardessus.

L'habit de suisse peut également servir pour les habits de grande livrée, en suivant l'ordre de broderie suivant la livrée à l'usage de chaque client.

La capote que portent les suisses pour la petite tenue peut également servir pour les uniformes de diverses administrations attachées au gouvernement, *comme uniforme des saisons d'hiver.*

Pour les costumes d'avocats et d'agréés, la coupe n'est pas plus difficile que pour les habits et les redingotes. Le haut du dos doit être plissé pour faire venir la largeur du dos à 7 cent., et le haut de la manche également plissée pareil au haut du dos. Pour que les plis se tiennent *fermes*, il faut y mettre un peu de drap; quant à la coupe, il faut suivre les indications qui sont sur le tracé. Mais il reste toujours cette grâce à garder, cette harmonie des proportions, des lignes et des contours, ce qui fait ressortir la différence entre le goût qui distingue la régularité qui fait exclure les différentes conformations. Tel est le double but que j'ai toujours poursuivi pour contribuer à améliorer et à perfectionner ma méthode.

FIN.

F. LADEVEZE.

Paris. — Typ. de Rouge, Dunon et Fresné, rue du Four-Saint-Germain, 43.